JN425378

머리말

본 저자는 교직을 미국에서 시작하였기 때문에 가끔의 특별 강의를 제외하고는 고국의 젊은 세대의 교육에 직접 기여할 수 있는 기회가 많지 못했음을 안타까워해 왔었다. 다행히도 이번에 대한금속재료학회에서 좋은 사업 중의 하나로 비철제련 관련 한국어 교과서 출판을 계획하고 본인에게 그 중대한 임무를 의뢰해 와서 오랫동안의 안타까움을 일부라도 풀 수 있는 기회라 생각하여 두 번도 생각하지 않고 이 어려운 과제를 흔쾌히 수락하였다.

이 책의 내용은 본인이 University of Utah에서 "High Temperature Chemical Processing"이라는 과목을 오랫동안 강의하면서 수집하고 개발한 내용과 연습문제를 위주로 구성하였다. 고온 제련 공정에서 제일 중요한 학문은 열역학인데, 오랫동안 이 과목을 강의하면서 학생들의 열역학에 대한 불안감과 두려움이 얼마나 큰가를 절실히 느껴왔다. 따라서 어떻게 하면 그 두려움을 줄이고 금속제련 뿐 아니라 여러 학문에서 수학만큼이나 기초적으로 필요한 열역학을 "즐겨" 공부하고 응용하도록 도울까 하는 방법을 숙고 해왔다. 열역학은 그 기본개념이 애매하고 쉽게 파악하기 어려운 부분이 많아 처음부터 다 이해하기는 힘들고 여러번 반복하여야만 그 개념을 잘 파악할 수 있게 된다. 이런 점을 고려하여 이 책을 쓰면서 저자는 적어도 금속제련에 필요한 열역학의 기초를 가능하면 쉽게 이해할 수 있는 설명을 하도록 노력하였다. 독자의 마음을 편하게 하는데 도움이 될까 하여 일화를 적어본다. 매년 이 과목을 가르치는 동안 내가 묻지 않았는데도 여러 학생들이 종종 다음과 같은 말을 하였다. "Before I took your course, I was always nervous about and afraid of thermodynamics, but after learning it from you I am no longer afraid of it." 이 책을 읽고 공부한 모든 독자가 이와 같은 심정을 갖게 되기를 깊이 염원하는 바이다.

근래에 모든 사회나 국가에서 환경 정화에 대한 열성과 의지가 고조됨으로써 금속산업도 이에 보조를 맞추어 공해를 최소로 하는 새로운 기술에 관한 연구가 활발해지고 이에 따라 성공적인 고급 기술들이 많이 개발되었다. 이런 변화의 근간은 금속제련의 근본 원리의 정확한 이해와 적용에 있다. 이는 종래의 공정 효능 증가에 이어 새로이 요구되고 있는 금속제련 분야의 중요한 사명이다. 따라서 이 책에 기록된 공정 원리의 서술에 가능한 한 이 관점의 중요성을 포함하도록 노력하였다. 또한 이와 같은 세계적인 추세를 따라 한국에서 산업에 실제 도입 내지 대규모 상업화에 성공한 공정들에 대하여 본 저자가 항상 긍지를 갖고 여러나라의 관련 기술자와 의논하고 강의자료에도 포함하였다. 그 예로 고려 아연의 TLS Technology 및 QSL Process와 포항제철의 FINEX 공정들을 들 수 있다.

현직 기술자는 물론 미래 새 세대의 금속 공학도들이 계속 면학하여 한국의 자랑스러운 전통으로 승화하고, 국내는 물론 세계를 앞서는 금속제련의 기술향상에 기여하기를 간절히 소망한다.

2021,
Salt Lake City, Utah에서
저자 손홍용

저자 주: 이 책에 쓴 외국어에 관련된 용어의 표기에 대해 몇 가지 설명한다. 한글에는, 특히 과학, 기술계통의 서술에는, 많은 외국 용어를 발음 그대로 한글로 표기한다. 국립국어원을 포함한 대부분의 공식 자료에 선정된 표기법에는 한글의 우월한 성능을 잘 적용하지 않고 재래식의 표기를 추천하는 경우가 많다. 이는 주로 일본어에나 중국어에 그들의 글자의 한계로 인해 그렇게 쓸 수 밖에 없는 것의 영향이 많이 남아있다. 따라서 그러한 언어에서 외국 용어의 발음에 제일 가까운 표기를 하여도 원어의 발음과 차이가 큰 경우가 많다. 그러나 한글은 원어 특히 국제적으로 통용되는 영어의 발음에 "f"와 "v" 등을 제외하고는 위의 두 언어보다 더 원어에 가까운 발음을 표기할 수 있는 탁월한 성능이 있다. [외국어를 한글로 표기하는데 여러 어려운 점이 있는 것을 인식하지만 특히 영어가 국제적으로 사용되는 현실을 고려하여 다른 발음보다 우선 "f"와 "v"를 한글로 표기하는 대담한 결정이 필요하다고 생각한다. 본인의 제안으로는 이 두 자음을 한글로 각각 ㅍ°과 ㅂ°로 표기하여 널리 알려 점차적으로 익숙하게 하는 것이 좋겠다고 사료된다. 다른 해당 경우도 있겠지만 또한 자주 당면하는 예는 "th"인데 이 발음도 ㅌ°로 표기하는 것을 생각할 수 있겠다.]

따라서 본 저자는 가능한 경우에는 공식적으로 또는 관습적으로 쓰이거나 정해진 표기보다 더 원어에 가까운 한글 표기를 이 책에 사용하였으며 이렇게 하는 것을 권장하고 싶다. 이는 또한 국제적 교류가 더욱 더 중요해지고 있는 현재에 영어가 공통 용어로 사용되는 현실을 고려하여 가능한 한 정확한 원어의 발음에 관심을 갖는 태도를 기르는 데도 효과가 있겠다고 사료된다.

이는 특히 자음으로 끝나는 단어의 경우에 많이 나타나는 현상인데 예를 들면 아래와 같다.

원어	추천하는 한글 표기	재래식 한글 표기
slag	슬랙	슬래그, 스래그
sodium	쏘디엄	소듐
matte	맽	매트
magnesium	막네시엄	마그네슘
analog	애날록	아날로그
bauxite	복싸잍	보크사이트
bit	빝	비트
brake	브레잌	브레이크
byte	바잍	바이트
osmium	오스미엄	오스뮴, 오시뮴
molybdenum	몰립데님	몰리브덴, 몰리브데늄

위에 적은대로 여러 경우 일본식 발음을 한국어로 표기하는 전통은 고쳐서 원어 단어를 직접 표기하는데 더 우수한 한글을 적용해야 할 필요가 있다. 다만 감수자와 출판인의 현재로서는 소위 '표준 기술용어'를 사용하는 것이 무난하겠다는 의견을 참조하여 이 책에서는 해당 경우에 원어를 직접 사용하였다.

또 한 가지 이 책에 외국어에 근원이 있는 기술용어의 사용에 대하여 언급할 것은 한글로 자주 번역하거나 표기하지 않는 용어를 쓰는 경우에 원어를 괄호에 넣어 첨부하여 뜻을 명확히 하며 간혹 한글로의 표기가 아주 어려운 경우에는 원어를 그대로 사용하였다. 또한 그 뜻을 더 명확히 하는데 도움이 될 경우에 한자(漢字)도 괄호안에 첨부하였다.

감사의 말

이 제목의 새로운 서적의 필요성을 인지하여 추진하시고 격려와 충동을 아끼지 않으신 대한금속재료학회와 한국지질자원연구원의 이재천 박사께 심심한 감사를 드립니다. 그리고 오랫동안 공식적인 한국 문헌을 작성하지 않아 표현에 어색한 저자의 한글 문장을 검토하고 교정해주신 한국지질자원연구원의 강정신 박사와 한국해양대학교의 김행구 교수께도 깊은 감사의 마음을 표합니다. 또한 이 책에 포함된 여러 새로운 도표들의 작성에 많은 도움을 준 저자의 실험실에서 현재 일하는 대학원생 John Otero에게 특별한 감사를 보냅니다.

이 책에서 취급한 제목은 오랫동안 연구되어 온 바 있어 수 많은 저서들이 있기 때문에 일일이 열거할 수는 없지만 이 책을 쓰는데 많은 도움이 되었다. 다만 이 책의 특유한 내용, 예제, 그리고 표현이 있다면 그것은 저자가 여러 해 강의하는 도중에 질문 및 토론을 해온 University of Utah의 학생과 대학원 과정의 학생의 공헌이 많다. 그 이름들을 다 적는 것이 불가능하므로 여기에는 이 제목을 취급하는 University of Utah 금속공학 과목 “High Temperature Chemical Processing”을 배운 다음에 조교로 일하여 많은 도움을 준 저자의 대학원 학생에게 사의를 표한다. 근래에 한하여 그 이름을 열거하면 한길수, E. Blanco, 최무업, E. Riddle, H. Wang, S. Emami, L. Zhu, T. Bronson, M. Elzohiery, R. Sarkar, S. Roy, 그리고 J. Otero 등이다. 또한 이 관련 제목에 관한 저자의 연구에 대학원 과정의 학생으로 또는 박사후 연구원으로 저자의 경험과 업적에 많이 기여한 사람들은 위에 적은 조교에 추가하여 매우 여러 명이기 때문에 모두 열거하지 못하고 다만 이 책이 한글로 쓰인 점을 고려하여 해당 한국인만을 적어 사의를 표한다. 원성국, 김대수, 김선규, 이강인, 한윤봉, 서경원, 김행구, 원창환, 김준수, 한동훈, 김병수, 김영욱, 류태공, 최진원, 최영준, 황규섭, 박성실, 장종신, 김인수, 박준표, 금창훈, 황수현, 이 모두들이 저자에게 없어서는 안되는 큰 공헌을 했으므로 항상 감사한 마음을 유지해왔다.

오랫동안 저자의 연구활동에는 미국 연방 정부의 여러 기관, 유타 주정부, 그리고 회사들의 재정적 지원이 있었다. 그 중 이 책의 제목과 직접 관련된 연구를 지원한 기구들은 다음과 같다. National Science Foundation, U.S. Department of Energy, U.S. Department of the Interior, U.S. Bureau of Mines, American Iron & Steel Institute, Camille and Henry Dreyfus Foundation (Teacher-Scholar Award Grant를 통하여), E.I. du Pont de Nemours & Company, ArcelorMittal Co., IBM, BP Minerals America, LS-Nikko, Chrysalis Technologies Inc., 포항제철 (POSCO), 한국지질자원연구원 (KIGAM), 포항산업과학연구원 (RIST), State of Utah, 그리고 University of Utah. 모든 기관에 감사합니다.

끝으로 “University of Utah에서 배운 학생들 뿐만 아니라 더 많은 학생과 연구원들도 당신의 가르친 경험의 열매를 전달하는 것이 보람이 있을 것이다”라고 강조하고 권유하여 이 책을 저서하는 큰 결심을 하게 한 저자의 부인 Mrs. Victoria N. Sohn에게 심심한 사의를 표합니다.

2021.
Salt Lake City, Utah에서
저자 손홍용

목차

제 1 장

서론

모든 금속 중 생산량 및 총 가치로 보아 철(iron, Fe)이 독보적인 위치를 차지한다. 그리고 철 이외의 모든 금속을 비철금속(非鐵金屬)이라 일컫는다. 학문적으로도 제철 분야와 비철금속분야가 나뉘어 취급되고 있는 현실이다. 이는 여러 면에서 불행한 일이라고 볼 수 있는데, 그 이유는 해당되는 원리, 방법, 또는 설비적인 측면에서 공통점이 많음에도 불구하고 서로의 분야에서 새로 개발되는 이론, 기술, 장치에 대해 교류하고 배우는 기회가 어려워지기 때문이다. 그러나 적어도 학문적으로는 각 분야의 분류가 어느 정도 필요하다. 그런 점에서 이 책은 비철금속제련을 취급하며 그 중에서도 고온제련에 대해 그 원리를 중심으로 서술한다.

비철금속은 그 수가 많아 각 금속에 해당되는 제련 방법 및 관련된 이론이 다양하여 체계적인 분류가 어렵고 분류의 종류도 다양하다. 그 중 한가지 방법으로 범용금속(base metal, 凡用金屬), 경금속(light metal, 輕金屬), 귀금속(precious metal, 貴金屬), 고융점금속(refractory metal, 高融点金屬), 희토류(rare earth metal 또는 rare earth element, 稀土類), 활성금속(reactive metal, 活性金屬)으로 나눌 수 있는데 경우에 따라서는 같은 금속이 몇 가지 분류에 속할 수도 있다.

범용금속 중에는 구리/동(copper, Cu), 니켈(nickel, Ni), 납/연(lead, Pb, 鉛), 아연(zinc, Zn, 亞鉛), 코발트(cobalt, Co) 등이 주요 금속이며 가장 현저한 특징은 화학적 반응성이나 융점이 모든 금속 중 중간쯤 위치하는 것이다. 경금속 중에서는 aluminum (Al), magnesium (Mg), titanium (Ti)이 중요하며 가장 현저한 특징은 비중이 다른 금속에 비해 낮은 것이다. 귀금속에는 금(gold, Au, 金), 은(silver, Ag, 銀), 백금(platinum, Pt, 白金), palladium (Pd), rhodium (Rh), ruthenium (Ru), iridium (Ir), 및 osmium (Os)이 속하는데 금과 은을 제외하고 백금족 금속(platinum group metals, PGMs)으로도 부른다. 다른 금속에 비해 산화가 잘 안되고 생산량이 적어 고가이며, 특히 백금족 금속은 독특한 촉매 특성이 강해 여러 분야에서 촉매제로 사용된다. 고융점 금속에는 텅스텐(tungsten, W), niobium (Nb), molybdenum (Mo), tantalum (Ta), 및 rhenium (Re)이 있으며 융점이 2000°C이상이고 비중이 크며 상온에서의 강도가 크고 화학적으로 안정하여 열과 마모에 대한 저항성이 매우 큰 것이 특징이다. Titanium도 이 부류에 넣기도 한다. 희토류 금속은 scandium (Sc)과 yttrium (Y) 그리고 lanthanide 또는 lanthanoid계의 17 가지 금속(lanthanum(원자번호 57)부터 lutetium(원자번호 71)까지)을 포함한다. Scandium과 yttrium은 lanthanide계와 화학적 성질이 비슷하여 희토류에 포함된다.

앞선 분류 외에도 비교적 소량이 생산되거나 사용되는 50여 가지의 금속을 통틀어 희소금속(희유금속, 희금속, rare metal 또는 less common metal)이라고도 부른다. 그리고 산소나 물 또는 약산과 쉽게 반응하는 금속들을 모두 합하여 활성금속이라 칭하는데 주요 예로는 lithium (Li), potassium (K), sodium (Na), calcium (Ca), magnesium, aluminum이 있으며 심지어는 아연과 철을 포함하기도 한다.

비철금속의 고온제련에는 다양한 장비들이 사용되는데 몇 가지 예를 살펴보면 다음과 같다. 그림 1.1은 구리와 니켈 제련에 가장 많이 사용되는 자용로(flash smelting furnace, 自熔爐)로 입도가 100 μm 이하인 정광(concentrate)을 산소를 함유한 가스와 같이 불어넣어 산화 및 연소하는 장치다.

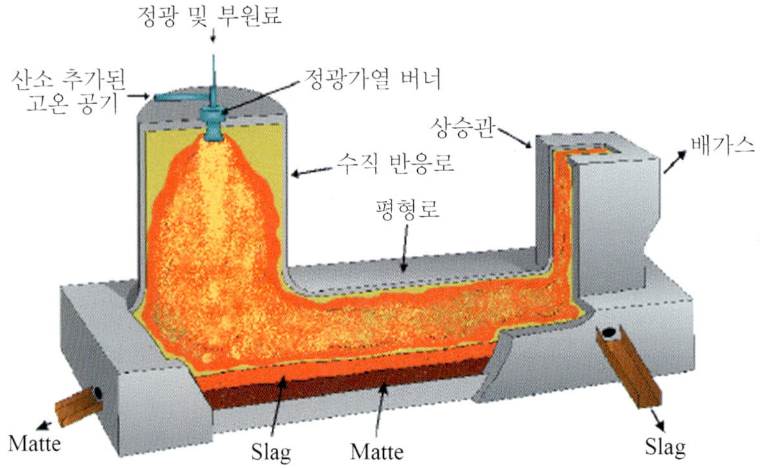

그림 1.1. Outotec 자용로의 개략도. [https://www.google.com/search?q=flash+furnace&source=lnms&tbm=isch&sa=X&ved=0ahUKEwianerShl_WAhXDjVQKHfjYBlgQ_AUICygC&biw=1920&bih=923#imgrc=_ accessed September 5, 2017. Outotec의 허가하에 재생함]

그림 1.2. Top Submerged Lance (TSL) 반응로. [https://vdocuments.net/ote-outotec-ausmelt-tsl-process-eng-web.html. Outotec의 허가하에 재생함]

그림 1.2는 top submerged lance (TSL) 기술을 기반으로 한 제련도의 모식도다. 구리, 니켈과 납 등의 비철금속 제련에서 나오는 slag이나 아연 잔사(residue)에서 아연을 기화하여 회수하는 공정에 널리 사용된다. 조업에 융통성이 있고 여러가지 원료를 쓸 수 있으며 원료의 준비처리가 간단한 장점이 있다.

그림 1.3은 납제련에 쓰이는 QSL 반응로이며 유독한 납이나 납화합물의 기상 배출을 제거하고 연속적으로 조업할 수 있는 장점이 있다.

그림 1.4는 광물 배소(roasting)에 사용되는 유동층 반응로의 한 예다. 이런 반응로에 장입되는 고체 반응물은 균일한 입도를 가진 입자를 사용하는 것이 중요하며 입도는 일반적으로 0.01

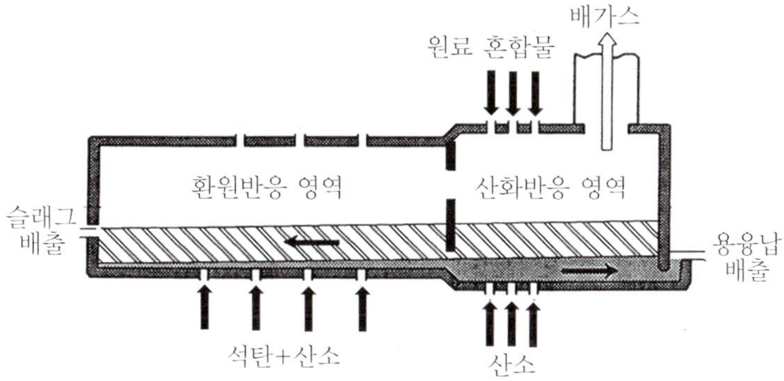

그림 1.3. QSL 공정의 개략도.

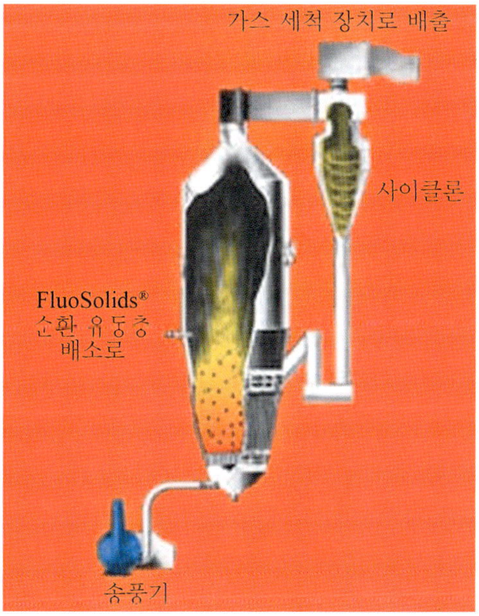

그림 1.4. 유동층 반응기의 개략도.
[https://www.911metallurgist.com/blog/gold-ore-roasting-techniques]

-0.2 cm 범위다.

이 책의 중요한 목적은 비철금속의 고온제련에 관한 원리와 그 원리가 실제 공정과 어떻게 관련되어 있는 지를 설명하고, 또한 공정 개선과 새로운 기술개발을 위해 가지는 중요성에 대해 사례를 들어 서술하는데 있다. 고온제련의 원리를 논의하거나 공정을 개발하는데 중요한 제일 기초 학문은 다른 공학부문과도 공통적인 물질수지(material balance, 物質收支)와 에너지수지(energy balance)이며 보다 이 분야에 밀접하게 관련되는 기초 학문은 금속열역학(金屬熱力學) 또는 금속열화학(金屬熱化學)이다. 이는 습식제련의 원리에도 관련되나 특히 고온제련의 원리에는 없어서는 안되는 필수 학문이다. 그 이유는 고온제련은 높은 온도에서 진행되기 때문에 열의 공급과 제거가 중요하며 화학반응 속도가 매우 빨라 반응의 대부분이 평형상태에 근접한 조건에서 진행되어 화학평형론이 매우 중요하기 때문이다. 따라서 열역학의 제1법칙과 제2법칙은 금속제련에 긴밀히 응용된다. 또 다른 중요한 기초 학문은 물질전달(mass transfer)과 열전달(heat transfer)인데 이는 금속제련 반응은 대부분 계면(phase boundary)에서 일어나기 때문에 반응 원료 물질 그리고 생성 물질을 공급, 또는 제거해야 하고, 이와 관련하여 반응에서 생성된 열을 제거하거나 반응에 필요한 열을 공급할 필요가 있기 때문이다. 특히 고온제련에서의 높은 온도에서는 반응속도가 빠르기 때문에 전달현상의 중요성이 더욱 커지며, 현대 공정의 대량화와 그에 따른 연속화와 관련해서도 그 중요성이 매우 크다.

상기 기술한 배경에 따라 제1장 이후 각 장의 구성은 다음과 같다.

제2장에서는, 앞서 기술한 것과 같이 고온제련의 원리 이해에 필수적인 열역학, 특히 화학평형론과 용액열역학을 소개 및 논의한다. 이 항목들은 모든 고온제련 원리의 근본이 되는 기초적이고 필수적인 것임을 재차 강조한다.

제3장은 전달 현상론(transport phenomena)을 요약 기술한다. 전달현상이 고온제련에 점차 더욱 중요하게 된 이유는 앞서 기술한 바와 같다. 제 4장에서는 반응 속도론(reaction kinetics)을 요약 기술하며 반응 속도론이 점차 더욱 중요해진 이유도 앞서 기술한 바와 같다.

제5장은 모든 금속 중에 가장 많은 양의 제품을 생산하는데 사용되는 용융제련(smelting, 熔融製錬), 그 중에서도 비철금속 제련에 제일 큰 비중을 차지하는 황화물(sulfide) 용융제련을 설명한다. 이는 주요 범용금속의 대부분이 황화광물(sulfide mineral)을 원료로 사용하여 생산되며 제련은 용융제련법을 압도적으로 많이 사용하기 때문이다. 제 6 장은 일차 제련에서 생산된 불순물을 함유한 일차금속(primary metal)을 최종 제품으로 생산하기 전에 정제(精製)하는 그 이론과 공정에 대해 설명한다.

제7장에서는 aluminum과 magnesium 생산에 가장 많이 사용되는 용융염 전해(molten salt electrolysis, 熔融鹽 電解)의 원리를 서술하며 제 8 장은 화합물 특히 산화물을 화학적으로 환원하여 금속을 얻는 공정의 원리에 대해 논의한다.

제9장은 광물의 배소에 관한 원리를 다룬다. 공정 상에서는 대부분의 경우 배소가 다른 공정보다 앞서 진행되며, 과거에는 고온제련의 준비공정으로 용융제련(smelting) 전 실시하여 잉여유황을 제거하는데 사용되기도 하여 보통 고온제련 관련 서적에는 초반부에 서술되었다. 그러나 현대 공정에서는 용융제련의 속도를 높이고 유황의 산화에서 생기는 열을 공정(process)

에 직접 활용하면서 (예: 자용로 등) 황화광물을 먼저 배소하는 사례가 거의 사라졌다. 따라서 고온제련의 한 단계로서의 배소의 중요성은 작아졌고 소량의 특수 광물을 처리하거나 습식 제련에서 처리하는 광물의 전처리 방법으로 주로 사용됨으로써 고온제련의 주요 단계에는 속하지 않는다. 특히 배소법으로 직접 금속을 제조하는 경우도 없기 때문에 이 책에서는 거의 마지막 장에서 설명한다. 제10장은 희토류 금속과 활성 금속을 취급하는데 이는 근래에 급속히 증기하는 이 금속들의 중요성을 고려하여 따로의 취급이 필요하다고 사료되어 추가하였다.

어떠한 공정을 분석하거나 개량할 때 그리고 특히 새로운 기술을 개발하는 경우에 앞서 기술한 항목 중의 일부를 통합하여 적용할 필요가 있기 때문에, 우선 각 항목을 정확히 배우고 이해하는데 이 책이 도움이 되기를 희망한다.

제 2 장

열역학
(Thermodynamics)

열역학은 매우 광범위하고 취급되는 항목과 내용이 많지만 이 책에서는 서론에서도 강조 한 바와 같이 고온제련에 밀접히 관련된 금속열역학(metallurgical thermodynamics) 또는 금속열화학(metallurgical thermochemistry)만을 서술한다. 이 두 항목은 습식제련에도 쓰이지만 특히 고온제련 원리의 이해에는 필수적이기 때문이다. 그 이유는 고온제련이 높은 온도에서 진행되기 때문에 열의 공급과 제거가 중요하며 화학반응 속도가 매우 빨라 반응의 대부분이 평형상태에 가까운 조건에서 진행되어 화학평형론이 매우 중요하기 때문이다. 금속열화학과 금속열역학 특히 화학평형론은 주로 열역학의 제1법칙과 제2법칙을 금속제련에 응용하는 것이다. 따라서 이 두 법칙을 이해하고 적용하는데 익숙해야 한다.

2.1 열역학 제1법칙-열(熱)과 비열(比熱)

열역학 제1법칙을 요약하면 열(heat)과 일(work)이 모두 에너지의 종류로 서로 변환할 수 있다는 것이다. 모든 자연과학의 법칙이 그러하듯이 이 법칙도 여러가지 실험결과를 종합하여 내린 결론이다. 금속제련에는 기계적인 일이 관련되지 않는데 이 법칙이 왜 중요할까? 그 이유는 기계적인 일은 관련되지 않아도 금속제련과 매우 깊은 관계에 있는 기체의 성격 때문이다. 기체는 온도의 변화에 따라 팽창이나 수축을 함으로써 그에 동반한 일을 하거나 받기 때문이다.

열역학 제1법칙을 설명하기 위해 어떠한 한정된 계(system)에 외부(surroundings)에서 열과 기계적인 일을 가한다면 그것을 받는 계에는 어떠한 변화가 일어나는지 생각해 보자. 제1법칙에 의하면 열과 일은 동등한 역할을 하여 그 합은 우선 계의 내부에너지(internal energy)를 증가시킨다. 다만 내부에너지가 증가하면서 온도가 증가하기 때문에 계에 기체가 포함되어 있는 경우에는 해당 기체의 압력이 증가하고 계의 팽창이 가능할 것이다. 계의 팽창이 허용된다면 가해진 에너지(energy)의 일부는 계의 팽창에 필요한 에너지로 소비된다. 이를 이해하기 위해서는 조건이 시간에 따라 변하는 연속적인 과정을 생각하여 아주 작은(infinitesimally small) 시간 (dt) 동안에 일어나는 현상을 먼저 생각하는 것이 편리하다. 시간의 관념은 이해를 쉽게 하기 위해 이용했으나 이론을 전개하기 위해 반드시 필요하지는 않다. 아주 작은 시간인 dt 동안에 계에 가해지는 열과 일의 양도 아주 작을 것이고 따라서 팽창하는 부피도 작을 것이다. 즉 미분학의 원칙을 적용하여 수학적으로 나타내면 다음과 같다.

$$dU + PdV = \delta q + \delta W_e \tag{2.1}$$

이 식에서 dU는 내부에너지 증가량, PdV는 계의 작은 팽창에 사용된 일, δq는 계에 가해진 작은 양의 열, δW_e는 외부에서 계에 가해진 작은 양의 기계적 일을 표시한다. 참고로 d는 (상태함수의) 작은 변화량을 표시하며 δ은 (경로함수의) 첨가한 작은 양을 표시한다. 물론 가해지는 방향이 반대로 되면 같은 방정식에서 해당되는 항이 음으로 된다. 여기서 또 하나 주의 할 것은 팽창에 쓰이는 일은 부피가 늘어나야 소모되기 때문에 PdV로 표시해야 하며 간혹 다른 책에서 볼 수 있는 것과 같이 $d(PV)$가 아니라는 것이다. 즉, W = force × distance이기 때문에 작은 양의 팽창에 쓰이는 에너지는 $dW = (P\times\text{area})\cdot dS = P\cdot(\text{area}\times dS) = PdV$이다. 제련공정에서는 기계적인 일은 거의 관여하지 않기 때문에 $\delta W_e = 0$이다.

계에 열을 가하는 과정이 일정한 부피에서 행해지면 팽창에 의한 일은 없기 때문에 식 (2.1)은 다음과 같다.

$$dU = \delta q \tag{2.2}$$

그리고 계에 열을 가하는 과정 중 상변화가 없으면 내부에너지 증가는 온도 상승과 연관이 되기 때문에 그 관계를 다음과 같이 쓸 수 있다.

$$dU = \delta q = C_v\cdot dT \tag{2.3}$$

여기서 C_v는 비례상수로(일정 부피 하에서의) 정적열용량(heat capacity at constant volume, 定積熱容量)이라 부르며 일반적으로는 온도의 함수이나 물질에 따라 다른 어떤 온도 범위에서는 상수로 볼 수 있다.

계에 열을 가하는 과정이 일정한 압력 하에서 행해지면 팽창에 의한 일을 고려하여 식 (2.1)은 다음과 같이 된다.

$$dU + PdV = \delta q \tag{2.4}$$

보통 공정에서 취급하는 양은 열 추가량 δq 이므로 식 (2.4)를 그대로 사용할 수 있다. 그러나 이 관계식에는 P와 V가 포함되는 복잡성이 있다. 이를 고려하여 다음과 같이 엔탈피(enthalpy)라는 열역학 함수 H를 정의하면 δq와의 관계가 간단해진다.

$$H = U + PV \tag{2.5}$$

일정한 압력 하에 일어나는 작은 변화를 고려하면 위 식은 다음과 같이 된다.

$$dH = dU + PdV \tag{2.6}$$

그러면 식 (2.4)와 식 (2.6)으로부터 다음 식이 유도된다.

$$dH = \delta q \tag{2.7}$$

그리고 과정 중 상변화가 없으면 H의 증가를 온도 상승과 연관시켜 다음과 같이 정리할 수 있다 (일정한 압력 하에서는 기체의 dV도 dT에 비례함).

$$dH = \delta q = C_p\cdot dT \tag{2.8}$$

이 결과는 일정한 압력 하에서 계에 가해진 작은 양의 열 δq는 해당 계의 엔탈피 H를 δq 만큼 증가시킨다라는 결과가 된다. 참고로 일정한 부피 하에서 계에 가해진 작은 양의 열 δq는 해당 계의 내부에너지 U를 같은 양(δq)으로 증가시키는 것과 대조된다. 여기서 C_p는(일정 압력 하에서의) 정압열용량(heat capacity at constant pressure, 定壓熱容量)이며 대부분의 공정이 일정한 압력 하에서, 특히 상압에서, 행해지기 때문에 C_v 보다 많이 사용된다.

2.1.1 물리적 변화와 열함량(熱含量)

어느 온도부터 다른 온도까지 일정 압력 하에 변화할 때 필요한 총 열량(ΔH)은 식 (2.8)을 적분하여 계산하면 된다.

$$\Delta H = H_{T_2} - H_{T_1} = \int_{T_1}^{T_2} C_p dT = C_{p,m}(T_2 - T_1) \tag{2.9}$$

여기에서 $C_{p,m}$은 해당 두 온도 사이에서 C_p의 평균치다. 식 (2.9)는 계 전체나 단위 물량에 적용할 수 있으며 두 온도 사이에 상변화가 없을 경우에 해당된다. 이렇게 상변화 없이 온도의 변화만을 동반하는 열량 ΔH를 현열(sensible heat, 顯熱)이라 한다. H는 크기특성을 갖는다(extensive property). 즉 그 값이 전체 물량에 따른다. 단위 중량 당의 C_p는 비열(specific heat, 比熱)이라 하고 단위 몰당 C_p(molar heat capacity)도 정의한다[주: 이 책에서는 별도로 단위 물량이라는 정의나 단위를 명시하지 않는 경우에 C_p는 계의 전체 물량에 해당되는 열용량임을 강조한다. 문헌에 따라서는 비열을 어떤 물질의 열용량과 그 물질과 동등한 중량의 물의 열용량과의 비율로 정의하기도 한다. 따라서 주어진 C_p에 동반하는 단위에 주의를 기울일 필요가 있다].

일정한 압력(기화의 경우 정확히는 분압)하에서 상변화가 있을 때는 상변화 온도에서 변화가 완료될 때까지 온도는 일정히 유지되며 열함량만 변한다. 상변화에 따라 열함량이 변하는 이유는 같은 물질이라도 상에 따라 함유된 에너지가 다르기 때문이다. 예를 들어 같은 온도라도 기체 상태의 물은 액체 상태의 물보다 분자의 움직임이 더 활발하여 소유 에너지가 크다. 상변화의 종류에는 낮은 온도로부터 시작하여 결정의 구조가 변하는 결정상변화(crystal phase transformation), 용융(melting), 비등(boiling)이 있다. 이렇게 상변화를 동반한 ΔH는 잠열(latent heat, 潛熱)이라 한다.

따라서 어느 두 온도 사이에 상변화가 있을 경우 열함량 차이는 다음과 같이 계산 된다.

$$\Delta H = H_{T_2} - H_{T_1} = \int_{T_1}^{T_{PT_1}} C_{p1} dT + \Delta H_{PT_1} + \int_{T_{PT_1}}^{T_{PT_2}} C_{p2} dT + \Delta H_{PT_2} + \cdots + \int_{T_{PT_f}}^{T_2} C_{p3} dT \tag{2.10}$$

이 식에서 T_{PTi}는 각 상변화 온도이고, C_{pi}은 각 해당 상으로 존재하는 물질의 정압열용량 값이고, ΔH_{PTi}는 각 상변화에 동반하는 잠열이다.

ΔH는 계가 함유하는 열량의 변화이므로 $T_1 < T_2$ 일 때에는 그 값이 양수이며 $T_1 > T_2$ 일 때에는 계가 함유하는 열량이 작아지므로 ΔH는 음수가 된다. 특히 주의 할 것은 후자의 경우, 즉, 온도가 내려가는 경우에는 계에서 열을 제거하는 과정이므로 상변화는 위에 열거한 현상의 반대가 된다. 따라서 그 경우의 ΔH_{PTi}는 온도 상승 시의 값과 절대치는 같으나 부호는 음수가 되어야 한다.

대부분의 물질에 대하여 식 (2.10)으로 계산된 결과에 해당하는 $(H_T - H_{298})$의 자료는 여러 참고문헌으로부터 찾을 수 있다. 예를들면 Thermodynamic Data for Mineral Technology [Pankratz et al., 1984], JANAF Thermochemical Tables. Second Edition [Stull and Prophet, 1971], JANAF Thermochemical Tables, 1982 Supplement [Chase Jr. et al., 1982], Thermochemical Properties

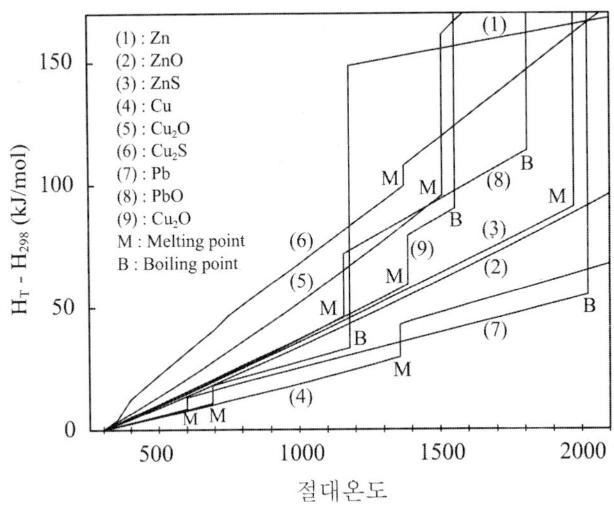

그림 2.1. 그림으로 표시된 (H_T−H_{298})와 온도의 관계
(HSC Chemistry 소프트웨어의 주어진 자료에서 발췌하여 작성한 도표 [Roine, 2002]).

of Inorganic Substances [Knacke et al., 1991], Metallurgical Thermochemistry [Kubaschewski and Alcock, 1979]과 같은 참고문헌이 있다. 그 외에 여러 열역학 계산 소프트웨어(thermodynamic software)에 열역학 자료로 포함되어 있다.

이와 같은 자료를 표현하는 방법 중에 편리한 한 방법은 그림 2.1의 예와 같다.

위 그림에서도 볼 수 있는 것과 같이 참고문헌에 주어진 자료는 (H_T−H_{298})의 형태다. 이는 식 (2.7)에서 알 수 있는 것과 같이 관련된 열량은 H의 변화량이고 H의 절대값은 필요치 않기 때문이다. 따라서 관례에 의해 임의의 온도 T에서의 열함량은 상온인 298 K에서의 H와의 차이 값으로 표시한다. 이 자료만 있으면 임의의 두 온도 T_1과 T_2 사이의 H의 변화량은 다음과 같이 쉽게 구할 수 있다.

$$\Delta H = H_{T_2} - H_{T_1} = (H_{T_2} - H_{298}) - (H_{T_1} - H_{298}) \tag{2.11}$$

즉, 참고자료에 주어진 두 온도의 (H_T−H_{298}) 값을 이용하면 된다.

이 외에 엔탈피 변화를 일으키는 물리적 현상으로 (용해≠mixing, 혼합 = mixing), 증발(evaporation), 승화(sublimation)가 있는데 증발 및 승화는 기체를 포함하기 때문에 온도에 따라 분압이 결정되나 잠열의 양은 크게 변하지 않는다.

2.1.2 화학적 변화와 표준상태

앞서 설명한 물리적 상변화에 반해 물질의 상태에 변화를 주는 또 한가지 과정은 화학반응이다. 즉 어느 계에서 한 가지 화합물의 상태로 있던 물질이 다른 화합물로 변하면 계가 소유하는 에너지가 변하기 때문에 그에 따라 계에 함유된 열량이 변한다. 이를 반응열이라

한다. 이러한 반응은 그 반응물이나 생성물이 순수하지 않고 용액 상태로 존재 할 수도 있는데 그 상태에 따라 에너지 함량이 다르므로 우선 반응물과 생성물 모두가 열역학적 표준상태(thermodynamic standard state)를 유지하고 반응이 일어난다고 가정할 때의 $\Delta H°$를 정의하는 것이 편리하다. 열역학적 표준상태는 반응열 계산 외에 다른 열역학적 계산에도 편리한 중요한 개념인데 이는 H를 포함한 대개의 열역학 함수는 절대값이 아니라 상대값, 즉 차이량(Δ)을 사용하는 것이 편리하기 때문이다.

열역학적 표준상태는 각 함수에 기호 °를 붙여 표기하는데 이 간단한 기호가 매우 중요한 개념을 상징하므로 이 기호가 있는 함수와 없는 함수를 분명히 구별할 필요가 있다. 각 성분의 표준상태는 해당 온도에서 1 기압(1 atm) 하에서 순수하고 가장 안정한 상태로 정의한다. 또한 주의해야 할 것은 이 열역학적 표준상태는 임의의 온도마다 정의되며 보통 기준온도(reference temperature)로 사용되는 298 K나 표준온도 및 표준압력(standard temperature and pressure, STP)으로 사용되는 273 K나 1 atm과도 구별해야 한다 [주: 이는 모두가 인정하는 관례이며 처음부터 다른 상태로, 예를 들어 어떤 수용액 상태나 합금 상태로, 정했을 수도 있다. 그럴 경우 여태까지 발표된 모든 자료의 값이 달라져야 한다. 물론 이와 같은 생각은 표준상태에 관한 이해를 쉽게 하려는 과격한 상상이다].

압력에 의한 영향을 별로 받지 않는 액체와 고체는 고온제련에서 주로 쓰이는 압력 범위 안에서는 다만 순수한 상태라 정의하면 된다. 따라서 일단 모든 성분이 표준상태에서 존재할 때의 $\Delta H°$를 계산하고 실제로 어느 성분이 비표준 상태로 존재하면 해당 성분이 표준상태에서 실제상태로 변할 때 동반하는 ΔH를 추가적으로 고려하면 된다.

2.1.3 표준생성열/표준생성엔탈피 (Standard Heat of Formation or Standard Enthalpy of Formation)

표준생성열 $\Delta H^{o}_{f,T}$는 1 몰의 화합물이 해당 원소로부터 모든 성분이 표준상태로 유지되며 형성될 때 생기는 엔탈피 변화다 [주: $\Delta H^{o}_{f,T}$는 모든 온도에서 정의된다. 어떤 참고문헌에서는 온도에 따른 값을 주기도 한다 [Pankratz et al., 1984; Stull and Prophet, 1971; Chase Jr. et al., 1982]. 주로 298 K에서의 값이 주어지기 때문에 그 정의에 298 K를 포함하는 경우도 있는데 이는 잘못된 것이다].

예를 들어 CO_2의 298 K에서의 표준생성열은 다음과 같다.

$$C(graphite) + O_2(g) = CO_2(g):\ \ \Delta H^{o}_{f,298} = -94{,}051 \text{ cal/mol} \tag{2.12}$$

여기서 언급할 점은 첫째로 표준상태에 관한 것으로 $O_2(g)$와 $CO_2(g)$의 표준상태는 각각 1 기압의 순수한 기체이고 탄소의 경우에는 흑연 (graphite), 무정형 탄소 (amorphous carbon, 숯 같은), 그리고 다이아몬드의 형태가 있는데 결정성이며 자연에 많이 존재하는 흑연을 표준상태로 사용한다. 둘째로 표준생성엔탈피는 앞서 말한 바와 같이 절대값이 아니라 어느 조건에서와의 차이값이며 이 경우에는 원소 형태의 물질에 비교하므로, 관례로서 안정한 상태로 존재하는 모든 원소의 표준생성엔탈피는 0으로 정하였다. 따라서 표준생성열은 형성반응의 반응열이기도 하다. 반응열은 차후에 더 자세히 논의한다.

또 한가지 지적할 점은 $\Delta H_f^o > 0$ 일 때는 생성물의 엔탈피가 반응물의 엔탈피보다 크기 때문에 같은 온도를 유지하기 위해서는 해당 반응은 외부로부터 열을 받아야 한다. 따라서 해당 반응은 흡열반응이다. 반대로 $\Delta H_f^o < 0$ 일 때는 열을 밖으로 내보내야 하므로 발열반응이다.

2.1.4 표준연소열 (Standard Heat of Combustion)

산소를 써서 1 몰의 물질을 완전히 산화/연소 할 때의 표준반응열을 그 물질의 표준산화열/연소열(ΔH_c^o)이라 한다. 그러므로 식 (2.12)의 CO_2의 표준생성열은 흑연의 표준연소열이기도 하다 (주로 298 K에서의 값을 말한다).

2.1.5 Hess의 법칙 (Hess' Law)

Hess의 법칙에 의하면 화학반응의 엔탈피 변화는 그 반응이 한 단계에 진행하거나 여러 단계를 거쳐서 진행하거나 다르지 않다는 것이다. 즉 $\Delta H_{reaction}^o$ 은 오직 시작과 끝나는 상태에만 따라 결정되는 상태함수로 중간 과정에는 따르지 않는다. 이 법칙은 매우 편리하며 특히 직접 측정하지 못하는 반응의 엔탈피 변화를 계산할 수 있는 장점이 있다. 또한 편리한 점은 이 법칙에 따르면 화학식을 수학적 방정식과 같이 취급할 수 있는 것이다.

예로서 다음과 같은 CO 가스의 형성반응을 고려하자.

$$C(graphite) + \frac{1}{2}\ O_2(g) = CO(g) \tag{2.13}$$

실험적으로 이 반응은 항상 CO_2의 생성을 동반하며 순수한 CO만의 생성은 보통 온도에서는 불가능하다. 그러나 다음의 반응은 완전히 양적으로 일어나기 때문에 직접 열량계를 이용하여 측정할 수 있다.

$$C(graphite) + O_2(g) = CO_2(g);\ \ \Delta H_c^o = -94{,}051\ \text{cal/mol} \tag{2.14}$$

$$CO(g) + \frac{1}{2}\ O_2(g) = CO_2(g);\ \ \Delta H_c^o = -67{,}634\ \text{cal/mol} \tag{2.15}$$

Lavoisier와 Laplace의 법칙(Lavoisier and Laplace's law of thermochemistry)에 의하면 어느 역반응의 엔탈피 변화는 정반응의 엔탈피 변화의 음수다. 이는 열역학 제1법칙과 직접 관련된 법칙이다. 따라서 식 (2.15)의 반응을 역으로 하고, 동시에 ΔH_c^o 의 부호를 바꾸고, 식 (2.14)의 반응과 합하면, 또는 식 (2.14)의 반응에서 식 (2.15)의 반응을 빼고 동시에 두 ΔH_c^o도 같은 작업을 하면, 다음과 같이 식 (2.13)의 반응의 ΔH_f^o를 구할 수 있다.

$$C(graphite) + \frac{1}{2}\ O_2(g) = CO(g);\ \ \Delta H_f^o = -26{,}417\ \text{cal/mol} \tag{2.16}$$

Hess의 법칙은 그림 2.2에 보이는 바와 같이 그림으로 표시할 수 있다. 다른 열역학 함수처럼 H도 상태함수(狀態函數)이므로 C에서 CO_2로 가는 경로에 상관 없이 ΔH는 동일하다. 따라서 그림 2.2에 있는 두 가지 경로는 동일한 ΔH를 동반한다. 즉 반응 (2.13)과 (2.15)에 동반하는 ΔH의 합은 반응 (2.14)의 ΔH와 동일하다. 따라서 구하고자 하는 반응 (2.13)의 ΔH는

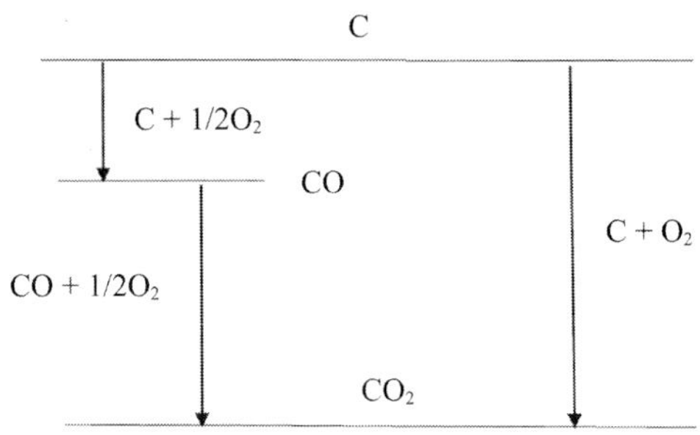

그림 2.2. 그림으로 표현한 Hess의 법칙.

정확히 측정할 수 있는 반응 (2.14)과 (2.15)의 ΔH의 차이로 식 (2.16)에서 얻은 결과와 같이 구할 수 있다. 이 방법은 어느 반응의 ΔH를 구하는데 적용할 수 있을 뿐만 아니라 상태함수인 다른 열역학 함수를 구하는데도 적용할 수 있다.

2.1.6 화학반응열

일반적으로 표시한 다음과 같은 화학반응을 고려해 보자.

$$r_1R_1 + r_2R_2 + \cdots = p_1P_1 + p_2P_2 + \cdots \tag{2.17}$$

즉, 어느 계에서 R_1, R_2, … 등의 상태로 있던 물질이 P_1, P_2, … 등의 상태로 변하면 앞서 설명한 것과 같이 계가 소유하는 에너지가 달라지기 때문에 함유된 열함량이 변한다. 이러한 반응은 그 반응물이나 생성물이 순수하지 않고 용액 중의 한 성분일 수도 있는데 그 상태에 따라 에너지 함량이 다르므로 우선 반응물과 생성물 모두가 열역학적 표준상태(thermodynamic standard state)를 유지하고 반응이 일어날 때의 $\Delta H^o_{reaction}$를 먼저 계산하는 것이 편리하다. 식 (2.17)의 반응에 Lavoisier와 Laplace의 법칙 및 Hess의 법칙을 적용하면 반응 (2.17)의 표준반응열(standard heat of reaction)인 $\Delta H^o_{reaction}$을 다음과 같이 계산할 수 있다.

$$\Delta H^o_{reaction} = \sum_{product,i}(p_i \cdot \Delta h^o_{f,P_i}) - \sum_{reactant,j}(r_j \cdot \Delta h^o_{f,R_j}) \quad \text{cal or J} \tag{2.18}$$

여기에 p_i와 r_j는 각 생성물과 반응물의 반응 계수들이며 $\Delta h^o_{f,P_i}$와 $\Delta h^o_{f,R_j}$는 각 성분들의 단위 몰당 <u>표준생성엔탈피</u>다. 엔탈피가 크기특성(extensive property)을 가진 것을 고려하여 반응 계수를 반드시 곱해야 한다. $\Delta h^o_{f,P_i}$와 $\Delta h^o_{f,R_j}$의 값은 (H_T–H_{298})처럼 여러 참고문헌에서 찾을 수 있다.

또한 앞서 설명한 것과 같이 $\Delta H^o_{reaction} > 0$일 때는 생성물의 엔탈피가 반응물의 엔탈피보다 크기 때문에 해당 반응은 외부로부터 열을 받아야 하므로 흡열반응이다. 반대로 $\Delta H^o_{reaction} < 0$일 때는 발열반응이다.

2.1.7 온도에 따른 반응열

참고문헌에 따라 온도에 따른 $\Delta h^o_{f,T}$의 값을 열거하는 경우도 있으나 [Pankratz et al., 1984]

상온에서의 값만 주어지는 경우가 있다. 상온 이외의 온도에서 반응물과 생성물이 같은 온도 T에 존재하는 경우의 $\Delta h^o_{reaction}$ 값은 다음과 같이 계산한다.

$$\Delta H^o_{reaction\ at\ any\ T} = \Delta H^o_{reaction,298} + \int_{298}^{T} \Delta C_p dT \ \text{ cal or J} \tag{2.19}$$

여기에 ΔC_p는 임의의 온도에서의 생성물의 총 열용량(양을 고려한 heat capacity)과 반응물의 총 열용량의 차이다. 이 식을 적용하기 위해서는 몰당 C_p를 온도의 함수로 표시한 식을 사용하는 것이 편리한데 이 관계식은 보통 다음과 같은 형태를 갖는다[Kubaschewski and Alcock, 1979].

$$C_p = a + bT + cT^{-2} + dT^2 + \cdots \tag{2.20}$$

많은 제련반응의 경우 두 열용량의 차이가 작아 ΔC_p의 적분인 마지막 항은 둘째 항에 비해 상당히 작다. 위 방정식의 개념을 더 넓혀서 실제 반응공정에서 반응물과 생성물의 온도가 다를 경우의 전체 $\Delta H^o_{reaction}$는 H가 상태함수(state function)임을 이용하여 계산할 수 있다. 반응온도를 우선 정해야 하는데 보통의 경우 298 K로 정한다. 이와 같은 경우 반응물의 온도를 실제 온도에서 298 K로 변화시키고 298 K에서 반응을 행하고 생성물이 298 K에서 해당 실제 온도까지 변화하는 과정의 ΔH를 합하면 된다.

식 (2.19)는 아래 그림 2.3을 참조하여 구할 수 있는 결과다. 298 K의 반응물에서 온도 T에 존재하는 생성물에 도달하는 변화에 따르는 ΔH는 가는 경로에 상관 없이 동일하므로 그림 2.3에 보이는 두 가지 경로를 고려하자. 즉, 한 경로는 반응물과 생성물이 같은 298 K에 존재하도록 반응을 시키고 그 생성물을 T 까지 가열하여 최종상태에 도달한다. 이 때의 ΔH는 다음과 같다.

$$\Delta H = \Delta H^o_{reaction,298} + \int_{298}^{T} C_{p,Products} dT \tag{2.21}$$

두 번째의 경로는 반응물을 298 K로부터 T 까지 먼저 가열하고 그 온도에서 반응을 시켜 최종상태에 도달한다. 이 때의 ΔH는 다음과 같다.

$$\Delta H = \int_{298}^{T} C_{p,Reactants} dT + \Delta H^o_{reaction,T} \tag{2.22}$$

위 두 식의 ΔH는 동일하므로 이 두 식으로부터 $\Delta H^o_{reaction,T}$를 구하면 식 (2.19)를 얻는다.

이 그림은 흡열반응인 경우를 예로 하였으나 발열반응인 경우도 동일하게 적용되며 또한 298 K가 아닌 어떤 시작온도에도 적용된다. 그리고 반응물과 생성물이 표준상태로 존재하지 않을 때도 적용된다. 따라서 임의의 온도에서 시작하여 온도 차이가 dT인 경우를 고려하면 (이는 표준상태가 아닌 일반적인 ΔH로 표시된 식 (2.19)를 미분하는 것에 해당한다). 다음과 같은 관계식이 성립된다.

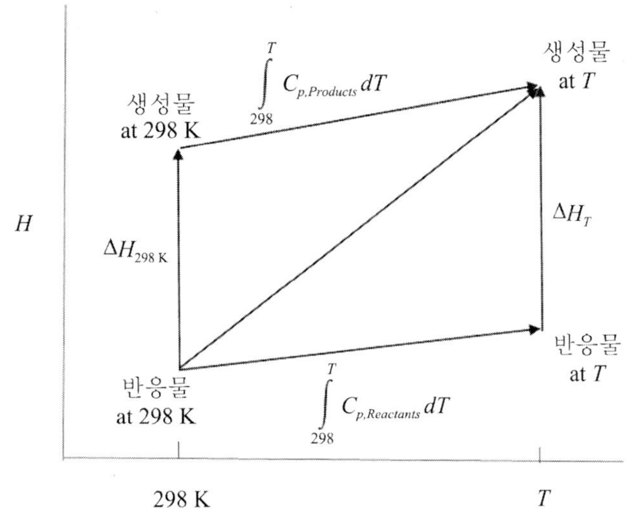

그림 2.3. 임의의 온도 T에서의 반응열 계산.

$$\frac{d(\Delta H)}{dT} = \Delta C_p \tag{2.23}$$

이 식이 Kirchoff 식으로 알려졌으며 이 식을 적분하면 고온제련에 유용한 다음 식이 유도된다.

$$\Delta H_{T_2} = \Delta H_{T_1} + \int_{T_1}^{T_2} \Delta C_p dT \tag{2.24}$$

온도구간 T_1과 T_2 사이에 있는 T_t에서 반응물(Reactants)이나 생성물(Products)의 상변화가 있는 경우에는 각 온도 구간에서의 ΔC_p 값을 따로 고려하여 다음과 같이 계산해야 한다.

$$\Delta H_{T_2} = \Delta H_{T_1} + \int_{T_1}^{T_t} \Delta C_p dT + \Delta H_{t,Product} - \Delta H_{t,Reactant} + \int_{T_t}^{T_2} \Delta C_p dT \tag{2.25}$$

이 식에서 ΔH_t는 상변화에 따르는 잠열이다.

예 2-1: 다음 주어진 반응의 25°C와 1 atm에서의 표준 반응열을 1 몰의 Al_2O_3당, 1 몰의 Fe당, 그리고 1 그램의 Al 당 계산하라.

$$3\ FeO + 2\ Al = Al_2O_3 + 3\ Fe$$

주어진 자료는 $\Delta H^o_{298,FeO} = -265$ kJ/mol; $\Delta H^o_{298,Al_2O_3} = -1674$ kJ/mol

풀이: $\Delta H^o_{298,Reaction} = (\Delta H^o_{f,298,Al_2O_3} + 3 \times \Delta H^o_{f,298,Fe}) - (3 \times \Delta H^o_{f,298,FeO} + 2 \times \Delta H^o_{f,298,Al})$

$(-1674 + 0) - (-3 \times 265 + 0) = -879$ kJ

이 반응열은 3 몰의 FeO, 2 몰의Al, 1 몰의 Al_2O_3 그리고 3 몰의 Fe에 해당되는 양 이므로

1 몰 Al_2O_3 당은 $\Delta H^o_{298,\,Reaction} = -879$ kJ/g Al_2O_3

1 몰 Fe 당은 $\Delta H^o_{298,\,Reaction} = -879/3 = -293$ kJ/mol Fe

1 몰 Al = 27 g, 이 반응의Al = 2 몰 = 2 × 27 = 54 g

1 g Al당은 $\Delta H^o_{298,\,Reaction} = -879/54 = -16.3$ kJ/g Al

---

예 2–2: 산화철의 환원은 다음 반응과 같이 진행된다.

$3Fe_2O_3 + CO = 2Fe_3O_4 + CO_2$	R1	$\Delta H^o_{298} = -12.7$ kcal
$Fe_3O_4 + CO = 3FeO + CO_2$	R2	$\Delta H^o_{298} = 9.8$ kcal
$FeO + CO = Fe + CO_2$	R3	$\Delta H^o_{298} = -4.4$ kcal

다음 총 반응의 $\Delta H^o_{298,\,Reaction}$을 계산하라.

$Fe_2O_3 + 3CO = 2Fe + 3CO_2$ (R4)

풀이: Hess의 법칙을 반응식과 각 반응열에 적용하여

$$R4 = \frac{R1 + (2\times R2) + (6\times R3)}{3}$$

$$\therefore \Delta H^o_{298\ R4} = \frac{\Delta H^o_{298\ R1} + (2\times\Delta H^o_{298\ R2}) + (6\times\Delta H^o_{298\ R3})}{3}$$

$$\therefore \Delta H^o_{298\ R4} = \frac{-12.7 + (2\times 9.8) + [6\times(-4.4)]}{3} = -6.5\ \text{kcal}$$

예 2–3: 다음 반응의 표준 반응열을 온도의 함수로 표시한 식을 구하라.

$C(graphite) + ½\ O_2(g) = CO(g);\ \ \Delta H^o_{f,\,298} = -26{,}417$ cal/mol CO

풀이: 다음의 자료를 Kubaschewski and Alcock [1979]으로부터 얻는다.

$C_p(\text{cal}\cdot\text{K}^{-1}\cdot\text{mol}^{-1}) = a + bT + cT^{-2} + dT^2$ (T의 단위: K)

	a	$b\times 10^3$	$c\times 10^{-5}$	$d\times 10^6$	Temp·Range (K)
C(graphite)	0.026	9.307	−0.354	−4.155	298–1100
	5.841	0.104	−7.559	0	1100–4000
O_2	7.16	1.0	−0.40	0	298–3000
CO	6.79	0.98	−0.11	0	298–2500

따라서 298–1100 K의 온도 범위에서는

$$\Delta C_p = (6.79 - 0.026 - ½ \times 7.16) + (0.98 - 9.307 - ½ \times 1.0) \times 10^{-3}T + (-0.11 + 0.354 + ½ \times 0.40) \times 10^5 T^{-2} + (4.155) \times 10^{-6}T^2$$

그러므로 이 경우에 식 (2.19)는

$$\Delta H^\circ_T = -26417 + \int_{298}^{T} [(6.79 - 0.026 - ½\times7.16) + (0.98 - 9.307 - ½ \times 1.0) \times 10^{-3}T + (-0.11 + 0.354 + ½ \times 0.40) \times 10^5 T^{-2} + (4.155) \times 10^{-6}T^2]\ dT \text{ cal}$$

2.1.8 단열반응온도 (斷熱反應溫度)

단열반응은 외부와 열의 교환이 없는 조건에서 반응이 일어나 반응열은 계의 현열로 변하여 그 결과로 계의 온도가 변한다. 반응이 발열반응이면 온도가 높아지고 흡열반응이면 온도가 내려간다. 이런 계에서는 주로 반응의 결과로 생긴 계의 단열반응온도(adiabatic reaction temperature, 斷熱反應溫度)가 관심대상이다. 단열조건에서 외부와 열의 교환이 없으므로 $\Delta H = 0$이며 계의 초기온도가 T_o이면 식 (2.21)을 수정하여

$$-\Delta H_{T_o} = \int_{T_o}^{T_{ad}} C_{p,Products} dT \qquad (2.26)$$

반응열을 계산하는데 필요한 성분생성열이 참고문헌에 298 K에서의 값으로 주어지고 여러 반응은 상온에서 시작하므로 T_o은 보통 298 K가 되나 ΔH_{To}을 계산하면 위 식은 어느 T_o 값에도 적용된다. 단열반응온도 T_{ad}는 식 (2.26)을 만족시키는 온도로 특히 단열화염온도 (adiabatic flame temperature, 斷熱火焰溫度)가 많이 계산된다. 이 온도가 연소공정에서 얻을 수 있는 최고의 온도다.

이 관계를 그림으로 표시해보자. 단열반응온도는 주로 발열반응의 경우에 계산하므로 그림 2.3과 비슷한 그림을 단열반응에 적용하면 그림 2.4와 같이 나타낼 수 있다.

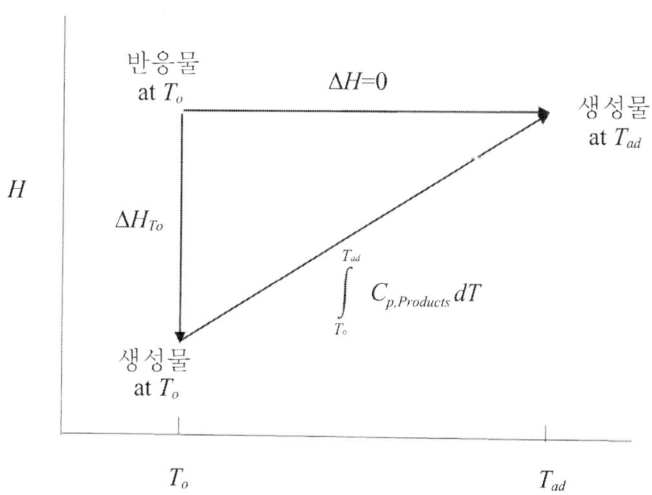

그림 2.4. 단열반응온도 계산.

예 2-4: 1 mol의 CO를 x% 과잉의 순수한 산소와 y mol 질소의 혼합가스로 완전 연소할 때 단열화염온도를 계산하는 방정식을 세워라. 연소실로 취입되는 모든 가스의 온도는 298 K다.

풀이: 이 경우에 생성된 열은 다음 반응에 의해 생긴다.

$CO(g) + ½\ O_2(g) = CO_2(g)\ \ \Delta H^o_{c,298} = -67{,}634$ cal/mol CO

전체 반응은 다음과 같이 표시할 수 있다.

$CO(g) + ½\ O_2(g) + [0.5x/100\ O_2(g) + yN_2] = CO_2(g) + [0.5x/100\ O_2(g) + yN_2]$

식 (2.26)으로부터,

$$-\Delta H_{298} = \int_{298}^{T_{ad}} C_{p,Products} dT$$

Kubaschewski and Alcock [1979]에 의하면

$C_p(\text{cal}\cdot\text{K}^{-1}\cdot\text{mol}^{-1}) = a + bT + cT^{-2} + dT^2$ (T의 단위: K)

	a	$b \times 10^3$	$c \times 10^{-5}$	$d \times 10^6$	온도 범위 (K)
CO_2	10.55	2.16	− 2.04	0	298 − 2500
O_2	7.16	1.0	− 0.40	0	298 − 3000
N_2	6.66	1.02	0	0	298 − 2500

따라서

$$67634 = \int_{298}^{T_{ad}} C_{p,Products}\, dT = \int_{298}^{T_{ad}} [(10.55 + 0.5x/100 \times 7.16 + 6.66y) + (2.16 + 0.5x/100 \times 1.0 + 1.02y)T + (-2.04 - 0.5x/100 \times 0.40 + 0)\ T^{-2} + 0]\ dT$$

위의 식에 주어진 x와 y의 값을 대입하여 풀면 단열화염온도 T_{ad}를 구할 수 있다.

2.1.9 혼합열

대부분의 금속공정에는 혼합 기체 또는 용액같은 물질의 혼합체가 관련된다. 순수한 물질 i를 용액에 첨가하면 i의 분자가 i뿐만이 아니라 다른 성분의 분자와도 상호 작용하게 되므로 그의 에너지 함량이 달라진다. 1 몰의 i를 많은 양의 용액에 첨가하여 용액의 조성과 온도가 변하지 않는 조건에서 생기는 엔탈피 변화는 i 분자간의 상호작용과 i분자와 다른 성분의 분자간의 상호작용의 차이에 따라 발열일 수도 있고 흡열일 수도 있다. 용액 중에 존재하는 1 몰의 i의 엔탈피 $\overline{H}_i$와 순수한 1 몰의 i의 엔탈피 H_i^o 사이의 차이를 해당 용액 조성과 온도에 있어서의 혼합열 $\Delta\overline{H}_i^m$이라 정의한다. 따라서

$$\Delta \overline{H}_i^m = \overline{H}_i - H_i^o \tag{2.27}$$

이 정의에 따르면 성분수가 N인 용액의 총 엔탈피는 각 성분의 용액 내에서의 총 엔탈피 $n_i\overline{H}_i$(n_i: i의 몰 수)의 합이다. 따라서

$$H_{solution} = \sum_i^N n_i\overline{H}_i = \sum_i^N n_i H_i^o + \sum_i^N n_i \overline{H}_i^m \tag{2.28}$$

열역학 참고문헌에 보통 주어지는 $(H_{i,T}^o - H_{i,298}^o)$를 사용할 경우에

$$(H_{solution} - \sum_i^N n_i H_{i,298}^o) = \sum_i^N n_i (H_{i,T}^o - H_{i,298}^o) + \sum_i^N n_i \Delta\overline{H}_{i,T}^m \tag{2.29}$$

여기서 왼쪽 항은 용액의 총 엔탈피와 298 K에서 순수한 구성 성분의 엔탈피의 총합과의 차이다.

이상 기체의 혼합열은 0이다. 따라서 대부분의 금속 공정에서 마주치는 전체압력 하에서는, 즉 100 atm 이하의 전체압력 하에서는, 가스의 혼합열이 무시할 정도로 작으므로 혼합가스의 총 엔탈피는 순수한 상태에서의 가스의 각 구성 성분의 엔탈피의 합으로 계산할 수 있다. 따라서 혼합 기체의 열용량을 다음과 같이 계산할 수 있다.

$$C_{p,total} = \sum_i^N n_i C_{p,i} \tag{2.30}$$

응축상의 혼합물의 경우에도 보통 혼합열은 크지 않지만 상당히 큰 경우도 있는데 그 예로는 고농도의 황산과 물을 혼합하는 경우 또는 규소철 합금의 형성 등을 들 수 있다. 혼합열이 상당히 큰 혼합물의 경우에는 식 (2.30)이 적용되지 않을 수도 있다.

2.2 열역학 제2법칙

열역학 제2법칙의 기본 원칙을 요약하여 말하면 "모든 자발적 변화는 우주의 총 무질서도(disorder, 無秩序度)를 증가시키는 방향으로 향한다"는 것이다. 모든 자연과학의 법칙이 그러하듯이 이 법칙 또한 여러가지 실험결과를 종합하여 내린 결론이다. 물론 우주를 모두 포함한 실험은 불가능하여 다른 표현으로는 모든 실험결과는 이 성명과 일치한다는 것이다. 제련 공정에 관해서도 이 법칙을 응용하면, 즉 우주의 무질서도를 증가시키려면, 어떤 원료에서 어떤 제품을 만들 수 있을지 또는 어떤 불순물은 어떤 상으로 모이기를 좋아하는지를 예측할 수 있기 때문에 이 법칙이 중요하다.

이 정성적인 법칙을 실제로 적용하기 위해 정량적인 이론을 전개한다. 그러기 위해 우선 무질서도를 표현하는 열역학 함수 엔트로피(entropy, S)를 정의하자. 물질을 구성하는 분자들은 열을 받아 에너지가 증가하고 온도가 높아질수록 운동이 활발해져 무질서하게 되며 같은 열량의 영향은 절대온도에 반비례함을 고려하여 다음과 같은 식이 성립된다 [Lewis et al., 1961]. 여기에 다시 한번 미분학의 원칙을 적용한다.

$$dS = \frac{추가열량}{기존무질서\ 정도} = \delta q/T \tag{2.31}$$

이 정의를 열역학 제 2 법칙에 적용하면 어떠한 자발적인 변화에서도

$$dS_{system} + dS_{surroundings} = dS_{total} \geq 0 \tag{2.32}$$

오직 가역 과정에서만 $dS_{total} = 0$이 된다. 여기서 계는 우리가 거기서 일어나는 변화에 관심을 갖고 경계를 정의한 구역이고 외부(surroundings)는 그 경계 밖의 모든 구역이다. 그러면 외부에서 일어나는 엔트로피 변화는 다만 계와의 열 교환에 의한 것 뿐이다. 따라서

$$dS_{surroundings} = \delta q_{surr}/T_{surr} \tag{2.33}$$

온도와 압력이 변하지 않고 계와 외부의 온도가 동일한 경우에 이 식을 적용하면

$$dS_{surroundings} = -\delta q_{sys}/T_{sys} = -dH_{sys}/T_{sys} \tag{2.34}$$

위 두 식을 식 (2.32)에 대입하면

$$dS_{system} - dH_{sys}/T_{sys} = dS_{total} \geq 0 \tag{2.35}$$

즉 dS_{total}을 계의 변수로 표시할 수 있어 system이라는 아래첨자를 제거 할 수 있고 또 이 식에 $(-T)$를 곱하면 T는 절대온도라는 사실을 고려하여 다음과 같은 식을 얻는다.

$$dH - TdS = -TdS_{total} \leq 0 \tag{2.36}$$

이 식이 열역학 제2 법칙에 의한 자발적인 변화를 정의하는 수식 관계이다. 이 식을 그대로 사용할 수 있으나 이 관계식에는 H, T 및 S가 포함되는 복잡성이 있다. 그러나 다음과 같은 다른 하나의 열역학 함수를 정의하면 자발적 변화의 정의가 간단해진다.

$$G = H - TS \tag{2.37}$$

이와 같이 정의된 G는 Gibbs 자유에너지(Gibbs free energy)라 부른다. 일정한 온도 하에 행해지는 과정을 분석하고 있다는 점을 고려하여 작은 변화를 생각하면

$$dG = dH - TdS\text{:}\ \ T = 절대온도 \tag{2.38}$$

위의 관계식을 식 (2.36)과 함께 고려하면 어떤 작은 변화가 자발적이면 다음과 같은 간단한 조건이 성립된다.

$$dG < 0 \tag{2.39}$$

전체의 변화가 일정한 온도와 압력 하에 일어나는 경우에는 dG를 적분한 결과도 다음과 같아 음수로 된다.

$$\Delta G < 0 \tag{2.40}$$

따라서 어떠한 반응이나 과정이 자발적으로 일어날지 예측하려면 그 반응의 ΔG를 고찰하면 된다.

ΔG = 0이면 계는 평형상태에 있다.
ΔG < 0이면 고려하는 변화는 자발적으로 진행된다.
ΔG > 0이면 고려하는 변화는 역방향으로 진행된다.

예를 들어 반응 (2.17)를 고려해보자. ΔH를 계산할 때와 같이 우선 모든 성분이 열역학적 표준상태(thermodynamic standard state)를 유지하고 반응이 일어난다고 가정할 때의 ΔG를 정의하는 것이 편리하다. 이를 반응의 표준 Gibbs 자유에너지(standard Gibbs free energy of reaction)라 하며 $\Delta G°$로 표기한다. 이 함수의 값은 $\Delta H^o_{reaction}$를 계산하는 것과 비슷하게 다음과 같이 계산한다.

$$\Delta G^o_{reaction} = \sum_{product,i}(p_i \cdot \Delta g^o_{f,P_i}) - \sum_{reactant,j}(r_j \cdot \Delta g^o_{f,R_j}) \text{ cal or J} \tag{2.41}$$

이 식에서 $\Delta g^o_{f,P_i}$와 $\Delta g^o_{f,R_j}$ 등은 각 성분들의 단위 몰당 생성 Gibbs 자유에너지며 Δh^o_f와 같이 참고문헌에서 찾을 수 있다. G도 크기 특성(extensive property)을 지니기 때문에 $\Delta G^o_{reaction}$의 계산 시 반응계수를 반드시 곱해야 한다.

2.3 활동도(Activity, 活動度)와 활동도 계수(Activity Coefficient, 活動度 係數)

반응물과 생성물이 표준상태와는 다른 실제 상태로, 예를 들어 용액 상태 또는 1 기압이 아닌 분압 하에서, 존재할 때의 ΔG는 각 성분이 보유한 Gibbs 자유에너지가 표준상태일 때와 다르므로 그 차이를 고려해야 한다. 이와 같은 경우 기체면 분압 그리고 응축상(액체나 고체)이면 농도를 표준상태의 활성과 비교한 인자를 도입하고 그 비율을 활동도(activity, a, 活動度)라 한다.

기체의 혼합물인 경우에 성분 i의 활동도 a_i는 다음과 같이 정의한다.

$$a_i = \frac{f_i}{p_{ss}} = \frac{p_i}{p_{ss}} \tag{2.42}$$

여기에서 f_i는 일반적인 기체의 "유효분압"이나 금속제련에 관련된 대부분의 압력 범위에서 관련된 모든 기체는 이상기체에 가깝기 때문에 이를 식 (2.42)에서 표시한 것처럼 분압으로 대치할 수 있다. p_{ss}는 기체의 표준상태의 압력, 즉 1 atm나 101.3 kPa이다. 여러 문헌에서 a_i를 직접 p_i로 표시하는데 이는 p_{ss}를 1 atm의 단위로 표시한다는 조건 하에서만 해당하며 다른 단위를 사용할 때는 반드시 p_{ss}로 나눠야 한다. 활동도는 비율이므로 무차원(dimensionless)이어야 하는 점으로 보아도 당연한 조건이다.

용액이나 고용체인 경우에 성분 i의 활동도 a_i는 다음과 같다.

$$a_i = \frac{i\text{의 용액에서의 활성}}{i\text{의 표준상에서의 활성}} = \frac{i\text{의 용액에서의 활성}}{\text{순수}i\text{의 활성}} \tag{2.43}$$

활성은 농도의 함수고 a_i는 비율이므로 몰분율(mole fraction, 몰分率)을 농도로 사용하는 것이 편리하다.

이 비율이 몰분율과 같은 용액을 이상용액(ideal solution, 理想溶液)이라 한다. 즉,

$$a_i = X_i \tag{2.44}$$

이렇게 정의된 활동도를 Raoultian 활동도(Raoultian activity)라 하며 이는 라울(Raoult)의 법칙과 직접 연관이 있어 라울의 법칙을 따른다 라고도 한다. 라울의 법칙에 의하면 기상과 평형을 이루고 있는 이상용액의 경우에 성분 i의 분압은 다음 식을 따른다.

$$p_i = X_i \cdot p_i^{vap} \tag{2.45}$$

여기에서 p_i^{vap}는 해당 온도에서 순수한 i의 증기압이며 이 관계의 증명은 아래에서 화학평형 이론을 설명하는 부분을 참고하기 바란다.

실제용액에서는, 즉 비이상용액(non-ideal solution, 非理想溶液)에서는, 성분 간의 상호작용이 농도에 직접 비례하지 않으므로 그 차이를 교정해 주는 인자가 필요한데 이를 활동도 계수(activity coefficient)라 하며 a_i는 다음과 같이 된다.

$$a_i = \gamma_i \cdot X_i \tag{2.46}$$

여기에서 γ_i가 활동도 계수이며 A와 B간의 2 성분용액(binary solution)에서 a_B-X_B의 일반적인 관계는 그림 2.5에서 보는 바와 같다. γ_i의 값이 1보다 작은 용액은 이상용액에 비해 음으로 벗어났다(negative deviation)고 하며 1보다 큰 용액은 이상용액에 비해 양으로 벗어났다(positive deviation)고 일컫는다.

그림 2.5에서 알 수 있는 하나의 중요한 특성은 X_B가 1에 근접하면 모든 용액의 성분 B는 이상용액에 가까운 거동을 보인다는 것이다. 즉 $X_B \to 1$이면 $\gamma_B \to 1$이고 따라서 $a_i \to X_i$로 된다. B성분의 농도가 매우 낮아질 경우에는 모든 연속함수에서와 같이 X_B가 0에 가까운 범위에서 어떠한 곡선이라도 직선이라고 가정할 수 있는 범위가 존재한다 (어느 연속함수라도 한 점 주위의 작은 범위에서 직선화 할 수 있음). 즉, 이 범위에서는 γ_B가 일정한 상수인데 용액 열역학에서는 이를 헨리(Henry)의 법칙이라 부른다.[1] 이 때의 상수가 되는 활동도 계수를 γ_B°로 표시하며 이를 무한 희석상태에서의 Raoultian 활동도 계수(Raoultian activity coefficient at infinite dilution)라고 부른다.

고온 금속제련에서 작은 양의 불순물들이 주 금속에 용해되는 경우가 많기 때문에 이러한 희석용액의 특성을 잘 이해하는 것이 중요하다. 희석용액에서는 용질의 종류가 많더라도 용질 간의 상호작용은 무시할만큼 작고 각 하나의 용질과 용매(주금속)와의 관계 만이 중요하므로 용질의 거동은 2 성분용액(binary solution)에서와 같은 점도 주시해야 한다.

실제의 생산공정에서는 농도를 앞서 사용한 몰분율보다 중량 %(wt%)로 표시하기 때문에 a와 다른 종류의 활동도를 찾을 필요가 있다. 일반적으로 몰분율과 중량 %는 정비례하지 않

---

[1] Henry의 법칙의 시초는 희석용액과 기상의 평형에서 용질의 분압은 용액 내의 농도에 정비례 한다는 실험결과에서 유래되었으나 분압과 용액에서의 할동도에 비례관계가 있으므로 이 경우에도 적용된다.

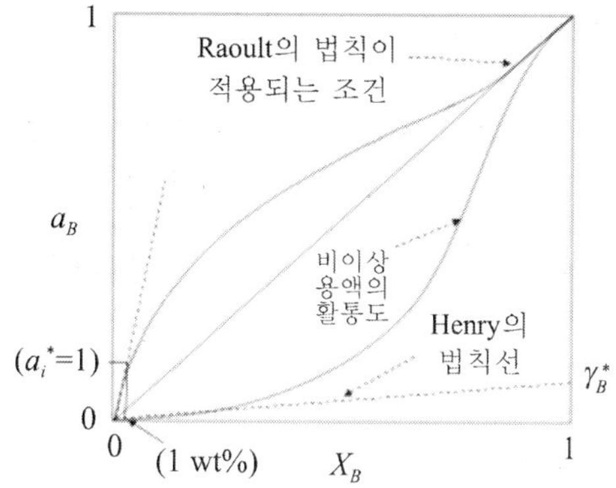

그림 2.5. Raoultian activity와 몰분율의 관계.

으므로 중량 %를 사용하면 활동도와 농도의 관계가 그림 2.5에서 볼 수 있는 것과 달라진다. 다만 용질 B의 농도가 매우 적을 경우에는 X_B와 [wt%B]가 정비례하게 되는데 이는 다음과 같이 보일 수있다.

$$X_B = \frac{\text{Number of moles of } B}{\text{Total nember of moles}} = \frac{\left(\frac{\%\text{B}}{100}\right)\frac{W_T}{M_B}}{\left(\frac{\%\text{A}}{100}\right)\frac{W_T}{M_A}+\left(\frac{\%\text{B}}{100}\right)\frac{W_T}{M_B}} = \frac{\frac{\%\text{B}}{M_B}}{\frac{\%\text{A}}{M_A}+\frac{\%\text{B}}{M_B}} \cong \left(\frac{\%\text{B}}{100}\right)\left(\frac{M_A}{M_B}\right) \tag{2.47}$$

이 식의 마지막 관계는 그 앞의 항에 $\%B << \%A$의 조건을 적용한 결과다. 이 결과에 의하면 희석용액에서 용질의 몰분율이 그의 wt%에 정비례하는 것을 알 수 있으며 따라서 활동도도 wt%에 정비례하게 된다. 그러나 X_B가 작아 a_i의 값도 매우 작아지는 불편한 점이 있고 특히 이온화된 용질 같은 경우에는 순수한 B를 정의 할 수도 없어 새로운 표준상태를 정하기도 하는데 이는 편의를 위한 것이며 필수적인 것은 아니어서 그대로 Raoultian 활동도를 사용해도 무방하다. 앞서 설명한대로 고온 금속제련에 관련된 희석용액의 농도는 wt%를 주로 사용하고 또한 헨리의 법칙이 적용되는 농도가 대부분의 경우에 1 wt%를 포함하기 때문에 1 wt%를 새로운 표준상태로 많이 사용한다. 그러나 수용액의 경우에는 1 molal = 1 mol/kg 농도를 더 많이 사용한다 (주의: molar concentration = mol/volume과 구별할 것).

모든 표준상태에서는 그에 동반하는 활동도가 1이어야 하는 조건을 고려하여 1 wt%를 표준상태로 사용할 경우 그에 따르는 새로운 활동도는 다음과 같다.

$$a_i^* = \gamma_i^* \cdot (\text{wt\% } i) \text{ 혹은 간단히 } a_i^* = \gamma_i^* \cdot [\% \ i] \tag{2.48}$$

여기에서 a_i^*는 Henrian 활동도이며 γ_i^*는 Henrian 활동도 계수다. 그림 2.5에서 보는 바와 같이 헨리의 법칙이 적용되는 농도 범위에서는 $\gamma_i^* = 1$이며 1 wt% 표준상태에서 $a_i^* = 1$이 된다. 다만 만일 어느 실제 용액에서 1 wt%도 헨리의 법칙에서 벗어나는 경우에는 1 wt%에서 $a_i^* = 1$인 가상의 용액이 Henrian 표준상태가 되며 1 wt%에서의 실제 a_i^*는 γ_i^*가 된다.

2.4 화학평형 (Chemical Equilibrium, 化學平衡)

앞서 도입한 활동도(a 또는 a^*)를 이용하여 성분들이 표준상태가 아닌 일반적인 상태에서 일어나는 반응의 ΔG를 계산하는 식은 다음과 같다 [예: Lewis et al., 1961; Moore, 1990].

$$\Delta G = \Delta G^o + RT \cdot ln(Q): \qquad T = \text{절대온도} \tag{2.49}$$

여기에 Q는 ΔG가 ΔG^o와 얼마나 다른가를 나타내는 항이며 식 (2.17)로 표시된 일반적인 화학반응의 경우 그 관계를 유도해보자.

어느 화학성분 i의 1 몰 고려하면

$$g_i = \mu_i = g_i^o + RT \cdot ln(a_i) \tag{2.50}$$

여기에 ^{o}는 표준상태에서의 값을 표시한다. 용액에서 성분 i의 단위 몰당 자유에너지를 화학포텐셜(chemical potential) μ_i라 한다. 위 식의 유도는 열화학을 다루는 참고문헌에서 찾을 수 있다 [예로 Lewis et al., 1961; Smith and Van Ness, 1959].

식 (2.17)로 주어진 반응의 자유에너지 변화는 다음과 같다.

$$\Delta G = \Sigma_{product,i}(p_i \cdot g_{P_i}) - \Sigma_{reactant,j}(r_j \cdot g_{R_i}) \quad \text{cal or J} \tag{2.51}$$

ΔG의 단위는 몰 수를 다 곱한 결과이므로 cal나 J이다. 이와 비슷하게,

$$\Delta G^o = \Sigma_{product,i}(p_i \cdot g^o_{P_i}) - \Sigma_{reactant,j}(r_j \cdot g^o_{R_i}) \quad \text{cal or J} \tag{2.52}$$

식 (2.50)을 식 (2.51)에 대입하면

$$\Delta G = \Delta G^o + \Sigma_{product,i}(p_i \cdot RT ln a_{P_i}) - \Sigma_{reactant,j}(r_j \cdot RT ln a_{R_i}) \tag{2.53}$$

식 (2.52)는 다음과 같이 쓸 수 있다.

$$\begin{aligned}\Delta G^o = & \Sigma_{product,i}[(p_i \cdot g^o_{P_i}) - \Sigma_{products\text{를 구성하는 모든 원소 }k} \nu_k g^o_k] \\ & - \Sigma_{reactant,j}[(r_j \cdot g^o_{R_i}) - \Sigma_{products\text{를 구성하는 모든 원소 }k} \nu_k g^o_k] \\ & - \Sigma_{product,i}[(p_i \cdot g^o_{P_i}) - \Sigma_{products\text{를 구성하는 모든 원소 }k} \nu_k g^o_k] \\ & - \Sigma_{reactant,j}[(r_j \cdot g^o_{R_i}) - \Sigma_{reactants\text{를 구성하는 모든 원소 }k} \nu_k g^o_k] \quad \text{cal or J}\end{aligned} \tag{2.54}$$

위 식에서 화학반응에서는 반응물과 생성물을 구성하는 원소는 동일한 사실을 적용했다. 그리고 $\Sigma_{product,i}[(p_i \cdot g^o_{P_i}) - \Sigma_{products\text{를 구성하는 모든 원소 }k} \nu_k g^o_k] = \Sigma_{product,i}(p_i \cdot \Delta g^o_{f,P_i})$ 라는 사실과 또 같은 사실이 반응물에도 적용되는 것을 고려하면 ΔG^o은 다음과 같이 식 (2.41)로 표시할 수 있음이 증명된다.

$$\Delta G^o_{reactant} = \Sigma_{product,i}(p_i \cdot \Delta g^o_{f,P_i}) - \Sigma_{reactant,j}(r_j \cdot \Delta g^o_{f,R_j}) \quad \text{cal or J} \tag{2.41}$$

그리고 식 (2.53)은 다음과 같이된다.

$$\Delta G = \Delta G^o + RT \cdot ln \frac{a_{P_1}^{p_1} \cdot a_{P_2}^{p_2 \ldots}}{a_{R_1}^{r_1} \cdot a_{R_2}^{r_2 \ldots}} \tag{2.55}$$

이 식의 셋째항은 RT의 단위를 가질 것 같이 보이나 위 식 (2.53)에서 보는 것처럼 ΔG의 단위와 같으며 몰 수는 ln 속에 묻히는데 이는 이 함수의 독특한 성질 때문이다.

따라서

$$Q = \frac{\Pi_i a_{P_i}^{p_i}}{\Pi_j a_{R_j}^{r_j}} = \frac{a_{P_1}^{p_1} \cdot a_{P_2}^{p_2 \ldots}}{a_{R_1}^{r_1} \cdot a_{R_2}^{r_2 \ldots}} \tag{2.56}$$

여기에서 $a_{P_i}^{p_i}$와 $a_{R_j}^{r_j}$는 각각 생성물 P_i와 반응물 R_j의 활동도의 함수이며 그 해당 반응계수인 p_i와 r_j를 지수로 사용하여 활동도를 거듭제곱한다. 활동도는 표준상태와 비교한 농도의 척도라 생각하면 편리하고 비례하는 수치라 항상 무차원이다. 이렇게 정의된 Q는 활동도 지수(activity quotient)라 칭한다.

식 (2.55)에서 보면 모든 성분이 표준상태에 있을 때 각 성분들의 활동도가 1이기 때문에 $\Delta G = \Delta G^o$이 되어 ΔG^o의 정의와 합치된다. 반응식 (2.17)은 모든 성분의 양을 n배로 하여도 성립되는데 이와 같은 경우에도 식 (2.55)가 적용되는지 살펴보자. 이 경우 G의 변화량은 n배가 돼야 한다. 식 (2.41)에 의하면 모든 성분의 양이 n배가 되기 때문에 이 반응의 표준 Gibbs 자유에너지(standard Gibbs free energy of reaction)는 $n \cdot \Delta G^o$가 되고 식 (2.55)는 다음과 같이 된다.

$$n\Delta G^o + RT \cdot ln \frac{a_{P_1}^{np_1} \cdot a_{P_2}^{np_2 \ldots}}{a_{R_1}^{nr_1} \cdot a_{R_2}^{nr_2 \ldots}} = n\Delta G^o + nRT \cdot ln \frac{a_{P_1}^{p_1} \cdot a_{P_2}^{p_2 \ldots}}{a_{R_1}^{r_1} \cdot a_{R_2}^{r_2 \ldots}} = n\Delta G \tag{2.57}$$

즉, 앞서 예상한 것처럼 G의 변화량은 n배가 되며 식 (2.57)은 식 (2.55)와 동일하게 정리되기 때문에 반응식 (2.17) 좌우변의 균형이 정확히 맞기만 하면, 즉, 각 원소의 수가 같기만 하면, 절대량은 달라져도 상관없다.

반응이 평형상태에 도달하면 $\Delta G = 0$이 되어 식 (2.55)는 다음과 같이 정리된다.

$$\Delta G^o = -RT \cdot ln \left(\frac{a_{P_1}^{p_1} \cdot a_{P_2}^{p_2 \ldots}}{a_{R_1}^{r_1} \cdot a_{R_2}^{r_2 \ldots}} \right)_{eq} \tag{2.58}$$

이 경우의 $(Q)_{eq}$을 평형상수(K)라 한다. 즉

$$K = \left(\frac{a_{P_1}^{p_1} \cdot a_{P_2}^{p_2 \ldots}}{a_{R_1}^{r_1} \cdot a_{R_2}^{r_2 \ldots}} \right)_{eq} = exp\left(-\frac{\Delta G^o}{RT} \right) \tag{2.59}$$

이 식에서 보는 바와 같이 주어진 화학반응의 평형상수 K는 오로지 온도의 함수이며 성분의 실제 상태나 농도(활동도)와 독립된 점에 유의해야 한다. 위 식을 van't Hoff 식 또는 van't Hoff isotherm이라고도 부른다.

위의 식들을 고려하면 식 (2.55)는 다음과 같이도 표현할 수 있다.

$$\Delta G = -RT \cdot lnK + RT \cdot lnQ = RT \cdot ln\left(\frac{Q}{K}\right) \tag{2.60}$$

$\Delta G^o_{reaction}$를 계산하는데 필요한 $\Delta G^o_{formation}$의 값은 여러 참고문헌에서 찾을 수 있다. 예를들면 Thermodynamic Data for Mineral Technology [Pankratz et al., 1984]; JANAF Thermochemical Tables. Second Edition [Stull and Prophet, 1971]; JANAF Thermochemical Tables, 1982 Supplement [Chase Jr., et al., 1982]; Thermochemical Properties of Inorganic Substances [Knacke et al., 1991]; Metallurgical Thermochemistry [Kubaschewski and Alcock, 1967]와 같은 참고문헌이 있으며 그 외에 여러 열역학 계산 소프트웨어에 자료로 포함되어 있다.

위의 관계식을 사용하여 이상기체와 이상용액이 평형을 이루고 있는 경우에 라울의 법칙, 즉 $p_i = X_i \cdot p_i^{vap}$와 용액의 활동도가 $a_i = X_i$로 표현함이 동일한 것임을 증명해 보자.

첫째 이 상태를 다음의 과정이 평형을 이루고 있다고 생각하자.

$$\text{용액에서의 } i = \text{기상에서의 } i \tag{2.61}$$

이 과정에 식 (2.58)을 적용하면

$$\Delta G^o = -RT \cdot ln\left(\frac{p_i}{a_i}\right)_{eq} \tag{2.62}$$

다음에 같은 과정을 순수한 액체에 적용하면

$$\Delta G^o = -RT \cdot ln\left(\frac{p_i^{vap}}{1}\right)_{eq} \tag{2.63}$$

위 두 식에 사용된 ΔG^o는 같은 표준상태를 기준으로 한 것이므로 동일하다. 따라서 $p_i = a_i \cdot p_i^{vap}$가 되며 이상용액의 경우 $a_i = X_i$로 하면 $p_i = X_i \cdot p_i^{vap}$가 된다. 물론 비이상용액의 경우는 다음과 같다.

$$p_i = a_i \cdot p_i^{vap} = \gamma_i \cdot X_i \cdot p_i^{vap} \tag{2.64}$$

예 2-5: 다음에 주어진 분해반응을 고려하자.

$$MgCO_3(s) = MgO(s) + CO_2(g); \qquad \Delta G^o \ (cal) = 28{,}100 - 40.6 \cdot T$$

a) $p_{CO_2} = 1$ atm와 500 K에서 이 반응이 일어나겠는가?

b) $p_{CO_2} = 1$ atm and 1000 K는?

c) $p_{CO_2} = 0.3$ atm와 500 K는?
d) $p_{CO_2} = 1$ atm에서 $MgCO_3(s)$의 분해가 평형상태를 이루는 온도는 몇 도인가?

풀이 Solution: $\Delta G = \Delta G^o + RT \cdot ln p_{CO_2}$

a) $\Delta G = \Delta G^o + RT \cdot ln(1) = \Delta G^o = 28{,}100 - 40.6 \times 500 = 7800 > 0$
따라서 분해는 일어나지 않는다.
b) $\Delta G = \Delta G^o + RT \cdot ln(1) = \Delta G^o = 28{,}100 - 40.6 \times 1000 = -12{,}500 < 0$
이 경우에는 분해가 일어난다.
c) $\Delta G = \Delta G^o + RT \cdot ln(0.3) = 28{,}100 - 40.6 \times 500 + 1.987 \times 500 \times (-1.2) = 6608 > 0$
이 경우에는 분해가 일어나지 않는다.
d) $0 = \Delta G^o + RT \cdot ln(1)$. 따라서 $0 = 28{,}100 - 40.6 \cdot T$
이 식에서 T를 구하면 분해온도 694 K를 얻는다.

예 2-6: 다음에 주어진 Boudouard 반응을 고려하자.

$$C(s) + CO_2(g) = 2CO(g): \ \Delta G^o \ (cal) = +40{,}800 - 41.7 \cdot T$$

1000 K에서의 평형 상태에서 CO_2 분압이 30 kPa이고 전체 압력이 1 atm (101.3 kPa)인 경우 CO와 CO_2와 함께 존재하는 불활성 기체의 분압을 계산하라. 혼합 기체가 이상기체라고 가정하고 탄소는 과잉으로 존재한다.

풀이: 1000 K에서, $\Delta G^o = 40{,}800 - 41.7 \cdot T = -900$ cal.

$$K = exp\left(-\frac{\Delta G^o}{RT}\right) = 1.57 = \frac{p_{CO}^2}{a_C \cdot p_{CO_2}} = \frac{p_{CO}^2}{p_{CO_2}}$$

평형 상수에 쓰는 p_i는 구성 기체의 활동도를 대표하는 것을, 즉 무단위의 p_i/p_{ss}이어야 하는 점을, 염두에 두어 $p_{CO_2} = 30$ kPa/101.3 kPa = 0.296 (atm). 따라서,

$p_{CO} = \sqrt{1.57 \times 0.296} = 0.682$ atm,
$p_{N_2} = 1 - (0.296 + 0.682) = 0.022$ atm = 2.23 kPa

예 2-7: 위의 예에 주어진 Boudouard 반응을 고려하여 1000 K와 전체압력 1 atm에서 다음에 적혀진 각 경우에 반응이 평형에 도달했을 때에 전환된 CO_2의 전환율을 계산하라. 기체 혼합물은 이상기체와 같이 거동하며 탄소는 과잉으로 있다고 가정하라.

A) 반응가스는 각 1몰의 CO_2와 CO의 혼합물이다.

B) A)와 같으나 다만 전체 기압이 2 atm인 경우.
C) A)와 같으나 다만 1몰의 질소가 반응가스에 가해질 경우.

풀이: 1000 K에서, $\Delta G^o = 40{,}800 - 41.7 \cdot T = -900$ cal.

$$K = exp\left(-\frac{\Delta G^o}{RT}\right) = 1.57 = \frac{p_{CO}^2}{a_C \cdot p_{CO_2}} = \frac{p_{CO}^2}{p_{CO_2}}$$

평형상태에 도달할 때 소모된 CO_2의 소모량을 x라고 하자.

A) 평형상태에서의 CO_2 몰수 $= 1 - x$.
평형상태에서의 CO 몰수 $= 1 + 2x$.
가스성분의 총 몰수 $= (1 - x) + (1 + 2x) = 2 + x$.

위 평형방정식에 대입하면,

$$1.57 = \frac{\left[\left(\frac{1 + 2x}{2 + x}\right) \cdot P_T\right]^2}{\left(\frac{1 - x}{2 + x}\right) \cdot P_T} = \frac{(1 + 2x)^2}{(2 + x) \cdot (1 - x)}$$

$$x = 0.296$$

평형상태에 도달할 때 소모된 CO_2의 소모량 $= 0.296$ mol

$p_{CO} = \left(\frac{1 + 2x}{2 + x}\right) \cdot P_T = 0.693$ atm; $p_{CO_2} = \left(\frac{1 - x}{2 + x}\right) \cdot P_T = 0.3074$ atm; 전체 압력은 예상대로 1 atm으로 남는 것을 볼 수 있다.

B) 이 경우에는

$$1.57 = \frac{\left[\left(\frac{1 + 2x}{2 + x}\right) \cdot P_T\right]^2}{\left(\frac{1 - x}{2 + x}\right) \cdot P_T} = \frac{(1 + 2x)^2 \cdot 2}{(2 + x) \cdot (1 - x)}$$

$$x = 0.108$$

평형상태에 도달할 때 소모된 CO_2의 소모량 $= 0.108$ mol

높은 압력에서는 전환율이 낮아지는 것을 보여주는데 이는 가스의 부피가 늘어나는 반응에 관한 르샤틀리에 법칙(Le Chatelier's principle)과 일치한다.

C) 이 경우에는,

평형상태에서의 CO_2 몰수 $= 1 - x$.

평형상태에서의 CO_2 몰수 $= 1 + 2x$.

평형상태에서의 N_2 몰수 $= 1$

가스성분의 총 몰수 $= (1 - x) + (1 + 2x) + 1 = 3 + x$.

$$1.57 = \frac{\left[\left(\frac{1+2x}{3+x}\right) \cdot P_T\right]^2}{\left(\frac{1-x}{3+x}\right) \cdot P_T} = \frac{(1+2x)^2}{(3+x)\cdot(1-x)}$$

$$x = 0.397$$

평형상태에 도달할 때 소모된 CO_2의 소모량 = 0.397 mol

같은 전체기압에서 불활성 가스를 추가하면 p_{CO}와 p_{CO_2}의 합이 낮아지기 때문에 전체압력을 낮추는 경우와 같이 CO_2의 전환율이 증가한다.

예 2-8: (MnO + FeO)의 용융액(slag)과 (Mn + Fe)의 용융 합금은 각 상에서 둘다 거의 이상 용액이라 볼 수 있다. 40 wt% MnO와 60 wt% FeO로 구성된 slag과 1600°C에서 평형상태에 있는 금속 용액의 Mn 농도를 구하라.

자료: FeO (slag) + Mn[합금] = MnO (slag) + Fe[합금];

$$\Delta G^o \text{ (cal)} = -29{,}080 + 3.67\ T$$

풀이: 이상용액에서는 $a_i = X_i$

$$K = \frac{a_{MnO} \times a_{Fe}}{a_{FeO} \times a_{Mn}} = \frac{X_{MnO} \times X_{Fe}}{X_{FeO} \times X_{Mn}}$$

농도는 각 상에서 따로 계산하는 것을 염두에 두자.

slag의 중량 100 g을 기준으로 하면

$W_{MnO} = 40$ g; $W_{FeO} = 60$ g

$n_{MnO} = 40/(54.9 + 16) = 0.564$ mol

$n_{FeO} = 60/(55.85 + 16) = 0.835$ mol

$X_{MnO} = 0.564/(0.564 + 0.835) = 0.403$

$X_{FeO} = 1 - X_{MnO} = 0.597$

1600°C에서 $\Delta G^o = -22206$ [cal]

$\Delta G^o = -RT \ln K$; $K = 390.2$

위의 평형상수 관계로부터 $X_{Fe}/X_{Mn} = 585.3$.

$X_{Fe} + X_{Mn} = 1$ 이므로 $X_{Mn} = 1.7 \times 10^{-3}$

이런 낮은 농도에서는 $\text{wt\% Mn} = X_{Mn} \times \dfrac{M_{Mn}}{M_{Fe}} \times 100$

wt% Mn = 0.167%

예 2–9: 납정련의 "softening" 단계에서 조연의 불순물을 공기를 주입하여 선택적으로 제거한다. Sb, Sn와 As 같은 불순물들이 산화될 때에 납도 PbO로 산화되어 slag상을 형성한다. 납의 산화반응은 다음과 같다.

$$\text{Pb (liq.)} + \tfrac{1}{2}\ O_2\ (g) = \text{PbO (in slag)}; \qquad \Delta G^o\ (\text{cal}) = -45{,}360 + 18.2 \cdot T$$

1100 K에서 slag은 PbO와 SiO_2의 1:1 몰비를 갖는 이상용액이다. 평형상태에서의 p_{O_2}를 계산하라.

풀이: Slag이 이상용액이므로 $a_{PbO} = X_{PbO} = 0.5$이고 조연은 거의 순수하므로 $a_{Pb} = X_{Pb} \cong 1$. 따라서

$$K = exp\left(-\frac{\Delta G^o}{RT}\right) = 108{,}395 = \frac{a_{PbO}}{a_{Pb} \cdot p_{O_2}^{1/2}} = \frac{0.5}{p_{O_2}^{1/2}}.$$

따라서

$$p_{O_2} = 2.13 \times 10^{-11}\ \text{atm}$$

반응식에서 어느 반응물 또는 생성물을 헨리의 법칙 관점으로 취급하는 경우에는 (표준상태 = 1 wt%) 그 표식을 분명히 해야한다. 몇가지 다른 종류의 표식이 있으나 이 책에서는 <u>성분표기 밑에 다음과 같이 밑줄로 이를 나타낸다.</u>

$$r_1 R_1 + r_2 \underline{R_2} + \cdots = p_1 \underline{P_1} + p_2 P_2 + \cdots \tag{2.65}$$

그리고 동반하는 Q에는 해당되는 활동도를 다음과 같이 Henrian 활동도로 대치한다.

$$Q = \frac{a^{*p_1}_{\underline{P_1}} \cdot a^{p_2 \ldots}_{P_2}}{a^{r_1}_{R_1} \cdot a^{*r_2 \ldots}_{\underline{R_2}}} \tag{2.66}$$

물론 이렇게 표기된 반응의 ΔG^o의 값은 모든 성분을 Raoultian 관점에서 표기할 때(표준상태 = 1 기압 하에 순수상)의 값과 다르며 그 두 가지 ΔG^o 사이의 관계는 다음과 같이 구할 수 있는데 이는 일반적 참고문헌에는 Raoultian(순수성분) 표준상태에서의 ΔG_f^o 값이 주어지므로

식 (2.65)와 같은 반응식을 사용할 때 그에 해당하는 ΔG^o의 값을 계산하기 위하여 필요하다.

용액 중 한 성분의 화학포텐셜(chemical potential, μ_i) 또는 부분 몰당 Gibbs 자유에너지(partial molar Gibbs free energy)는 표준상태와 관계없이 일정한 값이며 그와 활동도의 관계만 활동도의 선택에 따라 다음과 같이 표현할 수 있다.

$$\mu_i = g_i^o + RT \cdot ln(a_i) \tag{2.67A}$$

$$= \underline{g_i^o} + RT \cdot ln(a_i^*) \tag{2.67B}$$

여기서 g_i^o와 $\underline{g_i^o}$는 각각 Raoultian(순수성분)과 Henrian (1 wt%) 표준상태에서 성분 i의 몰당 Gibbs 자유에너지(molar Gibbs free energy)다. 성분 i가 순수상태에서 어느 용매에 1 wt%의 농도로 용해되는 변화, 즉 두 표준상태가 변하는 과정이므로 $\underline{g_i^o}$와 g_i^o의 차이는 위 식으로부터 다음과 같이 구해진다.

$$\Delta g^o_{R \to H} = \underline{g_i^o} - g_i^o = RT \cdot ln\left(\frac{a_i}{a_i^*}\right) = RT \cdot ln\left(\frac{\gamma_i \cdot X_i}{\gamma_i^* \cdot [\%\ i]}\right) \tag{2.68}$$

식 (2.67A)와 (2.67B)는 어느 농도에서도 적용되므로 위 식 (2.68)을 헨리의 법칙을 따르는 희석농도 범위에 적용하면 $\gamma_i^* = 1$ 이고 $\gamma_i = \gamma_i^o$ 가 되고 식 (2.47)까지 적용하면 다음과 같다.

$$\Delta g^o_{R \to H} = RT \cdot ln\left[\frac{\gamma_i^o}{100}\left(\frac{M_A}{M_B}\right)\right] \tag{2.69}$$

이 식으로 γ_i^o를 통하여 Raoultian 표준상태(순수성분)와 Henrian 표준상태(1 wt%)에서 성분 i의 몰당 Gibbs 자유에너지 차이를 계산할 수 있다. 또한 1 wt% 외의 다른 표준상태를, 예를 들어 1 molal 농도를, 사용할 때도 위와 같은 절차를 밟아 표준상태의 변화에 동반한 자유에너지의 차이를 계산할 수 있다.

예 2-10: 납정련 중에 용융납으로부터 아연을 제거하는 방법 중에 하나는 염소가스를 취입하는 것이다. 염소가스가 아연과 반응하여 용융 염화아연을 생성하고 그 것은 따로 부상한 slag 층을 이룬다. 아연의 세서를 촉진하기 위해 NaCl을 용제로서 추가하여 slag에서의 $ZnCl_2$의 활동도를 0.1로 낮춘다. 염소가스의 평형분압은 0.1 atm이고 온도는 923 K이며 $\gamma^o_{Zn} = 7.94$이다.

Zn (in *liq* Pb) + Cl_2 (g) = $ZnCl_2$ (*slag*); ΔG^o at 923 K = –68706 cal

a) 용해된 아연이 Henry의 법칙을 따른다면 평형상태에서 용융 납의 아연 함량은 ppm 단위로 어느 정도까지 낮출 수 있나?

b) 위에서 구한 아연 함량을 이용하여 다음 반응의 표준 Gibbs 자유에너지를 계산하라.

$\underline{Zn}$ (in *liq* Pb) + Cl_2 (g) = $ZnCl_2$ (*slag*); ΔG^o at 923 K = ??

c) 다음에 적은 표준상태 변화의 표준 Gibbs 자유에너지를 두 가지 방법으로 계산하라. (1) 위 두 식을 계산된 ΔG^o 값과 함께 결합하여 그리고 (2) 위에 유도한 것처럼 γ^o_{Zn} 와 분자량을 쓰는 공식을 직접 적용하여.

$$Zn\ (pure\ liq.) \rightarrow \underline{Zn}\ (1\ wt\%\ in\ liq\ Pb).$$

풀이:

a) $a_{ZnCl_2} = 0.1;\ p_{Cl_2} = 0.1$ atm; $T = 923$ K; $\gamma^o_{Zn} = 7.94$

$$Zn\ (in\ liq\ Pb) + Cl_2\ (g) = ZnCl_2\ (slag);$$

$$\Delta G^o = -RT ln \frac{a_{ZnCl_2}}{p_{Cl_2} \times a_{Zn}}$$

$$-68706 = -1.987 \times 923\, ln \frac{0.1}{0.1 \times a_{Zn}}$$

$$a_{Zn} = 5.37 \times 10^{-17} = \gamma^o_{Zn} X_{Zn}$$

$$X_{Zn} = 6.76 \times 10^{-18}$$

$$wt\%\ Zn = N_{Zn} \times \frac{M_{Zn}}{M_{Pb}} \times 100 = 2.14 \times 10^{-16}\%$$

$ppm_{Zn} = 2.14 \times 10^{-12}$ ppm

b) $\underline{Zn}$ (in *liq* Pb) + Cl_2 (g) = $ZnCl_2$ (*slag*)

$$\Delta G^o = -RT ln \frac{a_{ZnCl_2}}{p_{Cl_2} \times a^*_{Zn}}$$

$$\Delta G^o = -1.987 \times 923\, ln \frac{0.1}{0.1 \times f_{Zn}\ [wt\%Zn]}$$

낮은 아연 농도에서는, $f_{Zn} = 1$.

$\Delta G^o_r = -66{,}172$ cal

c) 첫번째 방법:

Zn (in *liq* Pb) + Cl_2 (g) = $ZnCl_2$ (*slag*)	R(1)	$\Delta G^o_{r1} = -68{,}706$ cal
$\underline{Zn}$ (in *liq* Pb) + Cl_2 (g) = $ZnCl_2$ (*slag*)	R(2)	$\Delta G^o_{r2} = -66{,}172$ cal
Zn (pure liq.) → Zn (1 wt% in *liq* Pb)	R(3)	$\Delta G^o_{r3} = ?$

$$R(1) - R(2) = R(3)$$

$$\Delta G^o_{r3} = \Delta G^o_{r1} - \Delta G^o_{r2}$$

$\Delta G^o_{r3} = -2534$ cal

d) 두번째 방법:

$$\text{Zn (pure liq.)} \rightarrow \underline{\text{Zn}} \text{ (1 wt\% in } liq \text{ Pb)}$$

$$\Delta G^o_{r3} = RTln\frac{\gamma^o_{Zn} M_{Pb}}{100 M_{Zn}}$$

$\Delta G^o_{r3} = -2534$ cal

예 2-11: BO_2-포화 slag과 평형상태에 있는 A-B 합금을 고려하자. 1700°C에서 0.05 wt% B를 함유한 액상 합금을 생성하는 평형 산소분압을 계산하라. 계산하는데 쓰이는 가정을 기술하라 [주: 포화는 그 성분이 순수한 상과 평형상태에 있거나 거의 순수한 상을 형성하거나 하는 조건이다. 따라서 그 성분의 Raoultian 활동도가 1이다. Slag은 모두 이상용액이 아니다.].

$B\ (in\ M) + O_2\ (g) = BO_2\ (sat.\ slag)$ $\quad\quad \Delta G^o\ (J) = -984\ 000 + 210\ T$

$B\ (in\ M) = \underline{B}\ (in\ M)$ $\quad\quad \Delta G^o\ (J) = -125\ 000 + 30.0\ T$

풀이:

1700°C = 1973 K

$B\ (in\ M) + O_2\ (g) = BO_2\ (sat.\ slag)$	R(1)	$\Delta G^o_{r1} = -984,000 + 210T$ [Jl]
$B\ (in\ M) = \underline{B}\ (in\ M)$	R(2)	$\Delta G^o_{r2} = -125,000 + 30.0T$ [Jl]
$\underline{B}\ (in\ M) + O_2\ (g) = BO_2\ (sat.\ slag)$	R(3)	$\Delta G^o_{r3} = ?$

$$R(1) - R(2) = R(3)$$

$$\Delta G^o_{r3} = \Delta G^o_{r1} - \Delta G^o_{r2}$$

$$\Delta G^o_{r3} = -859,000 + 180\ T = -503,860\ [J]$$

$$\Delta G^o_{r3} = -RTln\frac{a_{BO_2}}{p_{O_2} \times a^*_B}$$

$$\Delta G'^o_{r3} = -8.314 \times 1973\,ln\frac{1}{p_{O_2} \times 1 \times 0.05}$$

$p_{O_2} = 9.14 \times 10^{-13}$ atm

0.05 wt% B를 함유한 용액은 Henry의 법칙을 따른다고 가정했다.

예 2-12: 그림 2.6에 보인 것과 같이 납의 정련에서 산소와 반응하여 Sb_2O_3를 생성하고 PbO와 함께 slag을 형성하여 Sb를 제거하는 방법을 고려하자. Slag은 PbO와 Sb_2O_3의 몰비가 2:1인 이상용액이다. 조연(정련되지 않은 납; crude lead)의 초기 Sb 함량은

0.2 wt%이다. 다음의 자료가 주어졌다.

$2Sb + 1.5\ O_2 = Sb_2O_3$;　　ΔG^o (cal) = −160,180 + 49.5·T

$Pb + ½\ O_2 = PbO$;　　ΔG^o (cal) = −45,360 + 18.2·T

$½\ O_2 = \underline{O}$;　　ΔG^o (cal) = −3,860 + 1.56·T

$Sb = \underline{Sb}$;　　ΔG^o (cal) = −8.48·T

다음 항목들을 계산하라.

a) 1100 K에서 납에 용해된 산소의 평형함량.

b) 1100 K에서 납에 용해된 Sb의 최저 평형농도.

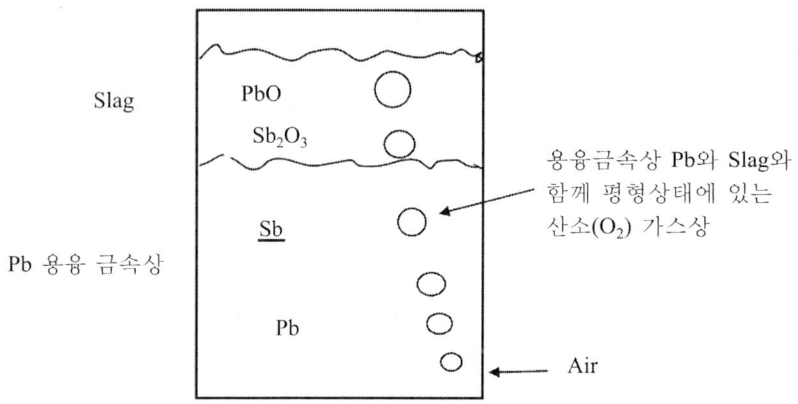

그림 2.6. 산화에 의한 납 정련.

풀이: 납에 용해된 Sb의 농도는 충분히 낮아 Henry의 법칙을 따른다.

a) 위의 첫번째 반응으로부터 우선 p_{O_2}를 구한다. 여기에서 한 가지 중요한 점은 공기를 주입한다고 하여 산소의 평형 분압이 0.21 기압은 아니라는 것이다. 즉, 평형 관계는 Pb와 slag이 공존하는 조건이며 만일 산소의 분압이 0.21 기압으로 유지된다면 Pb는 모두 산화되고 말 것이다. Slag은 이상용액이므로 $a_{PbO} = X_{PbO} = 2/3$이고 조연은 거의 순수한 납이므로 $a_{Pb} = X_{Pb} \cong 1$.

$$K = exp\left(-\frac{\Delta G^o}{RT}\right) = 108{,}395 = \frac{a_{PbO}}{a_{Pb} \cdot p_{O_2}^{1/2}} = \frac{2/3}{p_{O_2}^{1/2}}$$

따라서 $p_{O_2} = 3.78 \times 10^{-11}$ atm

그리고 세번째 반응의 평형을 고려하면

$$K = exp\left(-\frac{\Delta G^o}{RT}\right) = 2.67 = \frac{[\text{wt\%O}]}{p_{O_2}^{1/2}}$$

따라서 [wt%O] = 1.0×10^{-10} wt%.

b) 네번째 반응을 2로 곱하고 첫번째 반응에서 빼면 다음 식을 구할 수 있다.

$2\underline{Sb} + 1.5\ O_2 = Sb_2O_3;$ ΔG^o (cal) = $-160{,}180 + 66.5 \cdot T$

$$K = exp\left(-\frac{\Delta G^o}{RT}\right) = 1.96 \times 10^{17} = \frac{a_{Sb_2O_3}}{[\mathrm{wt\%Sb}]^2 \cdot p_{O_2}^{1.5}} = \frac{1/3}{[\mathrm{wt\%Sb}]^2 \cdot (3.78 \times 10^{-11})^{1.5}}$$

따라서 [wt%Sb] = 0.085 wt%. 이 농도는 시작 농도인 0.2 wt%보다 낮으며 Sb의 제거는 낮은 온도에서 더 효과적이다.

2.5 화학평형성분 계산 (Calculation of Equilibrium Composition)

실제의 공정에서 두 가지 이상의 원료를 사용할 시에 그중에 귀한 원료를 가능한 한 최대로 이용하려면 덜 귀한 원료를 과잉으로 하여 평형상태에서 귀한 원료의 남은 양을 최소화하는 것이 유리하다. 이에 관해 시작 시 원료들의 양과 평형상태에서 남은 양과 생성물의 양 등을 계산할 필요가 있다. 반응이 평형상태에 도달하면 그 상태는 어느 성분의 표준상태가 다른 경우를 포함하여 반응식이 식 (2.65)로 주어진 경우에 위의 식 (2.50)을 사용하여 다음 관계로 정의된다. (물론 이 반응의 ΔG^o는 밑줄이 그어진, 즉 Henry의 표준상태를 쓰는, 성분의 경우 거기에 해당하는 ΔG^o_f를 쓴 값)

$$K = exp\left(-\frac{\Delta G^o}{RT}\right) = \left(\frac{a^{*p_1}_{\underline{P_1}} \cdot a^{p_2\ldots}_{P_2}}{a^{r_1}_{R_1} \cdot a^{*r_2\ldots}_{\underline{R_2}}}\right)_{equil.} \quad (2.70)$$

여기에 활동도의 종류에 따라 함량과의 관계를 되풀이 하면 다음과 같다.

Raoultian activity의 경우:

$$a_i = \gamma_i \cdot X_i \quad (2.46)$$

Henrian activity의 경우:

$$a^*_{\underline{i}} = \gamma^*_i \cdot (\mathrm{wt\%}\ i) \quad (2.48)$$

따라서 위 관계들을 식 (2.70)에 대입하면 평형상태에서 성분들의 양 사이의 관계식을 얻게 된다. 예로서 다음에 주어진 반응을 고려해보자.

$$A(g) + b \cdot B(s) = g \cdot G(g) + h \cdot H(s) \quad (2.71)$$

여기서 기체는 이상기체이고 고체들은 모두 순수한 경우를 고려한다. 그러면

$$p_A = \frac{n_A}{V}RT;\ p_G = \frac{n_G}{V}RT;\ P_T = \frac{n_T}{V}RT \tag{2.72}$$

여기에 n_i와 n_T는 각각 기체 성분 i와 기체 전체(total)의 몰 수다. 반응에 관련된 모든 성분의 반응 전 몰수를 다음과 같이 표기하자.

$$A\colon n_A^i,\ B\colon n_B^i,\ G\colon n_G^i,\ H\colon n_H^i,\ \text{Inert Gas: } n_I^i$$

평형에 도달할 때까지 반응에 의해 y 몰의 A가 소모됐다고 가정하면

$$n_A = n_A^i - y;\ n_G = n_G^i + g\cdot y;\ n_B = n_B^i - b\cdot y;\ n_H = n_H^i + h\cdot y; \tag{2.73}$$

기체 전체의 몰 수는

$$n_{T,gas} = n_A^i + n_G^i + (g-1)y + n_I^i \tag{2.74}$$

일정한 총 압력 P_T 하에서 평형에 도달하는 경우에는

$$K = \frac{p_G^g}{p_A} = \frac{[(n_G/n_{T,gas})P_T]^g}{(n_A/n_{T,gas})P_T} \tag{2.75}$$

일정한 부피 V에서 평형에 도달하는 경우에는

$$P_T = (n_{T,gas}/V)RT \tag{2.76}$$

$$K = \frac{p_G^g}{p_A} = \frac{(n_G RT/V)^g}{n_A RT/V} \tag{2.77}$$

위의 어느 경우에나 식 (2.75)와 식 (2.77)은 주어진 조건에서 미지수가 y 하나 뿐이므로 y를 구하면 그에 따라 평형상태에 존재하는 n_A, n_G, n_B, n_H를 구할 수 있다.

2.6 Ellingham 도표 – ΔG^o–T도

Ellingham 도표(Ellingham diagram)는 기체와 어떤 다른 반응물로부터 생성되는 단순한 화합물의 생성반응에 관련된 ΔG^o를 온도의 함수로 그린 도표다 [Ellingham, 1944; Shamsuddin and Sohn, 2019]. 그러한 반응을 1 몰의 반응 기체를 기준으로 하여 일반적으로 표시하면

$$(2x/y)R + O_2\ (\text{혹은 } S_2) = (2/y)R_xO_y\ [\text{혹은 } (2/y)R_xS_y] \tag{2.78}$$

O_2 같은 기체의 1 몰을 기준으로 하면 이 반응의 평형을 그 기체의 분압과 직접 연관시킬 수 있어 편리하다. R과 그 생성물인 R_xO_y가 순수한 고체나 액체일 경우를 (대부분의 경우에 해당) 예로 하면

$$\Delta G^o = -RT \cdot ln(1/p_{O_2})_{eq} \tag{2.79}$$

즉

$$(p_{O_2})_{eq} = 1/K = exp\left(\frac{\Delta G^o}{RT}\right) \tag{2.80}$$

그림 2.7은 산화물 생성을 예로 작성한 Ellingham 도표다.

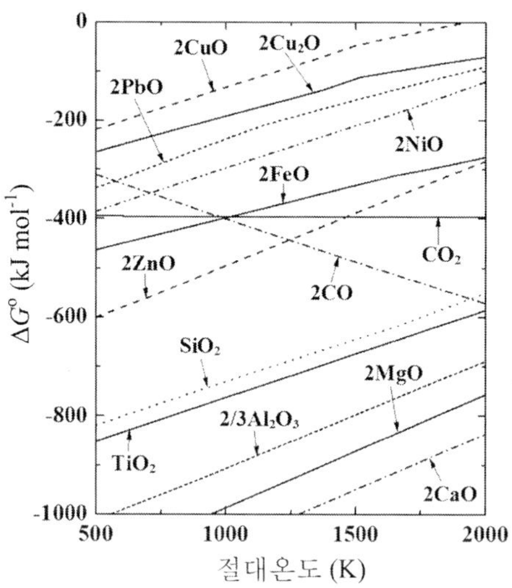

그림 2.7. 여러 종류의 산화물에 관한 Ellingham 도표 (1 몰의 O_2 당).

이 도표는 ΔG^o를 온도의 함수로 그린 도표이며 주요 원소에 대해 식 (2.38)에서 유도한 다음의 수식을 대표하는 선들을 보여준다.

$$\Delta G^o = \Delta H^o - T \cdot \Delta S^o \tag{2.81}$$

따라서 금속이 산화하여 고체 산화물을 생성할 경우에 기체인 산소가 고체의 구성 성분이 되어 그 무질서도가 감소하므로 $\Delta S < 0$이고 앞에서도 언급한 대로 ΔH^o는 같은 상을 유지하는 온도 범위 내에서는 거의 일정하므로 선들은 대체로 일정한 상 안에서 기울기가 양수인 직선이다. 다만 반응물이나 생성물 중에 상 변화가 일어나는 온도에서는 반응의 ΔS가 변하기 때문에 기울기가 변한다. 모두 1 mol의 O_2를 기준으로 하므로 그림 2.7 내에서 아래에 위치한 산화물이 그 보다 위에 위치한 산화물보다 더 안정하기 때문에 아래에 위치한 산화물 생성에 사용된 금속은 그보다 위에 위치한 산화물을 환원할 수 있다. 즉, 금속 M_1의 산화물이 M_2의 산화물보다 그림 2.7 내에서 아래 존재하면 다음 반응의 ΔG가 음수가 되어 그 반응은 열역학적으로 자발적이 된다.

$$p(M_1) + (M_2)_xO_y = x(M_2) + (M_1)_pO_y \quad (2.82)$$

그러면 CO의 생성반응을 고려해 보자.

$$2C(s) + O_2(g) = 2CO(g): \quad \Delta G^o \text{ (cal)} = -53{,}400 - 41.9 \cdot T \quad (2.83)$$

이 반응은 1 몰의 기체에서 2 몰의 기체가 생성되므로 $\Delta S > 0$이기 때문에 (41.9 cal/K) 기울기가 음수다. 이 사실은 금속제련에 중대한 의미를 갖는데 그 이유는 온도만 높이면 탄소는 거의 모든 금속산화물을 환원할 수 있다는 점이다. 다만 산화성이 높은 Al, Ti, Ca 등은 금속으로 환원되기 전에 탄화물(carbide)을 형성하므로 탄소를 환원제로 사용해서 금속을 생산하기 매우 어렵다.

금속산화물에 따라서는 비교적 낮은 온도에서 CO의 생성선과 해당 금속산화물의 생성선이 교차하여 그보다 좀 높은 온도에서 환원이 가능한데 산화철을 환원하여 철을 제조하는 제철 반응이 제일 중요한 예이며 비철제련에서는 납과 아연 제련을 예로 들 수 있다. 또 한 가지 유념할 것은 비교적 낮은 온도에서는 CO의 안정도가 낮아져 탄소의 산화물로 CO_2도 고려해야 한다.

$$C(s) + O_2(g) = CO_2(g): \quad \Delta G^o \text{ (cal)} = -94{,}200 - 0.20 \cdot T \quad (2.84)$$

이 반응은 1 몰의 기체에서 1 몰의 기체가 생성되므로 $\Delta S \cong 0$이기 때문에 ($0.20\ cal^{-1}K^{-1}$) 해당 선은 거의 수평선이다. 반응 (2.83)과 (2.84)에서부터 Boudouard 반응이라는 중요한 다음의 반응을 유도할 수 있으며 이 반응은 금속산화물을 탄소로 환원하는 탄소 열환원(carbothermic reduction)에 매우 중요한 반응이며 그때에 생성되는 CO/CO_2의 비율을 결정하는 반응이다.

$$C(s) + CO_2(g) = 2CO(g): \quad \Delta G^o \text{ (cal)} = 40{,}800 - 41.7 \cdot T \quad (2.85)$$

예 2–13: 실험실에서 아르곤(Ar) 가스가 함유하는 잔류 산소의 함량을 낮추기 위해 450°C로 가열한 얇은 구리 조각들과 접촉시킨다. 그 반응은 다음과 같다.

$$2Cu(s) + 0.5O_2 = Cu_2O(s): \quad \Delta G^o \text{ (J)} = -168{,}406 + 71.254\ T\ (T \text{ in K}).$$

기체와 고체 간에 평형이 순식간에 이뤄진다는 가정 하에 다음 문제를 풀라.

1. 정제한 Ar 가스에 남은 산소의 분압을 계산하라.
2. 온도를 750°C로 높이면 어떤 영향이 있나?
3. 온도를 350°C로 낮추면 어떤 영향이 있나?

풀이: 1. $\Delta G_r^o = -RTln\dfrac{a_{Cu_2O}}{p_{O_2}^{0.5} \times a_{Cu}^2}.$ $\quad a_{Cu} = a_{Cu_2O} = 1$

450°C = 723 K에서 $\Delta G_r^o = -168406 + (71.254 \times 723) = -116889$ J

$$-116889 = -8.314 \times 723\, ln \frac{1}{p_{O_2}^{0.5} \times 1}$$

$$p_{O_2} = 1.29 \times 10^{-17} \text{ atm}$$

2. 750°C = 1023 K에서는 $\Delta G_r^o = -168406 + (71.254 \times 1023) = -95513$ J

$$-95513 = -8.314 \times 1023\, ln \frac{1}{p_{O_2}^{0.5} \times 1}$$

$$p_{O_2} = 1.76 \times 10^{-10} \text{ atm}$$

온도가 높아지면 평형 산소분압이 커지기 때문에 Ar의 정제가 덜 된다.

3. 350°C = 623 K에서는 $\Delta G_r^o = -168406 + (71.254 \times 623) = -124015$ J

$$-124015 = -8.314 \times 623\, ln \frac{1}{p_{O_2}^{0.5} \times 1}$$

$$p_{O_2} = 1.6 \times 10^{-21} \text{ atm}$$

주: 온도가 낮아지면 평형상태에서 산소의 분압이 낮아지나 반응 속도가 불충분할지도 모르는 점을 유념해야 한다.

2.7 Gibbs의 상규칙 (Gibbs' Phase Rule, 相規則)

평형상태에서는 균질상 물질의 모든 특성은 압력(분압)과 온도 또는 specific volume을 고정하면 자동적으로 결정된다. 그러나 어떤 계에 둘 이상의 계가 존재할 때 평형상태를 고정시킬 때 필요한 조건의 수는 쉽게 결정하기 어렵다. 이러한 조건의 수를 자유도(degree of freedom)라 한다. 즉, 균질상 물질의 경우 위의 세 가지 조건 중 두 가지를 고정하면 다른 모든 특성은 종속적으로 결정된다. 그러나 예를 들어 수증기와 액상 물의 혼합물(균질상이 아닌)은 1 기압에서는 100°C에서만 평형상태를 유지할 수 있고 압력이 변하지 않고 온도를 변화하는 것은 불가능하다. 따라서 이 경우의 자유도는 1이다. 더 복잡한 계의 자유도는 간단히 결정하기가 어려운데 J. Willard Gibbs가 평형상태에 적용되는 상규칙을 유도하였다.

그 상규칙을 설명하기 전에 먼저 상을 확실히 정의하는 것이 필요하다. 한 상은 어떤 물질(혼합물 포함)의 균일하고 물리적으로 독특한 구역이다. 어떠한 면에서 물질의 성분을 포함한 특성이 위치에 따라 불연속(discontinuous)으로 변하면 그 계면의 양쪽은 다른 상이다. 기체와 응축상 또는 액체와 고체는 별개의 상을 이루는 것이 확실하며 결정구조가 다른 두 개의 고체가 동시에 존재할 경우에도 평형 관계를 분석할 때 그 두 결정상을 따로 고려해야 한다. 따라서 모든 기체나 용액의 혼합물은 하나의 상이며 수증기와 액상의 물이 공존하는 계에서 상의 수는 둘이다. 여기에서 매우 주의해야 할 점은 상평형은 어느 상이건 그 상이 존재한다는 것만이 중요하고 그 상에 있는 물질의 양과는 상관이 없다는 것이다. 그러므로 이 상법칙은 어느 상이나 그 양이 임의로 변할 수 있는 경우에만 적용된다. 넓은 의미로 자유도는 각 상의 양을 제외하고 평형상태에서 각 상의 구성(농도)을 변하지 않고 조절할 수 있는 조건의 수다. 사용하는 조건은 온도, 총압력, 기상의 분압, 액상의 농도이며 비중이나 다른 조건을 쓸 수도 있지만 일반적으로 직접 측정하거나 조절할 수 있는 이 네 가지 중에서 선택하는 것이 편리하다.

각 상의 구성은 그 상을 이루는 혼합물의 성분으로 표시되는데 그의 수는 그 계를 구성하는데 필요한 최소 수의 화학 품종의 수다. 화학반응이 없을 경우에는 그 수는 계에 존재하는 화합물의 수다. 원소로 존재하는 물질의 수도 포함한다.

어느 계의 성분 수가 C고 상의 수가 P 일 때 변할 수 있는 조건은 T, 총압력 P_T, 그리고 각 상에 존재하는 성분의 농도다. 마지막 성분의 농도는 다른 성분들의 농도들에 의해 고정되는 것을 참작하여 한 상에 $C-1$ 가지의 농도가 정해져야 하므로 P 상에 총 $P(C-1)$의 농도가 된다. 따라서 T와 P_T를 포함하여 총 조건 수는 $P(C-1)+2$가 된다. 하지만 상규칙은 평형상태에서의 조건을 대표하므로 각 성분의 화학포텐셜은 모든 상에서 같다는 평형 조건을 고려하면 $C(P-1)$ 가지의 제한이 적용된다. 결과로 평형상태에 있는 어느 계를 이루는 독립 조건의 총 수, 즉 자유도는 다음과 같게 된다.

$$F = P(C-1) + 2 - C(P-1) = C - P + 2 \tag{2.86}$$

이 식에서 P = 상의 수, C = 성분의 수, 그리고 F = 자유도(변할 수 있는 조건의 수)다.

상평형과 함께 화학반응이 관여됐을 경우에는 독립된 반응의 평형이 추가된 제한을 적용해야 하고, 따라서 상규칙을 올바르게 적용하려면 적지 않은 주의가 필요하다. 예를 들어 오로지 C 성분으로만 시작하여 $D(s) = A(s) + B(g)$의 반응이 일어나는 경우에 성분 수는 3이고 상의 수도 3이지만 이 계에서 성분 사이에는 이 반응의 평형상태를 만족해야 하는 하나의 제한을 받는다. 따라서 자유도는 $F = C - P + 2 - 1 = 1$, 즉 온도나 압력 중 하나만 변할 수 있고 온도를 고정하면 $B(g)$의 압력이 그에 따라 정해진다. 반대로 어떠한 $B(g)$의 압력은 그에 따른 일정한 온도에서만 있을 수 있다. 반응이 다음과 같이 두 가지의 기체 성분을 생성하는 경우를 고려하자 $D(s) = A(g) + B(g)$. 이 경우에는 상의 수가 2가 되며 자유도가 하나 늘어날 것 같으나 이 경우에는 기체의 성분, 즉 $A(g)$와 $B(g)$의 몰 비례가 이 반응에 의해 고정되는 제한이 적용되어 자유도는 여전히 1이 된다. 계에 $A(g)$나 $B(g)$를 개별적으로 추가하는 경우에는 앞의 제한이 제거되므로 자유도가 2가 되어 온도, 압력 그리고 기체의 성분 중 2 가지를 변화할 수 있다.

위에 설명한 제한 조건을 포함하여 확장된 일반적인 Gibbs의 상규칙은 다음과 같이 표현할 수 있다.

$$F = C - P + 2 - R \tag{2.87}$$

여기서 R은 제한조건의 수인데 주로 일부 또는 전체 성분 간의 평형 관계를 만족하는 화학반응의 수와 화학양론에 의거한 한 상 내에서의 성분 간 농도 (또는 몰 수)의 비례가 고정되어야 하는 조건으로부터 제한조건의 수가 정해진다.

예 2-14: 탄산칼슘의 분해 반응을 고려하자.

$$CaCO_3(s) = CaO(s) + CO_2(g) \tag{2.88}$$

이 계에 존재하는 화합물의 수는 3 그리고 상의 수도 3이며 독립적 화학반응의 수는 1이다. 따라서 $F = C - P + 2 - 1 = 1$이다. 즉, 온도나 $CO_2(g)$의 압력 중 하나만 선택할 수 있다. 이 경우에는 기체의 성분은 순수한 CO_2 하나뿐이므로 CO_2를 따로 추가하여도 자유도는 동일하다. 만일 질소 같은 다른 기체가 존재하는 경우에는 성분 수가 하나 더 늘어 자유도도 하나 더 증가한다. 참고로 고려할 점은 이 경우에 성분을 Ca, C와 O로 선택할 수도 있는데 이 경우에는 기상에 C와 O의 비가 1/2가 된다는 제한이 적용되어 자유도는 동일하다는 결과를 얻는다. 순수한 고체의 경우에는 상의 정의에 성분이 포함되므로 성분의 변화는 고려할 수 없으나 고용체(solid solution) 및 용액의 경우는 성분의 함량을 변화할 수 있으므로 기체의 경우와 같이 그 농도를 자유도 계산에 고려해야 한다.

예 2-15: 다음 각 계의 자유도는 몇 인가?

(1) 질소 분위기에서 $CaCO_3$의 열분해

(2) 소금과 물의 용액과 수증기

(3) 탄소, 산소, 이산화탄소, 일산화탄소의 화학평형

(4) $ZnCl_2(l)$가 $Zn(g)$와 $Cl_2(g)$로 열분해

해답: (1) 이 계에는 성분 수가 4이고 2개 고체와 1개 기상이 있다. 그리고 하나의 독립 반응이 있다. [질소는 반응하지 않는다.] 따라서,

$$F = C + 2 - R - P = 4 + 2 - 1 - 3 = 2$$

위의 예제 2.14와 달리 질소를 추가하면 자유도가 2가 되며 2개 조건을 독립적으로 조절해야 계가 특정화된다. 그 2개 조건은 온도와 총 압력, 온도와 질소의 분압, 온도와 기체의 농도 중 어느 쌍이나 가능하며, 또는 질소와 $CO_2(g)$의 분압을 정하면 해당되는 온도는 거기에 따르는 단 하나의 값이며 임의로 정할 수 없다.

(2) 여기에서는 $C = 2$, $R = 0$, $P = 2$다. 따라서

$$F = 2 + 2 - 2 = 2$$

변화할 수 있는 조건은 온도, 압력, 그리고 액상의 농도인데 이 중 어느 두 가지를 고정하면 나머지 한 조건은 값이 정해지며 임의로 조정할 수 없다. [액상에 소금의 농도와 물의 농도 두

가지가 있으나 하나를 고정하면 다른 하나는 따라 고정되므로 이 두 농도는 독립 변수가 아니고, 따라서 이 두 농도는 계를 특정화하는 2개 조건으로 사용할 수 없다.]

(3) 이 계는 고온 금속제련에 중요한 반응에서 나타난다. 여기에는 $C = 4$이고 $P = 2$(기상과 하나의 고상). 독립된 화합물의 생성 반응은 다음 두 가지다.

$$C(s) + O_2(g) = CO_2(g)$$
$$C(s) + \frac{1}{2}O_2(g) = CO(g)$$

C와 O_2(g)가 모두 계에 존재하므로 이 중 하나도 뺄 수 없다. (고온에서는 기상에서 O_2의 함량이 매우 적어 이를 무시하고 CO(g)와 CO_2(g)만 포함하여 계산해도 그 함량은 크게 다르지 않다. 그럴 경우에 O_2의 함량은 후에 위 두 반응 중의 하나의 평형으로부터 따로 계산할 수 있는데 계산 후 O_2의 함량이 CO(g)와 CO_2(g)의 농도에 영향이 없을 정도로 적은 것은 확인해야 한다.) O_2(g)를 포함하면 위 두 반응이 독립 반응이니 $R = 2$. 따라서

$$F = C + 2 - R - P = 4 + 2 - 2 - 2 = 2$$

그러므로 온도와 총 압력을 (또는 온도와 하나의 분압을) 고정하면 계가 특정화된다.

(4) 이 반응은

$$ZnCl_2(l) = Zn(g) + Cl_2(g)$$

이 반응은 (1)의 경우와 비슷한 열분해이나 상의 수가 오직 2개이며 독립 반응의 수는 1이다. 성분 수는 3이나 기상 혼합물에 있는 Zn(g)와 Cl_2(g)의 성분 비율이 같아야 되는 조건이 있어 제한 수는 2가 된다. [두 생성물의 상이 반응(1)에서처럼 다를 경우에는 각 상의 양은 평형에 영향이 없으므로 비례가 연관되나 아니나 상관이 없다.]

$$F = C + 2 - R - P = 3 + 2 - 2 - 2 = 1$$

결과로 이 계의 자유도는 1이다. 즉 온도나 압력만 고정하면 평형상태에서의 다른 모든 조건이 따라 고정되며 기상의 몰 성분은 항상 반과반이다.

참고로 반응 시작 시 기상에 Cl_2를 별도로 첨가하는 경우에는 두 번째의 제한이 적용하지 않아 자유도는 하나 더 증가한다.

2.8 안정구역도 (安定區域圖, Predominance Area Diagram 또는 Stability Diagram)

위에 검토한 Ellingham 도표, 즉 ΔG^o-T도는 하나의 기체가 참여하는 반응을 편리하게 표기하는데 한 금속과 한 기체의 화합물의 종류가 여러 가지 일 경우에는 다음과 같은 p_{O_2}-T도가 편리하다.

금속산화물을 예로 들면

$$(2x/y)M + O_2 = (2/y)M_xO_y \tag{2.89}$$

평형상태에서는

$$p_{O_2} = exp\left(\frac{\Delta G^o}{RT}\right) \tag{2.90}$$

양변의 logarithm을 취하면

$$lnp_{O_2} = \frac{\Delta G^o}{RT} \tag{2.91}$$

대부분의 도표는 log_{10}과 $1/T$를 축으로 사용하므로 이 식을 다음과 같이 바꾼다.

$$log_{10}p_{O_2} = \frac{\Delta G^o}{2.3R} \cdot \frac{1}{T} \tag{2.92}$$

Fe-O의 경우를 고려하면 온도와 p_{O_2}에 따라 hematite (Fe_2O_3), magnetite (Fe_3O_4), wűstite (Fe_xO)와 iron (Fe) 상이 존재할 수 있어 연접한 상 사이에 위 식을 적용하여 관계식을 그리면 그림 2.8과 같은 도표가 된다.

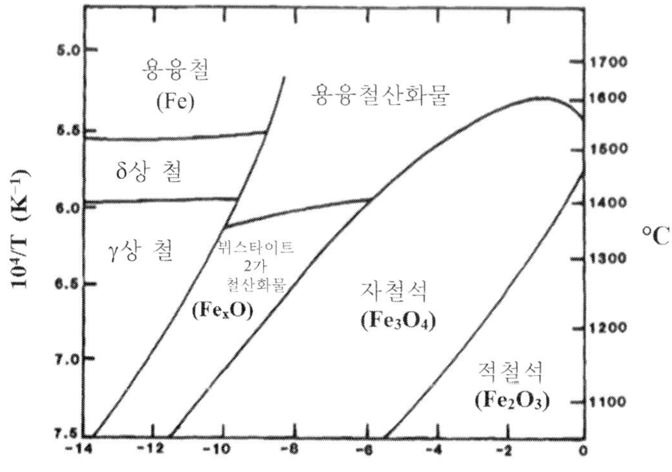

그림 2.8. Fe-O 시스템에서 온도와 산소분압의 평형 관계
[Google Image에 주어진 자료에 의거하여 다시 그린 도표].

Ellingham 도표와 p_{O_2}-T 도표는 하나의 기체가 참여하는 반응을 편리하게 나타내는데 반응에 참여하는 기체의 성분이 하나 더 늘면 자유도(degree of freedom)가 하나 더 늘어 2차원의 도면을 그릴 때 온도와 두 기체의 분압 중 둘을 선택하고 나머지 하나는 고정시켜야 한다.

이와 같은 도표는 특히 황화물을 SO_2와 O_2 분위기 하에서 진행되는 배소(roasting, 焙燒)를 고찰하는 경우에 활용되는데 특히 일정한 온도에서 SO_2와 O_2의 분압을 변수로 사용하여 결과를 도면으로 표시하는 경우가 여러가지로 편리한 점이 많다. 이러한 도표를 안정구역도(Predominance Area Diagram)라 칭한다.

기체에 S와 O의 두 원소만 존재한다면 기상의 평형은 어느 두 성분의 분압만 정하면 SO_3와 같은 다른 모든 성분의 분압이 정해지므로 보통 SO_2와 O_2의 분압을 선택하는데, 편리에 따라 S_2와 O_2의 분압을 취하는 경우도 있다. 그림 2.9에 일정 온도에서 일반적인 M-S-O 계의 안정구역도의 예를 보였다. M이 금속을 표시하는 경우에 고려할 화합물은 S_2, SO_2와 O_2와 M, MO, MS, MSO_4라 가정하자. 고체 성분은 M의 종류에 따라 M_xS, M_yO, $MO \cdot SO_4$ 등의 다른 상들도 고려해야 할 수 있다. 기상과 하나의 고상을 고려하는 경우에 상규칙에 적용할 화합물 수 $C = 4$(하나의 고상과 3개의 기상 성분)이고 기체 성분 간 반응은

$$\frac{1}{2}\ S_2 + O_2 = SO_2 \tag{2.93}$$

즉, 기상의 반응 수가 하나이므로 $R = 1$이다. 따라서 그 때의 자유도는

$$F = C + 2 - R - P = 4 + 2 - 1 - 2 = 3$$

각 경우, 즉 고체상의 수가 하나면 자유도가 3이 되는데 그 중 온도를 고정하면 남은 자유도가 2가 되어 기체의 성분 둘을 선택할 수 있다. 그러므로 이 그림에서 고체상이 M, MS, MO와 MSO_4 중 하나인 경우 p_{SO_2}와 p_{O_2}를 한계 내에서 임의로 고를 수 있는 구역면이 이루어진다. 일정 온도에서 고체상의 수가 둘이면 남은 자유도가 1이 되어 p_{SO_2}와 p_{O_2} 중에 하나만 선택할 수 있고 다른 하나는 평형에 의해 정해지는데 그 경우는 그림 2.9에서 두 고체상이 공존하는 선들에 해당한다. 그 선들이 직선인 이유는 제9장에서 자세히 설명한다. 고체상의 수가 셋이면 일정 온도에서 남은 자유도가 0이 되어 p_{SO_2}와 p_{O_2} 중에 하나도 고를 수 없고 두 분압 모두 평형에 의해 정해지므로 이 경우는 그림에서 세 고체상이 공존하는 점들이다.

중요한 것은 안정구역도를 제작하기 전에 주어진 성분들로부터 생성되는 열역학적으로 안정한 모든 고체상을 미리 알고 있어야 한다는 것이다. 그리고 두 고체상이 공존할 수 있는 경우는, 즉 두 고체상이 평형을 이룰 수 있는 경우는, 두 고체상의 영역이 인접하는 경우에만 가능하다는 조건이 있다. 예를 들어 그림 2.9의 경우 M과 MSO_4의 평형은 있을 수 없다. 더 자세한 설명과 예는 제9장 광물 배소(Mineral Roasting)에서 서술한다.

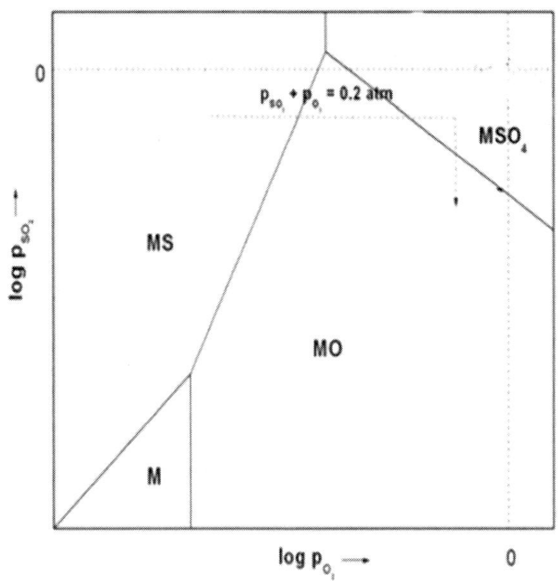

그림 2.9. M-S-O 계에서 여러 상의 안정영역을 보이는 안정구역도 (Predominance area diagram).

연습문제

1. 비열을 온도의 함수로 표시한 식을 이용하여 1 기압의 압력에서 3 kmol의 CO_2를 50°C에서500°C까지 가열하는데 필요한 ΔH를 구하라.
2. CO_2(g)의 $\Delta H^o_{f,298}$는 −94,051 cal/mol이다. 생성 반응에 관련된 성분들의 열용량을 사용하여 1000 K에서의 ΔH^o_f 값을 계산하라. 얻은 결과를 Pankratz et al. [1984], Stull and Prophet [1971] 또는 Chase Jr. et al. [1982] 같은 참고문헌에 주어진 값들과 비교하라.
3. 다음 water-gas-shift 반응의 표준반응열을 구하라.

$$CO(g) + H_2O(g) = CO_2(g) + H_2(g)$$

   A) 표준생성열을 써서 298 K에서
   B) CO and H_2의 연소열을 써서 298 K에서
   C) 1000 K에서
4. 298 K에서 다음 각 반응의 표준반응열을 계산하라.
   a) $2Cu(s) + 0.5O_2(g) = Cu_2O(s)$
   b) $CaCO_3(s) = CaO(s) + CO_2(g)$
   c) $SO_2(g) + ½\ O_2(g) = SO_3(g)$
   d) $Zn(s) + 0.5O_2(g) = ZnO(s)$
   e) $CH_4(g) + H_2O(g) = CO(g) + 3H_2(g)$

f) 적당한 출처에서 필요한 자료를 찾아 700 K에서 위 각 반응의 표준 반응열을 계산하라.

5. 298 K의 메탄을 다음과 같은 형태의 산소를 써서 완전히 태울 때의 단열화염온도를 구하라.
   a. 298 K의 이론양론적 양의 순수 산소
   b. 298 K의 이론양론적 양의 공기
   c. 298 K의 50% 과잉양의 순수 산소
   d. 800 K로 예열된 50% 과잉양의 순수 산소
6. 발열반응은 보통 열역학적으로 순방향으로 진행되기 쉽다고 말한다.
   A. 열역학적인 관계식을 이용하여 이 선언이 왜 진실인가를 설명하라.
   B. 이 말이 맞지 않는 경우도 있나? 그 답을 열역학적인 관계식을 이용하여 정당화하라.
7. 기체성분의 활동도 대신 분압을 보통 사용한다. 이렇게 할 수 있는 제일 중요한 조건은 무엇인가?
8. 다음 반응의 650 K에서의 K를 구하라.

$$NiO(s) + H_2(g) = Ni(s) + H_2O(g)$$

9. 다음 반응을 고려하자.

$$WO_3(s) + H_2(g) = WO_2(s) + H_2O(g)$$

   1000 K에서의 평형상태 하에 수증기의 분압이 1 kPa이면 수소의 분압은 얼마인가?
10. 298 K에서 수증기와 액상 물의 표준 Gibbs 생성자유에너지는 각각 –54.634와 –56.690 kcal/mol이다. 이 온도에서의 수증기 분압을 계산하라.
11. 아래에 주어진 열역학 자료를 이용하고 적절한 열역학적 계산에 의하여 다음의 문제를 풀라.
   a. 다음과 같은 전체압력 아래에서 순수한 철과 FeO와 1000°C에서 평형을 이루는 CO-CO_2의 혼합가스의 N_{CO}/N_{CO_2} 비율을 [N = 몰분율] 계산하라.
   (i) 1 atm; (ii) 0.2 atm.
   b. 50% CO-50% CO_2로 구성된 기체혼합물은 1000°C에서 FeO를 환원시키는가?
   c. 20% CO-80% CO_2로 구성된 기체혼합물은 1200°C에서 철을 산화시키는가?
      $\Delta G^o_{f,FeO} = -264889 + 65.354\ T,$ J/mol; T in K
      $\Delta G^o_{f,CO} = -111713 - 87.655\ T,$ J/mol; T in K
      $\Delta G^o_{f,CO_2} = -394133 - 0.8368\ T,$ J/mol; T in K
12. 성분 1과 용액을 이룬 성분 2의 여러 거동을 보이는 그림 2.10을 이용하여 비이상용액에서 용매(몰분율이 큰 성분)의 몰분율이 1에 접근할 때의 Raoultian 거동을 설명하라. 성분 2의 농도가 0에 가까이 낮아질 때의 Henrian 거동을 설명하라.

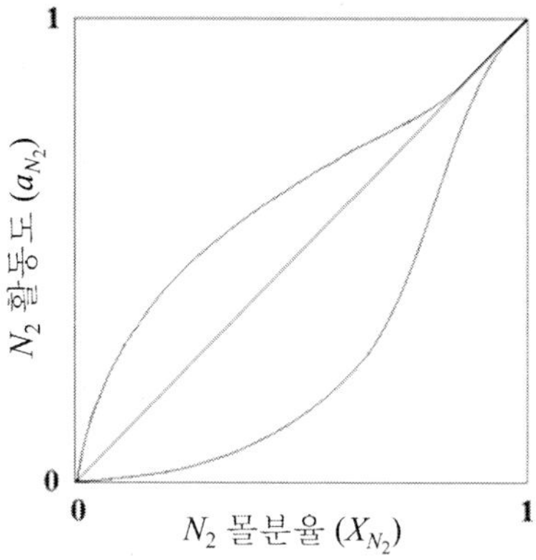

그림 2.10. N_2의 활동도 a와 몰분율의 관계

13. 위 문제에 주어진 도표를 사용하여 몰분율의 양쪽 끝에서 이상용액의 거동에 대해 언급하라. Raoult의 법칙을 따르나? Henry의 법칙을 따르나?
14. 어느 성분의 Gibbs 자유에너지는 다른 열역학 함수와 같이 어느 조건(용액 혹은 결정구조)에서의 그 값과 어느 선택된 조건(표준상태)에서의 그 값과의 차이로 측정되고 표시된다. 그래서 특이한 경우에 따라 학자들이 다른 편리한 표준상태를 선택하기로 동의했다. 높은 온도의 혼합물의 경우에는 주로 다음 표준상태의 한 가지를 쓴다.
    몰분율이 어느 정도되는 성분에 관하여는 순수한 성분을 표준상태로 쓴다 – Raoultian 표준상태. 이 표준상태에 비해 같은 성분의 용액 내에서의 활동도는 a로 표기하는 Raoultian 활동도다. 몰분율이 매우 낮은 성분에 관하여는 그 성분의 1 wt% 농도를 표준상태로 한다 – Henrian 표준상태. 이 표준상태에 비해 같은 성분의 용액 내에서의 활동도는 a^* 혹은 a'로 표기하는 Henrian 활동도다.
    A) A와 B의 비이상용액이 있다. 성분 B에 관해서 각 종류의 활동도를 농도와 활동도계수를 써서 표기하라.
    B) 몰분율이 충분히 큰 성분의 Raoultian 활동도계수는 얼마인가?
    C) 농도가 낮은 성분의 Henrian 활동도계수는 얼마인가?
    D) Raoultian 표준상태에서 Raoultian 활동도의 값은 얼마인가?
    E) Henrian 표준상태에서 Henrian 활동도의 값은 얼마인가?
    F) 아무런 가정 없이 어느 성분의 농도가 1 wt%일 때 그 Henrian 활동도는 얼마인가?
15. wt%를 몰분율로 표시하는 관계식을 유도하라. 농도가 낮아지면 wt%가 몰분율에 비례하게 되는 것을 보이라.
16. 다른 불순물이 없는 납에 소량으로 있는 아연은 390°C에서 염소가스를 취입하여 다음과 같은 반응으로 제거한다.

$$\text{Zn (in Pb-Zn)} + \text{PbCl}_2\ \text{(slag)} = \text{Pb (in Pb-Zn)} + \text{ZnCl}_2\ \text{(slag)}$$

390°C에서 위 반응의 표준 자유에너지 변화는 −15,090 cal이고 최종 염화물 slag의 $ZnCl_2$ 몰분율은 0.8이다. 위 온도에서 납 안의 아연의 무한희석 Raoultian 활동도계수는 29다. $PbCl_2$-$ZnCl_2$ 계가 이상용액이라 가정하고 최저로 낮출 수 있는 아연의 농도(wt%)를 구하라. 납과 아연의 원자량은 각각 207과 65.4이다.

17. 본문에 서술한 ΔG^o-T 그림은 Ellingham 도표다.
    (a) 모든 반응물이 순수한 상태에 있다고 가정할 때 납이 Cu_2O를 800°C에서 환원할 수 있는 것을 열역학 이론을 써서 증명하라. [이것이 "Ellingham 도표에서 그 산화물이 아래 있는 원소는 그 위에 있는 산화물을 환원할 수 있다"는 말의 근거다.]
    (b) 이 온도에서 구리를 써서 PbO를 환원할 수 있는 간단한 방법을 구상하라. 이 문제는 간단한 원리에만 의존하면 된다.
18. Cu_2O와 CuO가 CO, CO_2와 N_2의 혼합기체와 평형을 이룬 계에서의 자유도는 몇인가?
19. 2500 K에서 몇 %의 수증기가 분해되나? [필요한 자료를 적절한 문헌에서 찾으라. 예를 들어 이 책의 끝부분에 주어진 자료에서도 구할 수 있다. 열역학적 자료는 출처에 따라 다소 다를 수가 있어 이러한 문제의 답은 다소 다를 수도 있다.]
20. 1 기압의 산소압력 하에 PbO는 몇 도의 온도에서 분해되나?
21. FeO가 1000 K와 1 atm에서 수소에 의해 환원될 때 평형상태에 이르면 몇 %의 수소가 활용되나?
22. 몇 도의 온도에서 다음 반응은 0.1 atm의 CO_2 분압을 생성하나?

$$CaCO_3(s) = CaO(s) + CO_2(g)$$

23. 10 몰%의 수증기를 함유한 공기가 과잉 탄소와 함께 용기에 장입된다. 평형상태에서 전체 기압이 1 atm이면 1300 K에서 기상의 조성은 무엇인가?
24. 다음에 적힌 water-gas-shift 반응을 고려한다.

$$CO(g) + H_2O(g) = H_2(g) + CO_2(g)$$

다음 평형조건 하에 생성된 수소의 양을 계산하라. 가스 혼합물이 이상기체라고 가정하라.
    a. 반응물은 1 mol의 CO와 1.5 mol의 H_2O이고 온도와 전체압력은 각각 1100 K와 1 atm이다.
    b. a.와 동일하나 다만 전체압력이 5 atm이다.
    c. a.와 동일하나 다만 1 mol의 질소를 반응물에 추가한다.
25. Slag에 용해된 PbO가 거의 순수한 납에 용해된 유황과 다음과 같이 평형상태를 이룬다.

$$\underline{S}(\text{in Pb}) + 2PbO(\text{in slag}) = 2Pb(l) + SO_2(g)$$

SO_2의 분압은 1 atm이고 납의 유황 함량은 Henry의 법칙 범위에 있는 2 wt%다. 용해된 유황의 1 wt% 농도를 표준상태로 하는 평형상수의 값이 5일 때 slag에서의 PbO의 Raoultian 활동도를 계산하라.

26. 양수의 ΔG^o 값을 가지는 반응은 열역학적으로 불리하다, 즉 순방향으로 진행하기 어렵다고 말한다.
   A. 열역학 관계를 적용하여 이 선언이 사실일 가능성이 높다는 것을 설명하라.
   B. 다시 열역학 관계를 적용하여 어떻게 이러한 반응을 순방향으로 진행시킬 수 있나 설명하라.
27. 철에 함유된 구리의 무한희석 Raoultian 활동도계수는 1600°C에서 8.5다. 다음 변화에 따르는 자유에너지 변화를 계산하라. 구리와 철의 원자량은 각각 63.5와 55.85이다.

$$\text{Cu (pure } l) \rightarrow \underline{\text{Cu}} \text{ (1 wt\% in } liq \text{ Fe) at 1600°C.}$$

28. 다음의 반응을 고려하자.

$$\text{Cu(in Fe)} + \text{O(in Fe)} = \text{Cu}_2\text{O(s)}.$$

이 반응의 ΔG^o 값이 주어졌다 가정하고 Fe에 함유된 Cu와 O의 함량이 각각 0.5와 0.02 wt%일 때 순수한 Cu_2O(s)가 침전되는지 혹은 되지 않는지 결정하는 방법을 보여라.

29. Fe-Ti 용액이 순수한 TiO_2 고체와 $p(H_2O)/p(H_2) = 6.22 \times 10^{-3}$인 H_2O-H_2 혼합가스와 1600°C에서 평형상태에 있다. 다음 자료를 사용하여 이 온도에서의 a_{Ti}를 계산하라.

$Ti(l) + O_2(g) \rightarrow TiO_2(s)$　　ΔG^o (cal) $= -217\ 500 + 41.4\ T$ (T in K)
$H_2(g) + 0.5\ O_2(g) \rightarrow H_2O(g)$　　ΔG^o (cal) $= -58\ 900 + 13.1\ T$ (T in K)

30. 95 vol.% H_2O와 5 vol.% H_2의 분위기 하의 750°C에서 니켈 반응로를 실험에 쓰고자 한다. 니켈 반응로를 산화시키지 않고 쓸 수 있을까?

$Ni(s) + 0.5\ O_2(g) = NiO(s)$: ΔG^o (cal) $= -58450 + 23.55\ T$ (T in K)
$H_2(g) + 0.5\ O_2(g) = H_2O(g)$: ΔG^o (cal) $= -58900 + 13.1\ T$ (T in K)

31. 산화물 생성반응에 관한 도표(Ellingham 도표)에서
   A. 금속산화물 생성을 나타내는 선들의 기울기가 왜 양수인가를 설명하라.
   B. 왜 CO 선은 기울기가 음수인가?
   C. 이 선의 방향이 왜 고온으로 금속을 생산하는데 중요한가?
32. 순수한 고체 Cu_2O와 NiO와 1000 K에서 평형상태에 있는 Cu-Ni 합금의 조성을 다음에 주어진 자료를 이용하여 wt%로 계산하라. Cu-Ni 합금은 이상용액이라 가정하라.

$\Delta G^o_{f,\text{Cu}_2\text{O}}$, at 1000 K $= -18230$ cal; $\Delta G^o_{f,\text{NiO}}$, at 1000 K $= -30150$ cal
원자량: Cu = 63.54; Ni = 58.7; $R = 1.987$ cal/mol-K

33. 다음 형식의 등온반응을 고려하자.

$$A(\text{g}) + B(\text{s}) = 0.5\ G(\text{g}) + H(\text{s})$$

반응은 1000 K에서 일어나며 이 온도에서 표준 반응자유에너지는 0이다. 초기에 반응기에 1 몰의 A, 2 몰의 B, 0.2 몰의 G, 0 몰의 H, 그리고 0.5 몰의 불활성가스를 전체압력 1 atm으로 장입했다. 부피를 일정하게 유지하며 반응시키는 경우에 평형상태에 도달할 때 기체와 고체상의 조성을 계산하라. 그리고 최종 압력은 얼마인가? 고체의 부피는 무시하고 기체는 이상기체이고 고체 성분들은 순수하다고 가정하라. [R = 1.987 cal/mol-K = 0.082 Liter-atm/mol-K]

34. 전체압력 1 atm과 1500 K에서 MnO가 탄소에 의해 금속 Mn으로 환원되겠는가 혹은 탄화물 Mn_3C가 생성되겠는가?

$Mn(s) + 0.5O_2(g) \rightarrow MnO(s)$	ΔG^o (cal) = –91,950 + 17.4 T
$C(s) + 0.5O_2(g) \rightarrow CO(g)$	ΔG^o (cal) = –26,700 – 20.95 T
$3Mn(s) + C(s) \rightarrow Mn_3C(s)$	ΔG^o (cal) = –3330 – 0.26 T

35. 다음에 주어진 자료에 의거하여 0.2 atm의 수증기를 함유한 질소와 0.03%의 산소를 함유한 구리가 1450 K에서 평형을 이루고 있을 경우에 구리의 수소 함량을 계산하라.

$$\underline{H} + ½\ \underline{O} = ½\ H_2O(g):\ \text{Log}\ K = 5320/T + 1.55$$

용해된 성분은 헨리의 법칙을 따른다고 가정하고 이에 따라 K의 표현은 용해된 성분들의 헨리 활동도에 기준함을 주시하라

36. 액상 합금 A-B가 BO_2로 포화된 slag과 평형 상태에 있다. 1700°C에서 합금이 0.05 wt% B를 함유하면 산소의 분압은 얼마인가? 계산에 적용한 가정은 무엇인가?

$B(l) + O_2(g) = BO_2$	ΔG^o (J) = –984,000 + 210 T
$B(l) = \underline{B}_{(in\ M)}(l)$	ΔG^o (J) = –125,000 + 30.0 T

참고문헌

Chase, M. W. Jr., Curnutt, J. L., Downey, J. R. Jr., McDonald, R. A., Syverud, A. N. and Valenzuela, E. A., 1982, JANAF Thermochemical Tables, 1982 Supplement, *J. Physical Chemical Reference Data*, 11, 695. https://doi.org/10.1063/1.555666

Ellingham, H. J. T., 1944, *J. Soc. Chem. Ind. Trans.*, 63, 125.

Knacke, O., Kubaschewski, O. and Hasselman, K., 1991, Thermochemical Properties of Inorganic Substances. Berlin: Springer-Verlag.

Kubaschewski, O. and Alcock, C. B., 1979, Metallurgical Thermochemistry, 5th Ed. Oxford: Pergamon.

Lewis, G. N. and Randall, M., revised by Pitzer, K. S. and Brewer, L., 1961, Thermodynamics, 2nd Ed. New York: McGraw-Hill.

Moore, J. J., 1990, Chemical Metallurgy, 2nd Edition, Elsevier, Cambridge, MA 02139.

Pankratz, L. B., Stuve, J. M. and Gokcen, N. A., 1984, Thermodynamic Data for Mineral Technology, U.S.

Department of the Interior, Bureau of Mines Bulletin 677.

Roine, A., 2002, HSC Chemistry for Windows, Version 5.1, Outokumpu Research Oy, Pori.

Shamsuddin, M. and Sohn, H. Y., 2019, *JOM*, 71(9), 3266-3276.

Smith, J. M. and Van Ness, H. C., 1959, Introduction to Chemical Engineering Thermodynamics, 2nd ed., McGraw-Hill, NY.

Stull, D. R. and Prophet, H., 1971, JANAF Thermochemical Tables. 2nd Edition, Defense Technical Information Center, Fort Belvoir, Virginia, and subsequent supplements.

제 3 장

전달 현상론
(Transport Phenomena)

전통적인 금속제련에 관한 책에는 보통 전달현상은 논하지 않는다. 그러나 현대적인 제련공정들은 규모가 커지고 따라서 연속화되는 경향이고 또한 에너지 비용과 에너지 생산과정에 따르는 공해물 특히 온실가스 배출이 점점 중요한 위치를 차지하게 되므로 이 방면에 종사하고 있는 공학자는 전달현상에 더욱 많은 관심을 둘 필요가 있다. 열역학이 물리적이나 화학적인 변화에 따르는 열량이나 얼마나 변화하는지의 가능성을 제시하지만 그런 가능성이 있는 변화가 얼마나 빨리 일어나느냐 즉 그 변화속도에 대해서는 아무런 정보도 주지 않는다. 그런 변화의 속도는 전달현상과 화학반응 속도론이 취급하는 분야다.

전달현상을 분류하면 유체역학(운동량 전달, momentum transport), 에너지 전달, 그리고 물질전달로 나눌 수 있다. 이 책이 금속의 고온제련을 취급하는 것을 고려하여 관련 공정에서 중요한 에너지 전달 특히 그중에서도 열전달에 대한 필요한 기초원리를 이 장에서 요약하고 또한 금속제련에서 일어나는 화학반응은 거의 전부가 계면(phase boundary)에서 일어나기 때문에 반응 원료 물질 그리고 생성 물질을 계면으로 공급 내지 제거해야 하므로 물질전달 현상이 중요하여 그 기초원리도 포함하기로 한다. 화학반응 속도론은 다음 장에서 논한다.

모든 전달 현상은 전달을 일으키는 구동력(driving force)에 의한 것인데 열전달은 그 구동력이 온도의 차이고, 물질전달은 농도의 차이에 의해 일어난다. 유체의 흐름은 운동량을 전달하는 현상이다. 이 모든 경우에 전달현상은 몇 가지로 나눌 수 있는데 매개체가 있는 전달현상의 하나는 분자들의 움직임에 의한 현상이고 또 하나는 물질의 흐름에 동반하여 일어나는 전달현상이다. 해당되는 현상은 열전달의 경우에는 전도(conduction)와 대류(convection)이고 물질전달의 경우에는 확산(diffusion)과 물질대류(mass convection)이다. 유체역학에서는 점성에 의한 운동량 확산과 유체의 흐름이 있다. 열전달 현상 중의 독특한 한가지는 매개체를 필요로 하지 않는 복사가 있다. 이는 특히 고온공정에 중요한 항목이므로 아래 요약한다.

3.1 열 전달 (熱 傳達)

매개체를 통한 열전달은 더 일반적인 에너지 전달의 일부인데 열역학 제1법칙에 의하면 열과 기계적인 에너지는 모두 넓은 범위의 에너지의 종류들이므로 두 종류를 포함하는 것이 옳다. 그러나 거의 모든 금속 제련 공정에서는 기계적인 에너지의 주고 받음이 없어 에너지 전달의 문제는 열전달의 문제로 제한된다. 따라서 이 책에서는 후자를 다루겠으며 기계적인 에너지를 포함한 에너지 전달에 관심있는 독자는 많이 발간되어 있는 다른 적절한 참고자료를 찾기 바란다 [예로 Bird et al., 2002].

3.1.1 열전도 (熱傳導, heat conduction)

열전도의 속도는 다음에 적은 Fourier의 법칙(Fourier's law)에 따른다.

$$q_x = -k\frac{\partial T}{\partial x} \tag{3.1}$$

여기서

q_x = 전달방향 x에 수직인 단위 단면적당 열전달 속도 (heat flux); $\dfrac{J}{s \cdot m^2}$

k = 열전도 계수(thermal conductivity); $\dfrac{J}{s \cdot m \cdot K}$

T = 온도; K

x = 전달방향으로의 거리; m

열전도 계수는 물질에 따라 다르며 적은 온도 범위에서는 상수라 할 수 있으나 온도 차이가 커지면 온도의 함수가 된다. q_x는 x가 증가하는 방향으로 정의 되고 열은 높은 곳에서 낮은 방향으로 전달되므로($\partial T / \partial x < 0$) 마이너스 기호를 첨가한다.

3.1.2 열대류 (熱對流)

대류현상은 물질의 흐름에 동반하여 일어나는 열함량(ΔH_T)의 전달이다. 수식으로 표하면

$$q_x = \left(\frac{\dot{m}_x}{A}\right) \cdot \Delta H_T = \left(\frac{\dot{V}_x}{A}\right) \rho \cdot \Delta H_T = \rho \cdot v_x \cdot \Delta H_T \tag{3.2}$$

여기에서 q_x는 단위 단면적당 열전달 속도(heat flux), $\dot{m}_x$은 x 방향으로의 질량전달 속도, $\dot{V}$는 x 방향으로의 부피전달 속도, v_x는 x 방향으로의 이동 속도, A는 단면적, Δh_T는 단위 질량당의 열함량이고 ρ는 비중이다. 고려하는 온도 범위에서 상변화가 없고 또 평균 비열을 쓴다면 단위 단면적당 열전달 속도는 다음과 같다.

$$q_x = \rho \cdot \bar{c}_p \cdot v_x \cdot (T - T_{ref}) \tag{3.3}$$

또 하나의 대류현상은 그림 3.1에 보인 고체(또는 액체)의 표면에서 다른 유체로 향하는 열전달인데 이 경우의 열대류 속도는 다음에 적은 Newton의 법칙에 따른다.

$$q_x = -h(T_f - T_s) \tag{3.4}$$

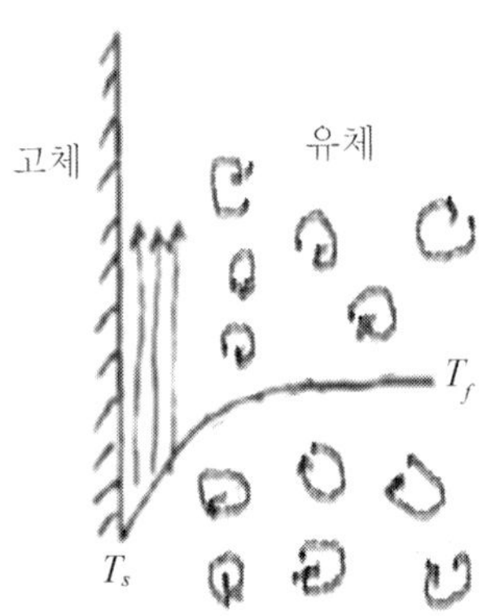

그림 3.1. 유체-고체간의 열대류.

여기서

h = 열대류 계수(heat transfer coefficient); $\dfrac{J}{s \cdot m^2 \cdot K}$

$T_f - T_s$ = 유체 전체를 대표하는 온도와 고체 표면온도의 차이; K

일반적으로 유체내에서의 온도변화는 인접한 고체의 형상이나 유체의 흐름 상태에 따라 복잡한 관계를 이루므로 Newton의 법칙에는 식 (3.1)의 dT/dx대신 ΔT를 쓴다 [전달속도는 항상 방향을, 즉 vector 량임을, 동시에 고려해야 한다. 따라서 유체를 향한 전달율을 표시할 때는 $\Delta T = T(x+\Delta x) - T(x) = T_f - T_s$.]. 따라서 h는 어느 고유의 요소가 아니라 주어진 계의 상황에 따른 여러 여건이 많이 포함되어 있다. 예를 들어 T_f 의 정의 자체가 임의로 될 경우가 많으며 같은 계에서 T_f 를 임의로 정하면 그에 따라 h의 값이 달라져야 한다. 그러므로 Newton의 법칙은 h를 정의하는 식이라고도 볼 수 있다. 따라서 h의 값은 많은 실험치를 근거로 설립한 상관관계식(correlation)에서 구한다. 이에 대한 여러 참고 자료들이 있는데 그 중 소수의 예로는 Sohn [2020], Holman [2010], Bird et al. [2002], Kaviany [2002], Hagen [1999], Kunii and Levenspiel [1991], White [1988], Wakao and Kaguei [1982], Whitaker [1972] 등이 있다.

3.1.3 열전달 계산

위에 논한 원리는 열전달의 각 기초 단계에 관한 이론이며 그런 단계를 포함한 모든 경우에 공통적으로 적용되는 원리다. 실제 열전달의 문제는 각 계(system)의 형상, 크기, 일어나는 현상에 따라 이를 조합하여 식을 세워 수학적으로 풀어야 한다. 이런 식을 세우는 원리의 주축은 총열량의 수지(balance)에 있다. 즉 어떠한 계에 있어

$$\begin{bmatrix} \text{계로} \\ \text{들어 오는 양} \end{bmatrix} - \begin{bmatrix} \text{계에서} \\ \text{나가는 양} \end{bmatrix} + \begin{bmatrix} \text{계 안에서} \\ \text{생성되는 양} \end{bmatrix} = \begin{bmatrix} \text{계 안에} \\ \text{축적되는 양} \end{bmatrix} \tag{3.5}$$

여기서 들어오고 나가는 양은 물론 계의 경계면을 지나는 흐름이므로 단면적을 고려해야 하는 항이고 생성과 축적은 계내 부피에서 일어나는 현상임을 이해해야 한다. 물론 계 안에서 열이 소모되는 경우에는 그 양을 빼야한다. 축적도 계의 에너지가 늘이날 경우에는 양수이고 줄어들 때는 음수이다. 대부분의 공정들이 연속공정이므로 위의 balance 식은 절대 양보다는 일어나는 속도로 대치하는 것이 편리하다 [이는 위 식을 시간으로 미분하는 것과 동일하다.].

또한 위에 말한바와 같이 전달 현상은 방향을 고려해야 하므로 이 식은 일반적으로 편미분 방정식이 되는데 계에 따라서는 한 방향만 고려해도 될 경우가 있어 상미분 방정식이 되기도 한다. 또한 계의 경계면을 통하여 열이 들어오고 나가는 과정은 위에 서술한 바와 같이 분자들의 움직임에 의한 현상(전도)과 또 하나는 물질의 흐름에 동반하여 일어나는 전달현상(대류)을 둘 다 고려해야 한다.

이러한 balance 식을 세우는 방법은 문제의 복잡성에 따라 다르나 여기서는 이미 세워 놓은 일반식을 제시하고 이 식을 세우는 더 자세한 절차는 이에 관한 많은 참고서적에서 찾

을 수 있다 [예로 Bird et al., 2002; White 1988]. 이러한 일반식도 여러 형태가 있는데 시간에 따라 변하고 3 방향을 다 고려한 열전달을 vector 기호를 써서 표시한 일반적인 식은 다음과 같다.

$$\rho c_p\left(\frac{\partial T}{\partial t} + v \cdot \nabla T\right) = \nabla \cdot k \nabla T + \dot{Q}_v \tag{3.6}$$

이 식에서는 유체가 흐를 때 생기는 마찰열을 무시한 경우다. $\dot{Q}_v$는 계 안에서 <u>단위 부피당 생성되는 발열양</u>이다. 이 식을 각 종류의 좌표를 써서 표시하면 다음과 같다.

직각좌표:

$$\rho c_p\left(\frac{\partial T}{\partial t} + v_x\frac{\partial T}{\partial x} + v_y\frac{\partial T}{\partial y} + v_z\frac{\partial T}{\partial z}\right) = \left[\frac{\partial}{\partial x}\left(k\frac{\partial T}{\partial x}\right) + \frac{\partial}{\partial y}\left(k\frac{\partial T}{\partial y}\right) + \frac{\partial}{\partial z}\left(k\frac{\partial T}{\partial z}\right)\right] + \dot{Q}_v \tag{3.7}$$

원통좌표:

$$\rho c_p\left(\frac{\partial T}{\partial t} + v_r\frac{\partial T}{\partial r} + \frac{v_\theta}{r}\frac{\partial T}{\partial \theta} + v_z\frac{\partial T}{\partial z}\right) = \left[\frac{1}{r}\frac{\partial}{\partial r}\left(k \cdot r\frac{\partial T}{\partial r}\right) + \frac{1}{r^2}\frac{\partial}{\partial \theta}\left(k\frac{\partial T}{\partial \theta}\right) + \frac{\partial}{\partial z}\left(k\frac{\partial T}{\partial z}\right)\right] + \dot{Q}_v \tag{3.8}$$

구형좌표:

$$\rho c_p\left(\frac{\partial T}{\partial t} + v_r\frac{\partial T}{\partial r} + \frac{v_\theta}{r}\frac{\partial T}{\partial \theta} + \frac{v_\varphi}{r \cdot \sin\theta}\frac{\partial T}{\partial \varphi}\right)$$
$$= \left[\frac{1}{r^2}\frac{\partial}{\partial r}\left(k \cdot r^2\frac{\partial T}{\partial r}\right) + \frac{1}{r^2 \cdot \sin\theta}\frac{\partial}{\partial \theta}\left(k \cdot \sin\theta\frac{\partial T}{\partial \theta}\right) + \frac{1}{r^2 \cdot \sin^2\theta}\frac{\partial}{\partial \varphi}\left(k\frac{\partial T}{\partial \varphi}\right)\right] + \dot{Q}_v \tag{3.9}$$

위의 식들은 많은 경우 간소화될 수 있는데 다음에 열거한 경우가 자주 나타나는 예다.

- 정상상태 (Steady state): $\partial/\partial t = 0$.
- 온도가 어떠한 방향으로는 변하지 않는 경우에는 그 방향의 미분항은 영이다.
- 물질의 흐름이 없는 계에서는 모든 속도의 항은 영이다.
- 원통좌표나 구형좌표를 쓰면 편리한 계에서는 특별한 경우를 제외하고는 보통 각도 방향으로의 온도 변화는 고려하지 않아도 된다.

이렇게 열전달 식은 미분방정식이므로 풀이에 경계조건(boundary conditions)이 필요한데 자주 일어나는 경계조건들은 다음과 같다.

1) 어떠한 경계면(표면)에서 온도가 주어진 값으로 고정된다. 즉 $T = T_o$.
2) 어떠한 경계면(표면)에서 단위 단면적당 열전달 속도(heat flux)가 주어진 값으로 고정된다. 즉 $q_x = -k\dfrac{dT}{dx} = q_o$.
3) 유체와 접한 경계면(표면)에서는 일반적으로 응축상(condensed phase) 쪽의 열전도율이

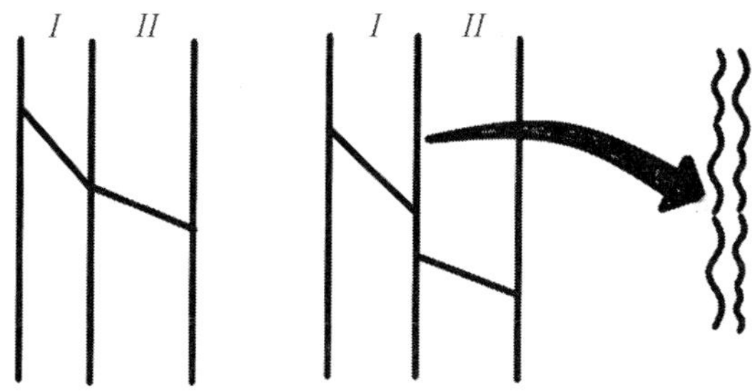

그림 3.2. 고체와 고체 사이의 접촉면.

유체쪽의 대류 속도와 같다. 즉 $q_x = -k\dfrac{dT}{dx} = -h(T_f - T_s)$
이 관계는 경계면(표면)은 열을 저장할 부피나 용량이 없어 면의 한 쪽에서 오는 열은 즉시 다른 쪽으로 나가야 하는 조건이다.

4) 고체와 고체 사이의 접촉경계면에서는 온도와 열전달 속도의 연속성이 성립된다 (그림 3.2 참조). 즉 접촉면에서는,

$$T_{zone\,1} = T_{zone\,2},\ \text{그리고}\ -\left(k\frac{dT}{dx}\right)_{zone1} = -\left(k\frac{dT}{dx}\right)_{zone2}.$$

드문 예외로 접촉면이 완전하지 않고 거친 경우에 좁은 공간을 가상하고 그 공간이 제공하는 열전달에 대한 저항을 고려할 때도 있는데 그 때는 첫째 조건은 성립하지 않고 둘째 조건은 그래도 성립된다.

$$-\left(k\frac{dT}{dx}\right)_{zone\,1\,or2} = \frac{T_{zone1} - T_{zone2}}{\text{저항}}$$

열전달 식은 2차 방정식이므로 경계조건(boundary conditions)이 둘이 있어야 하며 주어진 문제의 구성에 따라 위와 같은 경계조건 중 중복을 포함한 두 가지를 선택한다.

예 3-1: 위에 주어진 일반적인 열전달 식을 응용하는 예를 보자.
아주 긴 원통형의 전선(wire)안에서 단위 부피당 일정한 속도($\dot{Q}_v = G$)의 열이 발생하고 있다. 이 전선은 둘러싸인 T_f온도의 대기와는 대류를 통하여 열교환을 한다. 전선의 열전도 계수는 다음과 같은 온도의 함수다. $k = k_o/T$. 정상상태를 고려하며 각도 θ쪽으로의 온도변화는 무시해도 된다.

a) 전선내부의 온도 분포를 구하라.
b) 전선중심과 표면의 온도를 구하라.
c) 단위길이의 전선에서의 발열 속도를 구하라.

풀이:

전선이 매우 길므로 정상상태에서는 축방향(식 3.8에서는 z 방향)으로 온도가 변하지 않고, 표면에서 열 손실이 일어나므로 반경 방향의 온도 변화를 예상할 수 있다. 따라서 위에 주어진 열전달 식 중에 원통좌표(식 3.8)에 해당하는 식을 간단히 하면

정상상태이니 $\partial T/\partial t = 0$. 전선은 움직이지 않으니 모든 속도의 항은 무시하고 주어진 조건에 따라 r 방향의 온도 변화만 고려하면 되니 이 문제의 지배방정식(governing equation)은 다음과 같이 된다.

$$\frac{1}{r}\frac{d}{dr}\left(\frac{k_o}{T}\cdot r\frac{dT}{dr}\right) + G = 0 \tag{A}$$

$$\frac{d}{dr}\left(\frac{k_o}{T}\cdot r\frac{dT}{dr}\right) = -Gr \rightarrow \frac{k_o}{T}\cdot r\frac{dT}{dr} = -\frac{Gr^2}{2} + C_1 \rightarrow \frac{dT}{dr} = \left(-\frac{Gr}{2k_o} + \frac{C_1}{k_o r}\right)T \rightarrow \frac{dT}{T} = \left(-\frac{Gr}{2k_o} + \frac{C_1}{k_o r}\right)dr \tag{B}$$

양 쪽을 적분하면

$$ln\, T = -\frac{Gr^2}{4k_o} + \frac{C_1}{k_o}\ln r + C_2 \tag{C}$$

경계조건(boundary conditions)은

B.C. 1: $r = 0$에서는 $\frac{dT}{dr} = 0$ 혹은 $T \neq \infty$. 따라서 식 (B) 혹은 (C)에서 $C_1 = 0$.

B.C. 2: r = R(전선의 표면)에서는

$$-\left(\frac{k_o}{T}\frac{dT}{dr}\right)_{r=R} = -h(T_f - T_{r=R})\,. \tag{D}$$

식 (B)와 (C)에서 각 각 dT/dr과 T의 표현을 얻어 C_1 = 0과 r = R 함께 위 식에 대입하면

$$\frac{GR}{2} = -h\left[T_f - \exp\left(-\frac{GR^2}{4k_o} + C_2\right)\right] \rightarrow \frac{GR}{2h} + T_f = exp\left(-\frac{GR^2}{4k_o} + C_2\right) \rightarrow C_2 = ln\left(\frac{GR}{2h} + T_f\right) + \frac{GR^2}{4k_o}$$

C_2를 C_1 = 0과 함께 식 (C)에 대입하면

$$ln\, T = -\frac{Gr^2}{4k_o} + ln\left(\frac{GR}{2h} + T_f\right) + \frac{GR^2}{4k_o}$$

따라서

a)의 답은 $T = \left(\frac{GR}{2h} + T_f\right)\cdot exp\left[\frac{G}{4k_o}(R^2 - r^2)\right]$

b) 전선 중심의 온도는 $\left(\frac{GR}{2h} + T_f\right)\cdot exp\left[\frac{GR^2}{4k_o}\right]$

전선 표면의 온도는 $\left(\frac{GR}{2h} + T_f\right)$

c) 단위길이(=1)의 전선에서의 발열 속도는 다음 여러가지 방법으로 구할 수 있다.

- [부피당 발열 속도가 일정하므로 부피 × G = $\pi R^2(1)G = \pi R^2 G$.
  [부피당 발열 속도가 온도나 위치의 함수면 다음과 같이 적분해야 한다.
  $\int_0^R \dot{Q}_v \cdot dv$ 며 이 경우에는 $\int_0^R G \cdot 2\pi r dr = \pi R^2 G$] (v = 부피)

- 정상상태에서는 모든 발열양이 표면으로 전도되므로

  표면적 × 단위면적당 전도속도 $= 2\pi R \times \left[-\left(\frac{k_o dT}{T\, dx}\right)_{r=R}\right] = 2\pi R \times \frac{GR}{2} = \pi R^2 G$.

- 정상상태에서는 모든 발열양이 표면에서 대류되므로

  표면적 ×단위면적당 대류속도 $= 2\pi R \times [-h(T_f - T_{r=R})] = 2\pi R \times h\left(\frac{GR}{2h} + T_f - T_f\right) = \pi R^2 G$

3.1.4 과도 열전달 (過導 熱傳達, Transient Heat Transfer)

독립변수가 둘 이상일 때는 편미분 방정식이 되므로 경우에 따라서는 해석풀이(analytical solution)가 존재할 수 있으나 특히 현재와 같이 전산방법이 발달된 상태에서는 수치해석(numerical solution)이 더 편리하다. 여기서는 해석풀이의 간단한 예만 들어본다.

반무한 고체에서의 과도 열전도 (Transient Heat Conduction in a Semi-Infinite Solid)

x 방향으로는 0으로부터 ∞까지 차지하며 y와 z 방향으로는 매우 넓은 길이를 가지는 고체의 온도가 T_o이다. 어떤 순간에 $x = 0$의 표면의 온도가 T_l으로 높아져서 유지된다. 시간에 따른 x 방향으로의 온도 분포를 계산하라.

이 문제의 수학적 표기는 식 (3.7)로부터

$$\frac{\partial T}{\partial t} = \frac{k}{\rho c_p}\frac{\partial^2 T}{\partial x^2} = \alpha\frac{\partial^2 T}{\partial x^2} \tag{3.10}$$

여기서 α= 열확산계수(thermal diffusivity)다. 이 식의 초기 조건과 경계 조건은

$$\text{I.C.:} \quad \text{at } t = 0, \quad T = T_o \ \text{ for all } y \tag{3.11}$$

$$\text{B.C. 1:} \quad \text{at } x = 0, \quad T = T_l \ \text{ for all } t > 0 \tag{3.12}$$

$$\text{B.C. 2:} \quad \text{as } x \to \infty, \quad T = T_o \ \text{ for all } t > 0 \tag{3.13}$$

위 조건들을 만족하는 편미분 방정식은 분석식으로 풀 수 있으며 그 결과는 다음과 같다 [예로 Bird et al., 2002; Carslaw and Jaeger, 1959].

$$\frac{T-T_o}{T_1-T_o} = 1-\text{erf}\left(\frac{x}{\sqrt{4\alpha t}}\right) \tag{3.14}$$

평판에서의 과도 열전도 (Transient Heat Conduction in a Finite Slab)

$x=-L$로부터 $x=L$ 까지 차지하며 y와 z 방향으로는 매우 넓은 길이를 가지는 고체의 온도가 T_o이다. 어떤 순간에 양쪽 표면의 온도가 T_1으로 높아져서 유지된다. 시간에 따른 x방향으로의 온도 분포를 계산하라.

이 문제의 수학적 표기는 위 예제의 식과 동일하다. 다만 경계 조건만 다음과 같이 달라진다.

$$\text{B.C. 1과 2:} \quad \text{at } x = \pm L, \quad T = T_1 \quad \text{for all } t \geq 0 \tag{3.15}$$

이 새로운 조건들을 만족하는 편미분 방정식도 분석식으로 풀 수 있으며 그 결과는 다음과 같다 [예로 Bird et al., 2002, Carslaw and Jaeger 1959].

$$\frac{T-T_o}{T_1-T_o} = 1-2\sum_{n=0}^{\infty}\frac{(-1)^n}{(n+1/2)\pi}exp[-(n+1/2)^2\pi^2\alpha t/L^2]\cdot\cos[(n+1/2)\pi x/L] \tag{3.16}$$

이 결과는 그림으로 표시하면 편리하며 긴 원통이나 구형 고체의 경우도 이러한 infinite series로 구성된 답을 구할 수 있는데 이런 결과와 또 다른 여러가지 종류의 열전달 문제의 예는 많이 출판되어 있는 참고 서적을 이용하기 바란다 [예로 Bird et al., 2002; White, 1988; Carslaw and Jaeger, 1959].

대류에 의한 과도 가열 (Transient Heating by Newtonian Convection)

금속같이 열전도율이 큰 고체가 대류에 의해 가열 또는 냉각될 때 열전달의 저항이 대부분 대류 과정에 달려있는 경우가 많다. 즉 고체 내의 온도는 균일하다고 가정해도 무방하다. 그런 경우를 대표하는 방정식은 다음과 같다.

$$\rho VC_p\frac{dT}{dt} = -hA(T-T_f) \tag{3.17}$$

여기서 T_f는 그 고체를 둘러싼 유체의 대표 온도이며 대부분 경우의 초기 조건은

$$\text{at } t = 0, \quad T = T_o \tag{3.18}$$

따라서

$$\frac{T-T_f}{T_o-T_f} = exp\left(-\frac{hAt}{\rho Vc_p}\right) \tag{3.19}$$

3.1.5 복사현상 (輻射現像)

복사현상은 에너지가 매개를 통하지 않고 직접 광자(photon, 光子)나 전자파의 형태로 공

간사이로 전달되는 현상이며 매개를 통할 수도 있는데 매개에 따라 지나가는 복사에너지를 흡수하는 정도가 매우 다르다.

용어의 정의

복사의 기초원리는 고체의 표면과 표면 사이에 주고받는 복사열로부터 시작되는데 우선 그림 3.3을 참조로 복사 (輻射流速, radiation flux)의 종류부터 정의한다.

복사조도 (Irradiation, 輻射照度): 표면이 단위 면적당 받는 복사율, q^-

흡수 (Absorption): 표면의 단위 면적당 고체 내로 흡수되는 Irradiation의 일부분 (분율 = absorptivity α)

반사 (Reflection): 표면에서 단위 면적당 반사되는 Irradiation의 일부분 (분율 = reflectance ρ)

투과 (Transmission, 透過): 표면의 단위 면적당 고체를 통해 흡수되지 않고 통과하는 Irradiation의 일부분 (분율 = transmittance τ)

방사 (Emission, 放射): 위의 복사선과는 상관없이 고체표면의 온도에만 따라 방출되는 단위 면적당의 복사율 (아래 설명될 이상적인 흑색표면에서의 방사에 비한 분율 = emmisivity ε)

따라서

$$\text{복사조도} = \text{흡수} + \text{반사} + \text{투과} \tag{3.20}$$

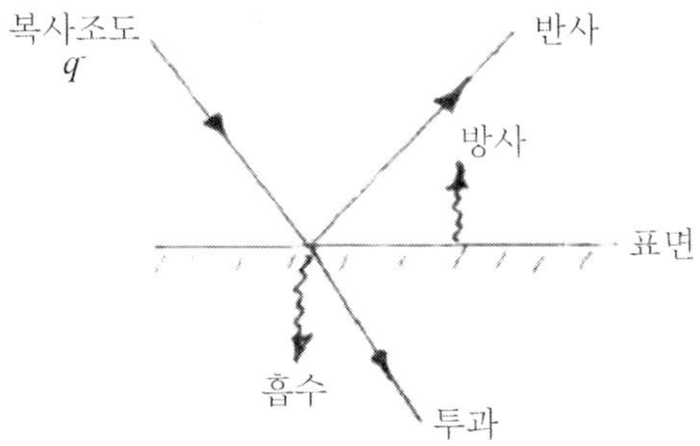

그림 3.3. 복사선의 분류.

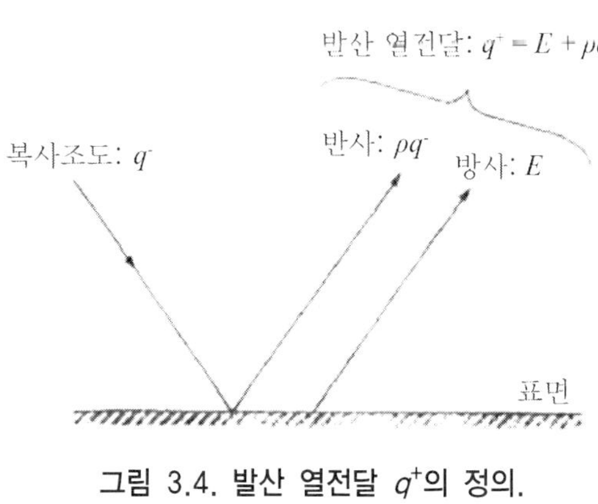

그림 3.4. 발산 열전달 q^+의 정의.

그리고

$$\alpha + \rho + \tau = 1 \tag{3.21}$$

또한 복사 계산의 편리를 위해 다음과 같이 그림 3.4에 보이는 Radiosity (발산 열전달율) q^+를 정의한다.

$$\text{발산 열전달} = \text{반사} + \text{방사} \tag{3.22}$$

표면의 종류

여기부터는 공업에 쓰이는 장치에 중점을 두어 불투명한 즉 투과를 허락하지 않는 ($\tau = 0$) 표면만을 취급한다. 일반적으로 고체 표면의 성질에 따라 반사의 각도가 다르며 또한 emission의 성격도 다르다. 예를 들어 거울같은 표면에서는 irradiation의 각도에 따라 반사 방향이 정해지고 색깔이 있는 표면에서는 emission의 강도가 파장에 따라 다르다. 다행히도 공업에 특히 금속제련에 쓰이는 고온로들의 표면은 다음에 서술하는 이상적인 표면이 많이 사용되므로 이 책에서는 그런 성질을 가진 이상 표면에 대해서만 의논한다.

흑색표면 (Black surface) = 도착하는 모든 irradiation을 흡수하고 ($\alpha = 1$) 같은 온도에서 어느 표면보다 더 많은 emission을 보내는 이상적인 표면. Emission은 표면과의 각도에 따라 소위 cosine 법칙을 따른다. [표면과 수직 방향은 1이라면 평행 방향은 0.]

흑색표면을 떠나는 radiation flux $q^+ = \sigma T^4$. 여기서 T는 절대온도 K이며 σ는 Stefan-Boltzmann 정수라 하며 그 값은 $5.67 \times 10^{-8} \dfrac{W}{m^2 \cdot k^4}$ 다.

회색표면 (Gray surface) = 도착하는 모든 irradiation을 파장에 관계없이 같은 분율 α로 흡수하고 emission과 reflection은 irradiation 각도와 상관없이 cosine 법칙을 따르며 불투명한 이상 표면 ($\tau = 0$). [미세한 수준에서 표면이 거친 점을 고려.] 또한 같은 온도에서도 흑색표면에서 보다 작은 열을 복사하며 emission = $\varepsilon\sigma T^4$: $0 < \varepsilon \leq 1$는 방사율 (emissivity)이라 한다. 열복사에 관한 Kirchhoff의 법칙에 의하면 열역학적으로 평형상태에 있는 물질의 emissivity는 그 absorptivity와 값이 같다. 즉

$$\varepsilon = \alpha \tag{3.23}$$

이 두가지의 이상 표면으로 공업에 쓰이는 대부분의 실제 표면을 대표할 수 있어 편리한 점이 있다. 또한 위의 정의에 따르면 흑색표면은 회색표면의 특수 경우임을 알 수 있다.

시야계수 (視野係數, view factor)

이는 형태계수 (shape factor)라고도 하며, 두 표면에서 복사열을 주고받을 때 표면 1을 떠난 복사열 중에 표면 2가 차단하는 분율을 말하며 복사열 계산에 필요한 개념이며 $F_{1\rightarrow 2}$로 표시한다 [그림 3.5 참조]. 복사열이 공간에서 직선으로 진행하며 이상표면인 흑색표면이나 회

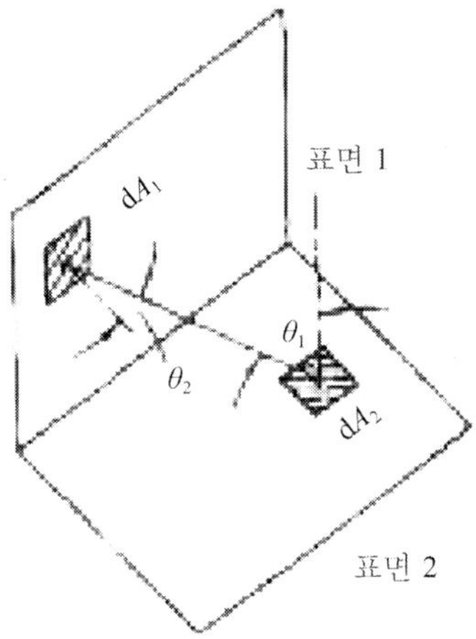

그림 3.5. 두 표면사이의 복사교환.

색표면에서 떠나는 복사선은 cosine 법칙을 따르는 점을 고려하면 두 종류의 표면 사이의 view factor는 동일하다는 결과를 얻으며 두 표면의 상대 크기와 상대 위치에 따라 이미 많은 경우의 값은 계산되어 있고 결과는 graph나 수식으로 표현되어 있다 [예로 Sparrow and Cess, 1978; Suryanarayana, 1995; Mills, 1999].

복사열 계산을 위한 표면은 형상에 관계없이 유지된 온도가 균일한 표면으로 정의하는데 연속되지 않아도 되고 또 같은 평면이라도 (예를 들면 윗 그림 3.5의 평면 A_1) 온도가 다른 구역은 다른 표면으로 나눠야 한다.

어느 두 표면 사이의 복사교환에 있어 또 한 가지 편리한 관계는

$$A_1F_{1\to 2} = A_2F_{2\to 1} \tag{3.24}$$

이 관계는 계산시에 나오는 결과이며 여기서는 증명하지 않고 사용하며 따라서 view factor만 알면, 표면 1에 관한 복사열 계산에는 표면 1의 면적만 필요하다. [물론 표면 1과 2의 면적비율은 view factor의 값에 포함되어 있다.]

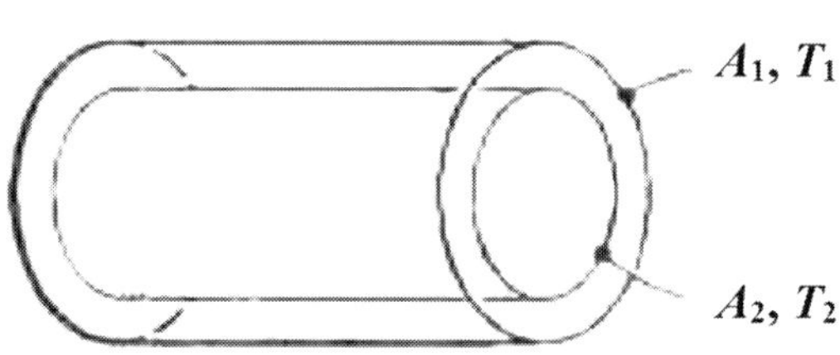

그림 3.6. 무한동심원통에서의 열복사.

예 3-2: 그림 3.6에 있는 구조에서 축방향의 길이가 무한할 경우에 (끝에서 새나가는 복사열은 무시하고) $F_{1\to 2}$를 구하라.

풀이: 표면 2를 떠나는 모든 복사선은 표면 1에 의해 차단되므로 $F_{2\to 1} = 1$.

$A_1F_{2\to 1} = A_2F_{2\to 1}$ 이므로 $F_{1\to 2} = A_2/A_1$ (< 1).

즉, 표면 1을 떠나는 복사선의 일부는 표면 1 자체에 의해 차단된다.

회색표면(灰色表面, Gray surface)으로 구성된 밀폐공간(密閉空間, enclosure)에서의 복사열 교환

여러 복사열 계산 문제는 표면으로 둘러싸인 고온로 내부같은 공간(enclosure)에 관한 것인데 그런 경우에는 어느 표면 i를 떠나는 복사열이 그 표면 i를 포함한 모든 N표면에 의해 차단되는 율은 1이다. 즉

$$\sum_{j=1}^{N} F_{i\to j} = 1 \tag{3.25}$$

여기에 j는 i를 포함하는 모든 표면을 표시하며 오목한 표면에서는 $F_{i\to i} \neq 0$.

회색표면(gray surface)은 불투명하므로

$$\alpha + \rho = \varepsilon + \rho = 1 \tag{3.26}$$

그림 3.7에 보이는 총 N개의 표면으로 구성된 밀폐공간에서 어떤 일반적인 표면 i를 고려하고 모든 표면에서 방출한 복사열 중에 표면 i에 도달하는 복사열의 총량을 표시하면

$$A_i q_i^- = \sum_{j=1}^{N} q_j^+ A_j F_{j\to i} = \sum_{j=1}^{N} A_i F_{i\to j} q_j^+ \tag{3.27}$$

여기에 위의 식 (3.24)를 적용했다. A_i는 공통인수로서 j에 무관하여 집합의 밖으로 나올 수 있고 따라서

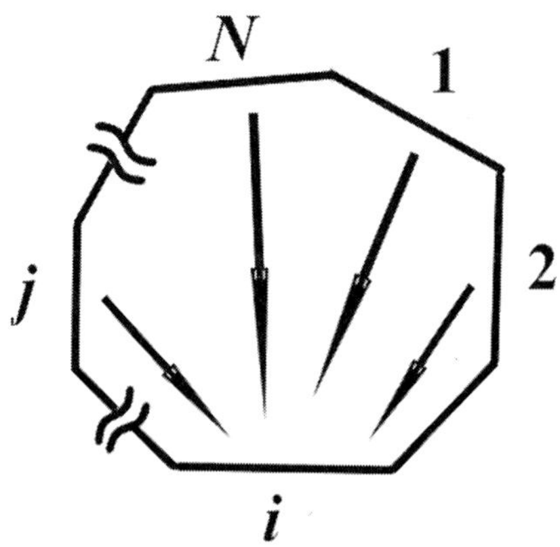

그림 3.7. 총 N개의 표면으로 구성된 밀폐공간.

$$q_i^- = \sum_{j=1}^{N} F_{i \to j} q_j^+ \tag{3.28}$$

그림 3.4를 참조하여

$$q_j^+ = \varepsilon_j \sigma T_j^4 + \rho_j q_i^- \tag{3.29}$$

이 식을 식 (3.28)에 대입하면

$$q_i^- - \sum_{j=1}^{N} F_{i \to j} \rho_j q_i^- = \sum_{j=1}^{N} F_{i \to j} \varepsilon_j \sigma T_j^4 \tag{3.30}$$

그리고 표면 i를 떠나는 단위 면적과 시간당 net 열량은

$$q_i = -q_i^- + q_j^+ \tag{3.31}$$

따라서 N개의 표면으로 구성된 밀폐공간의 문제는 모든 온도가 주어질 경우에는 N개의 미지수 q_i^-로 성립된 N개의 연립 방정식이 된다. 문제에 따라서는 어느 q_i^-를 포함하여 표시할 수 있는 조건이 온도 대신 주어져 해당 온도가 미지수의 하나가 될 수도 있다. 한 예로서는 하나의 표면이 절연체인 경우다. 또한 염두에 두어야 할 점은 온도가 주어졌다는 것은 그 온도를 유지하기 위한 다른 과정이 동반한다는 것으로 그 표면으로 열을 공급하거나 그를 통하여 열을 제거하는 과정이 있어야 한다.

예 3–3: 그림 3.8에 주어진 머플로(muffle furnace)의 내부가 정육면체이며 한 변의 길이는 L이다. 밑의 표면은 전열로 가열되어 온도가 T_B로 유지된다. 다른 모든 표면의 온도를 T_w로 유지하려면 밑 표면을 통해 들여보내야 하는 열의 공급속도는 얼마인가? 모든 표면은 emissivity가 ε인 회색표면이다.

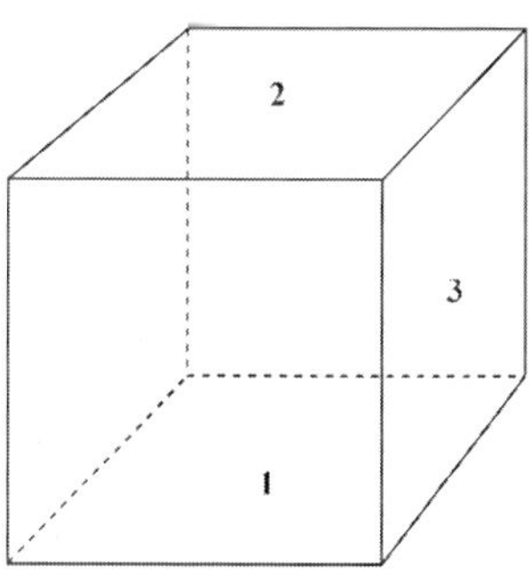

그림 3.8. 입방형 머플로 내부.

풀이: 밑 표면 1외의 모든 표면이 동일한 온도로 유지되므로 수직인 옆벽 4개의 표면은 모든 상태가 밑 표면으로 보아 동등하여 모두 합하여 표면 3로 하고 위면은 표면 2으로 한다.

표면 1 at T_B, $A_1 = L^2$

표면 2 at T_w, $A_2 = L^2$ (윗면)

표면 3 at T_w, $A_3 = 4L^2$ (4개의 측면)

$$F_{1-1} = 0;\ F_{1-2} = 0.2(\text{참고자료에서 구한 값});\ F_{1-3} = 1 - F_{1-1} - F_{1-2} = 0.8$$

$$F_{2-1} = F_{1-2} = 0.2;\ F_{2-2} = 0;\ F_{2-3} = F_{1-3} = 0.8$$

$$F_{3-1} = (A_1/A_3)F_{1-3} = 0.2;\ F_{3-2} = F_{3-1} = 0.2;\ F_{3-3} = 1 - F_{3-1} - F_{3-2} = 0.6$$

$$q_i^- - \sum_{j=1}^{3} F_{i-j}\rho_j q_i^- = \sum_{j=1}^{3} F_{i-j}\varepsilon_j \sigma T_j^4$$

$i = 1$일 때

$$q_1^- - F_{1-1}\ \rho\ q_1^- - F_{1-2}\ \rho\ q_2^- - F_{1-3}\ \rho\ q_3^- = F_{1-1}\,\varepsilon\,\sigma\ T_1^4 + F_{1-2}\ \varepsilon\ \sigma\ T_2^4 + F_{1-3}\ \varepsilon\ \sigma\ T_3^4$$

$$q_1^- - 0.2\rho\ q_2^- - 0.8\ \rho\ q_3^- = 0.2\varepsilon\ \sigma\ T_w^4 + 0.8\varepsilon\ \sigma\ T_w^4$$

$$q_1^- - 0.2\rho\ q_2^- - 0.8\ \rho\ q_3^- = \varepsilon\ \sigma\ T_w^4 \qquad \text{(A)}$$

$i = 2$일 때

$$q_2^- - F_{2-1}\ \rho\ q_1^- - F_{2-2}\ \rho\ q_2^- - F_{2-3}\ \rho\ q_3^- = F_{2-1}\,\varepsilon\,\sigma\ T_1^4 + F_{2-2}\ \varepsilon\ \sigma\ T_2^4 + F_{2-3}\ \varepsilon\ \sigma\ T_3^4$$

$$-0.2\rho\ q_1^- + q_2^- - 0.8\ \rho\ q_3^- = 0.2\varepsilon\ \sigma\ T_B^4 + 0.8\varepsilon\ \sigma\ T_w^4 \qquad \text{(B)}$$

$i = 3$일 때

$$q_3^- - F_{3-1}\ \rho\ q_1^- - F_{3-2}\ \rho\ q_2^- - F_{3-3}\ \rho\ q_3^- = F_{3-1}\,\varepsilon\,\sigma\ T_1^4 + F_{3-2}\ \varepsilon\ \sigma\ T_2^4 + F_{3-3}\ \varepsilon\ \sigma\ T_3^4$$

$$-0.2\rho\ q_1^- + 0.2\rho\ q_2^- + (1 - 0.6\ \rho)q_3^- = 0.2\varepsilon\ \sigma\ T_B^4 + 0.8\varepsilon\ \sigma\ T_w^4 \qquad \text{(C)}$$

식 (A) - (C)를 풀면

$$\therefore q_i^- = \frac{0.2\varepsilon\,\rho\,\sigma\,T_B^4 + \varepsilon\ \sigma\ T_w^4}{(1-\rho)(1+0.2\rho)} = \frac{0.2\varepsilon\ \rho\,\sigma\,T_B^4 + \varepsilon\ \sigma\ T_w^4}{\varepsilon(1.2 - 0.2\varepsilon)}$$

밑 표면을 통해 들여보내야 하는 열의 net 보급속도는

$$q_1 = -q_1^- + q_1^+$$

$$q_1 = -q_1^- + \varepsilon\ \sigma\ T_B^4 + \rho\ q_1^- = \varepsilon\ \sigma\ T_B^4 - \varepsilon q_1^-$$

$$L^2 q_1 = (\varepsilon\ \sigma\ T_B^4 - \varepsilon q_1^-)\cdot L^2$$

모든 면이 흑색표면이라면 $\varepsilon = 1$이고 $\rho = 0$이므로

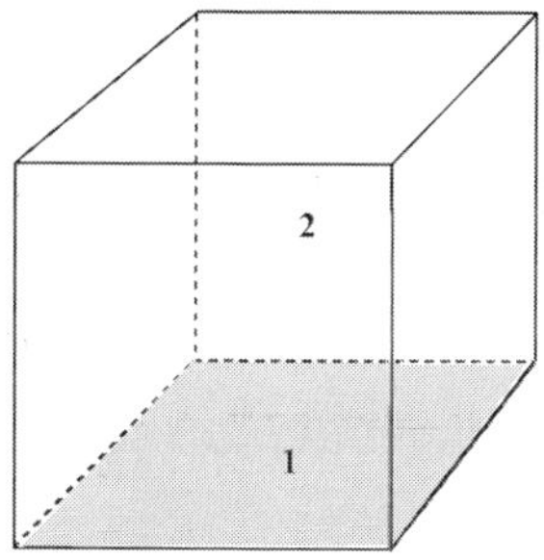

그림 3.9. 간편 풀이를 위한 입방형 머플로 내부.

$$q_1 = \sigma\ T_B^4 - \sigma\ T_w^4$$

이는 어떠한 흑색표면이 둘러싼 다른 온도의 흑색표면에 보내는 순 복사열량이다.

더 간편한 풀이. 밑 표면 1외의 모든 표면이 동일한 온도로 유지되므로 모양에 관계없이 밑 표면 1외의 모든 표면을 표면 2로 하여 둘로만 나누는 것이 편리하다 (그림 3.9 참조).

표면 1 at T_B, $A_1 = L^2$

표면 2 at T_w, $A_2 = 5L^2$

$$F_{1-1} = 0;\ F_{1-2} = 1$$

$$F_{2-1} = \frac{A_1 F_{1-2}}{A_2} = 0.2;\ F_{2-2} = 0.8$$

$$q_i^- - \sum_{j=1}^{2} F_{i-j}\rho_j q_j^- = \sum_{j=1}^{2} F_{i-j}\varepsilon_j \sigma T_j^4$$

$i = 1$일 때

$$q_1^- - F_{1\text{-}1}\ \rho\ q_1^- - F_{1\text{-}2}\ \rho\ q_2^- = F_{1\text{-}1}\,\varepsilon\ \sigma\ T_1^4 + F_{1\text{-}2}\ \varepsilon\ \sigma\ T_2^4$$

$$q_1^- - \rho\ q_2^- = \varepsilon\ \sigma\ T_w^4 \qquad \text{(D)}$$

$i = 2$일 때

$$q_2^- - F_{2\text{-}1}\ \rho q_1^- - F_{2\text{-}2}\ \rho q_2^- = F_{2\text{-}1}\,\varepsilon\ \sigma\ T_1^4 + F_{2\text{-}2}\ \varepsilon\ \sigma\ T_2^4$$

$$q_2^- - 0.2\ \ \rho q_1^- - 0.8\ \rho\ q_2^- = 0.2\,\varepsilon\ \sigma\ T_B^4 + 0.8\ \varepsilon\ \sigma\ T_w^4$$

$$(1 - 0.8\rho)q_2^- - 0.2\ \rho q_1^- = 0.2\,\varepsilon\ \sigma\ T_B^4 + 0.8\ \varepsilon\ \sigma\ T_w^4\,(2) \qquad \text{(E)}$$

식 (D)로부터

$$q_1^- - \varepsilon\sigma\, T_w^4 = \rho q_2^-$$

$$q_2^- = \frac{q_1^- - \varepsilon\,\sigma T_w^4}{\rho}$$

식 (2)에 대입하면

$$(1-0.8\rho)\frac{q_1-\varepsilon\sigma T_w^4}{\rho}-0.2\rho q_i^- = 0.2\varepsilon\sigma T_B^4+0.8\varepsilon\sigma T_w^4$$

$$(1-0.8\rho)q_1^- -(1-0.8\rho)\varepsilon\ \sigma\ T_B^4 -0.2\ \rho^2 q_1^- = 0.2\ \varepsilon\ \sigma\ T_B^4 + 0.8\varepsilon\ \rho\sigma\ T_w^4$$

$$(1-0.8\rho-0.2\ \rho^2)q_1^- = 0.2\varepsilon\ \rho\sigma\ T_B^4 + \varepsilon\ \sigma\ T_w^4$$

$$\therefore q_i^- = \frac{0.2\varepsilon\ \rho\sigma\ T_B^4+\varepsilon\ \sigma\ T_w^4}{(1-\rho)(1+0.2\rho)} = \frac{0.2\varepsilon\ \rho\sigma\ T_B^4+\varepsilon\ \sigma\ T_w^4}{\varepsilon(1.2-0.2\varepsilon)}$$

보는 바와 같이 q_1^-의 값은 같이 되지만 이 간편한 방법으로 풀때는 q_2^-의 값은 위와 옆면들의 평균치고 계의 view factor들에 따라 위와 옆면들의 q_i^- 값은 다를 수 있고 그는 먼저 방법으로 해야 구할 수 있다.

예 3-4: 표면이 볼록(convex)한 금속 덩어리를 T_w°C로 유지된 흑색표면으로 둘러싸인 진공로 용기에 갑자기 장입한다. 금속의 부피는 V, 표면적은 A, 밀도는 r, 단위중량당 비열은 C_p, emissivity는 ε이다. 그리고 금속의 처음 온도는 T_o이며 열전도율은 매우 크다. 즉 어느 순간에서나 금속내에서의 온도는 균일하다. 금속의 표면은 회색표면이며 금속과 용기 표면의 접촉은 무시해도 좋다. 시간에 따른 고체의 온도를 계산할 수 있는 식을 구하라. 그리고 $T_w << T_{\text{metal}}$인 경우의 답을 구하라.

풀이: 금속 덩어리를 기준으로 energy balance를 행하면

$$(Rate\ of\ Input) - (Rate\ of\ Output) + (rate\ of\ heat\ generated) = (rate\ of\ accumlated\ heat)$$

따라서 금속 표면을 1로 하고 용기 내면을 2로 하면

$$Aq_1^- - Aq_1^+ = \rho c_p V\frac{dT}{dt}$$

$$q_1^- - (\varepsilon\sigma T^4 + \rho q_1^-) = \frac{\rho c_p V}{A}\frac{dT}{dt} \qquad (a)$$

$$q_1^- - \sum_{j=1}^{2} F_{i-j}\rho_j q_j^- = -\sum_{j=1}^{2} F_{i-j}\varepsilon_j\sigma T_j^4$$

금속 표면에서는

$$q_1^- - F_{1-1}\ \rho_1 q_1^- - F_{1-2}\,\rho_2\ q_2^- = F_{1-1}\,\varepsilon_1\,\sigma\ T_1^4 + F_{1-2}\,\varepsilon_2\sigma\ T_2^4$$

$$F_{1-2} = 1 \qquad\qquad F_{1-1} = 0$$

용기 내면은 흑색표면이므로

$$\varepsilon_2 = 1 \qquad \rho_2 = 0$$

$$T_2 = T_w$$

$$\therefore \boldsymbol{q_1^-} = \boldsymbol{\sigma T_w^4}$$

식 (a)에 대입하면

$$\sigma T_w^4 - \varepsilon\sigma T^4 - \rho\sigma\, T_w^4 - \frac{\rho c_p V}{A}\frac{dT}{dt}$$

$$[\sigma\, T_w^4(1-\rho)] - \varepsilon\sigma T^4 = \frac{\rho c_p V}{A}\frac{dT}{dt}$$

$$(1-\rho) = \alpha = \varepsilon$$

$$\varepsilon\sigma\, T_w^4 = \varepsilon\sigma T^4 = \frac{\rho c_p V}{A}\frac{dT}{dt}$$

$$-T^4 + T_w^4 = \frac{\rho c_p V}{A\varepsilon\sigma}\frac{dT}{dt}$$

$$\frac{\rho c_p V}{A\varepsilon\sigma} = \beta$$

$$\boldsymbol{-T^4 + T_w^4 = \beta\frac{dT}{dt}}$$

$T_w = 0$ (or $T_w << T$)일 경우에는

$$-T^4 = \beta\frac{dT}{dt}$$

$$\frac{dt}{\beta} = \frac{dT}{-T^4}$$

$$\frac{t}{\beta} + C = \frac{T^{-3}}{3}$$

$t = 0$에서 $T = T_o$,

$$C = \frac{T_o^{-3}}{3}$$

$$\frac{t}{\beta} + \frac{T_o^{-3}}{3} = \frac{T^{-3}}{3}$$

$$\frac{t}{\beta} = \frac{T^{-3} - T_o^{-3}}{3}$$

$$\frac{1}{T^3} - \frac{1}{T_o^3} = 3\frac{t}{\beta} \quad (T_w << T\text{인 동안에 한하여})$$

이 책에서는 매개체가 영향을 주지 않는 복사문제의 이론과 예를 취급하였는데 매개체가 특히 고체의 입자를 함유한 매개체가 복사열을 흡수, 반사 또는 방출하는 경우에는 그 서술이 복잡하다. 다행히 요즘은 이런 현상을 포함하는 공정을 모사하는 컴퓨터 소프트웨어가 많이 개발되어 있다. 몇 예를 들면 Olivas-Martinez [2015], Sohn [2014], Sohn et al. [2013], Perez-Tello et al. [2001]의 참고자료가 있다

3.2 물질전달 (物質傳達)

열전달이 온도의 차에 의해 일어난다면 물질전달은 농도의 차이에 의해 일어나며 원자나 분자들의 움직임에 의해 일어나는 물질전달은 확산(diffusion)이고 물질의 흐름에 동반하여 일어나는 물질전달은 물질대류(mass convection)이다.

3.2.1 확산 (擴散)

열전도의 기본원리가 Fourier의 법칙이라면 확산은 다음과 같은 Fick의 법칙(Fick's law)을 따른다.

$$J_{Az}^{*} = -C_T D_{AB}\frac{\partial X_A}{\partial z} \tag{3.32}$$

여기에

J_{Az}^{*} = 전달방향 z에 수직인 단위 단면적당 확산속도 (molar flux); $\frac{\text{mol}}{\text{s}\cdot\text{m}^2}$

D_{AB} = 확산도 (diffusivity; B와의 용액에서 성분A의); $\frac{m^2}{s}$

C_T = 총 몰농도; $\frac{mol}{m^3}$ [이상 가체에서는 $C_T = \frac{P_T}{RT}$]

X_A = A의 몰분율; (–)

z = 전달방향으로의 거리; m

확산도는 물질과 용매에 따라 다르며 낮은 농도 범위에서는, 특히 기체에서는, 상수라 할 수 있다. 확산은 농도가 높은 곳에서 낮은 방향으로 전달되므로 $(\partial X_A/\partial z < 0)$ 마이너스 기호를 추가한다.

금속제련에 관련된 물질전달은 주로 화학반응에 동반되는 경우가 많으므로 몰단위가 편리하나 확산과 일반 물질전달 식들은 질량단위로 쓸 수도 있으며 이 두 가지의 상관관계는 다른 참고서적에서 찾을 수 있다 [예로 Bird et al., 2002].

또한 주의할 점은 Fick 법칙의 식에서 C_T의 위치인데 이 식을 $J_{Az}^{*} = -D_{AB}\frac{\partial C_A}{\partial z}$ ($C_A = X_A \cdot C_T$: A의 몰농도)로 쓰는 경우가 많은데 이는 C_T가 일정한 계에서는 합당하나 기체처럼 압력과 온도에 따라 C_T가 변하는 계에서는 합당치 않으며 오차를 일으킨다.

3.2.2 유체의 흐름과 동반하는 물질전달

농도가 위치에 따라 변하면서 유체 혼합물이 전반적으로 흐를 때에는 각 성분은 유체의 흐름에 의해 전달됨과 동시에 농도의 차이에 의한 확산도 동반한다. 쉽게 생각하면 아주 천천히 흐르는 유체에서는 농도 차에 의한 확산이 중요하며 빠르게 흐르는 유체에서는 전반적인 흐름 즉 대류에 의한 각 성분들의 전달이 전체 전달양을 지배한다. 기체상에서 화학반응의 결과로 몰 수가 늘어 외부의 영향 없이 기체의 몸체흐름(bulk flow)이 생기는 경우도 자주 있어 두 과정을 동시에 고려하는 것이 편리하다. 이럴 경우에 확산은 전체의 흐르는 평균 속도에 비해 각 성분이 농도의 차이 때문에 추가로 움직이는 현상이다. 따라서

$$J_{Az}^{*} = C_A(v_{Az} - v_Z^{*}) \tag{3.33}$$

여기서 v_A는 A분자들이 움직이는 총 속도이고 (여러 A분자들의 평균 속도), v^*는 유체안의 모든 성분들의 평균속도로 이 평균속도에 비해 A가 추가로 확산을 한다.

$$v_Z^{*} = \frac{\sum_{i=1}^{m} C_i v_{iz}}{\sum_{i=1}^{m} C_i} = \frac{\sum_{i=1}^{m} C_i v_{iz}}{C_T} \tag{3.34}$$

두 과정을 합한 단위면적당 A의 총 전달율(molar flux)을 N_A로 표시하고 두 성분 용액에 위 두 식을 적용하면

$$N_{Az} = C_A v_{Az} = C_A v_Z^{*} + J_{Az}^{*} = X_A(N_{Az} + N_{Bz}) - C_T D_{AB}\frac{\partial X_A}{\partial z} \tag{3.35}$$

위 식은 한 방향으로의 전달을 고려했으나 모든 방향을 생각하여 vector 식으로 표시하면

$$\underline{\boldsymbol{N}}_{\boldsymbol{A}} = X_A(\underline{\boldsymbol{N}}_{\boldsymbol{A}} + \underline{\boldsymbol{N}}_B) - C_T D_{AB}\underline{\nabla} X_A \tag{3.36}$$

농도의 차이에 의한 물질전달의 문제를 다룰 때 주로 $\underline{\boldsymbol{J}}_A^{*}$만을 생각하는 경향이 있는데 항상 $\underline{\boldsymbol{N}}_A$를 계산하여야 한다.

물질전달이 유체의 흐름에 영향을 받는 또 하나의 현상은 고체(또는 액체)의 표면에서 다른 유체로 향하는 물질전달인데 이 경우는 열대류와 비슷한 현상으로 다음과 같은 법칙을 따른다.

$$N_{Az} = X_A(N_{Az} + N_{Bz}) - k_m C_T(X_{Af} - X_{As}) \tag{3.37}$$

여기서

k_m = 물질전달 계수 (mass transfer coefficient); $\frac{\text{m}}{\text{s}}$

$X_{Af} - X_{As}$ = 유체 전체를 대표하는 A농도와 고체 표면에 인접한 유체에서의 A 농도 사이의 차이

일반적으로 유체 내에서의 농도변화는 인접한 고체의 형상이나 유체의 흐름 상태에 따라 복잡한 관계를 이루므로 이 식에 dX_A/dz 대신 $\Delta X_A / \Delta z$ 를 쓴다. [전달속도는 항상 방향을 즉 vector 량임을 동시에 고려해야 한다. 따라서 유체를 향한 전달율을 표시할 때는 $\Delta X_A = X_A(z+\Delta z) - X_A(z) = X_{Af} - X_{As}$.] k_m도 열전달 계수와 같이 어느 고유의 요소가 아니라 주어진 계의 상황에 따른 여러 여건이 많이 포함되어 있다. 따라서 k_m의 값도 많은 실험치를 근거로 설립한 상관관계식에서 구한다. 이에 대한 여러 참고 자료들이 있는데 그 중 소수의 예로는 Sohn [2020], Bird et al. [2002], Kunii and Levenspiel [1991], Wakao and Kaguei [1982], Rowe and Claxton [1965], Ranz and Marshall [1952]이 있다.

3.2.3 물질전달 계산

실제의 문제를 서술할 때는 물질전달의 경우에도 열전달 문제와 같이 각 성분의 움직임에 대한 balance 식을 세워야 하는데 시간에 따라 변하고 3 방향을 다 고려한 물질전달을 vector 기호를 써서 표시한 일반적인 식은 다음과 같다.

$$\frac{\partial C_i}{\partial t} + \underline{\nabla} \cdot \underline{\boldsymbol{N}}_i = R_i \tag{3.38}$$

여기서 R_i는 <u>단위부피당</u> 성분 i의 생산율이다.

이 식을 각 종류의 좌표를 써서 표시하면 다음과 같다.

직각좌표:

$$\frac{\partial C_i}{\partial t} + \frac{\partial N_{ix}}{\partial x} + \frac{\partial N_{iy}}{\partial y} + \frac{\partial N_{iz}}{\partial z} = R_i \tag{3.39}$$

두 성분 용액에서

$$N_{Ax} = X_A(N_{Ax} + N_{Bx}) - C_T D_{AB} \frac{\partial X_A}{\partial x} \tag{3.40}$$

원통좌표:

$$\frac{\partial C_i}{\partial t} + \frac{1}{r}\frac{\partial}{\partial r}(rN_{ir}) + \frac{1}{r}\frac{\partial N_{i\theta}}{\partial \theta} + \frac{\partial N_{iz}}{\partial z} = R_i \tag{3.41}$$

두 성분 용액에서

$$N_{Ar} = X_A(N_{Ar} + N_{Br}) - C_T D_{AB}\left(\frac{\partial X_A}{\partial r}\right) \tag{3.42}$$

$$N_{A\theta} = X_A(N_{A\theta} + N_{B\theta}) - C_T D_{AB}\left(\frac{1}{r}\frac{\partial X_A}{\partial \theta}\right) \tag{3.43}$$

$$N_{Az} = X_A(N_{Az} + N_{Bz}) - C_T D_{AB}\left(\frac{\partial X_A}{\partial z}\right) \tag{3.44}$$

구형좌표:

$$\frac{\partial Ci}{\partial t} + \frac{1}{r^2}\frac{\partial}{\partial r}(r^2 N_{ir}) + \frac{1}{r\sin\theta}\frac{\partial}{\partial \theta}(\sin\theta \cdot N_{i\theta}) + \frac{1}{r\cdot\sin\theta}\frac{\partial N_{i\varphi}}{\partial \varphi} = R_i \tag{3.45}$$

두 성분 용액에서

$$N_{Ar} = X_A(N_{Ar} + N_{Br}) - C_T D_{AB}\left(\frac{\partial X_A}{\partial r}\right) \tag{3.46}$$

$$N_{A\theta} = X_A(N_{A\theta} + N_{B\theta}) - C_T D_{AB}\left(\frac{1}{r}\frac{\partial X_A}{\partial \theta}\right) \tag{3.47}$$

$$N_{A\varphi} = X_A(N_{A\varphi} + N_{B\varphi}) - C_T D_{AB}\left(\frac{1}{r\sin\theta}\frac{\partial X_A}{\partial \varphi}\right) \tag{3.48}$$

N_B는 보통 N_A와 상관관계가 있거나 주어진 조건에 의해 별도로 정해진다. 그렇지 않을 경우에는 위에 열거한 N_A에 관한 식과 같은 식을 N_B의 관점에서 구성하고 풀이한다.

이렇게 물질전달 식도 미분방정식이므로 풀이에 경계조건(boundary conditions)이 필요한데 자주 일어나는 조건들은 다음과 같다.

1) 어떠한 경계면(표면)에서 농도가 주어진 값으로 고정된다. 즉 $C_i = C_{io}$.
2) 어떠한 경계면(표면)에서 단위 단면적당 물질전달 속도(heat flux)가 주어진 값으로 고정된다. 즉 $(N_{ix}) = (N_{ixo})$.
3) 두 상의 경계면(표면)에서는 양쪽의 물질전달 속도(heat flux)가 같다. 즉 $(N_{ix})_{상1} = (N_{ix})_{상2}$.
   이 관계는 경계면(표면)은 부피가 없으므로 물질을 저장할 용량이 없어 면의 한 쪽에서 오는 물질은 즉시 다른 쪽으로 나가야 하는 조건이다.

예 3-5: 니켈과 일산화탄소가 반응하여 nickel carbonyl을 형성하는 것은 금속정련의 한 예가되는 중요한 반응이다 (Mond process). 아래 그림 3.10에 보이는 바와 같이 니켈의 표면에 형성된 가스 층을 통하는 확산에 의해 전체 반응속도가 조정되는 경우를 (즉 확산에 비해 표면 반응의 속도가 매우 빠른 경우를) 고려하자. 단위면적당 일어

기체 ($X_{CO} = 1$)

$z = 0$ - - - - - - - - - - - - - - - -

$z = \delta$ ————————————

pure Ni

그림 3.10. 가스 층 확산을 통한 니켈과 일산화탄소의 반응.

나는 니켈의 소모 속도를 구하라.

자료::

a. 반응은 다음과 같으며 비가역(irreversible) 반응이다.

4CO(g) + Ni(s) ® $Ni(CO)_4$(g)

b. 총압력은 *P*이고 가스 층 밖에 있는 가스는 순수한 일산화탄소다.

c. 가스 층의 두께는 δ다.

풀이: 반응을 1 몰의 일산화탄소를 기준으로 바꿔 쓰면

$$\mathrm{CO}(g) + \frac{1}{4}\mathrm{Ni}(s) = \frac{1}{4}\mathrm{Ni(CO)_4}(g)$$

CO를 가스 *A*로 하고 $Ni(CO)_4$을 *B*로 하면

$$A_{(g)} + \frac{1}{4}Ni_{(s)} = \frac{1}{4}B_{(g)}$$

$$N_{Az} = (N_{Az} + N_{Bz})X_A - C_T D_{AB}\frac{dX_A}{dz}$$

1 몰의 CO가 1/4 몰의 $Ni(CO)_4$을 생산하므로 [전달율은 항상 방향을 동반하는 점과 고체인 니켈은 확산에 참가하지 않는 점을 유의하고]

$$N_{Bz} = -\frac{1}{4}N_{Az}$$

따라서

$$N_{Az} = \frac{3}{4}N_{Az}X_A - C_T D_{AB}\frac{dX_A}{dz}$$

$$N_{Az} = \frac{-C_T D_{AB}}{\left(1 - \frac{3}{4}X_A\right)} \cdot \frac{dX_A}{dz}$$

표면적에 비해 가스층이 얇은 점을 고려하면 물질전달은 표면과 수직인 방향으로만 일어나고 반응량에 비해 가스층에 축적되는 CO의 양은 무시할 수 있도록 적다 그리고 반응은 고체 표면에서 일어나며 확산이 일어나는 가스층에서는 반응이 없으므로 ($R_i = 0$) 식 (3.39)는 다음과 같이 간소화된다.

$$\frac{dN_{Az}}{dz} = 0$$

$$\frac{d}{dz}\left(-\frac{C_T D_{AB}}{1-\frac{3}{4}X_A}\frac{dX_A}{dz}\right) = 0$$

$$-\frac{1}{1-\frac{3}{4}X_A}\cdot\frac{dX_A}{dz} = C_1 \tag{A}$$

$$\therefore \frac{\ln\left(1-\frac{3}{4}X_A\right)}{\frac{3}{4}} = C_1 Z + C_2$$

$$\ln\left(1-\frac{3}{4}X_A\right) = \frac{3}{4}C_1 z + \frac{3}{4}C_2$$

B.Cs.

1. @ z = 0, $X_A = X_{A0} = 1$ (pure CO)

$$\ln\left(1-\frac{3}{4}X_{A0}\right) = \frac{3}{4}C_2$$

$$C_2 = \frac{4}{3}\ln\left(1-\frac{3}{4}X_{A0}\right)$$

$$\ln\left(1-\frac{3}{4}X_A\right) = \frac{3}{4}C_1 z + \ln\left(1-\frac{3}{4}X_{A0}\right)$$

$$\therefore \ln\left(\frac{1-\frac{3}{4}X_A}{1-\frac{3}{4}X_{A0}}\right) = \frac{3}{4}C_1 z$$

2. @ z = δ, $X_A = X_{Ae} = 0$; 즉 반응은 빠르고 비가역 반응이므로 표면에서 모든 CO가 소모된다.

$$\ln\left(\frac{1}{1-\frac{3}{4}X_{A0}}\right) = \frac{3}{4}C_1\delta$$

$$C_1 = \frac{4}{3\delta}\ln\left(\frac{1}{1-\frac{3}{4}X_{A0}}\right)$$

$$\therefore \ln\left(\frac{1-\frac{3}{4}X_A}{1-\frac{3}{4}X_{A0}}\right) = \frac{z}{\delta}\ln\left(\frac{1}{1-\frac{3}{4}X_{A0}}\right)$$

$$\therefore \ln\left(\frac{1-\frac{3}{4}X_A}{1-\frac{3}{4}X_{A0}}\right) = \left(\frac{1}{1-\frac{3}{4}X_{A0}}\right)^{\frac{z}{\delta}}$$

반응속도:

$$N_A\big|_{Z=0} = \left|\frac{-C_T D_{AB}}{1-\frac{3}{4}X_A}\frac{dX_A}{dz}\right|_{Z=0} = C_T D_{AB} C_1$$

상기 Eq. (A)의 두번째 식을 사용하여

$$\therefore N_A\big|_{Z=0} = \frac{4}{3\delta}\cdot C_T D_{AB}\cdot\ln\left(\frac{1}{1-\frac{3}{4}X_{A0}}\right)$$

$X_{A0}=1$ (순수한 CO)

$\therefore N_A\big|_{Z=0} = \frac{1.85}{\delta}\cdot C_T D_{AB};\ C_T = \frac{P_T}{RT}$이고 D_{AB}는 $Ni(CO)_4$과의 혼합기체에서 CO의 확산도

기타 더 자세한 이론이나 여러가지 종류의 물질전달 문제의 예는 많이 있는 참고 서적을 이용하기 바란다. [예로 Bird et al., 2002; Crank, 1975]

연습문제

1. 불투명한 평판의 한 쪽 면이 해로부터 200 cal/(s·m^2)의 복사열을 받는다. 주위 공기의 온도가 30°C이고 양면에서 공기와의 열대류 계수는 2 cal/(s·m^2·°C)다. 정상상태에서 해를 향

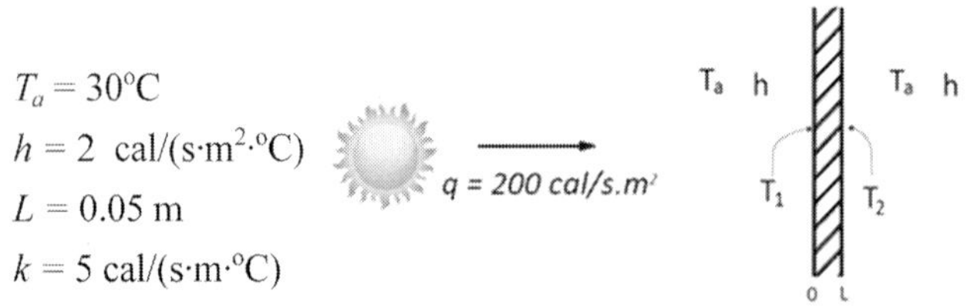

그림 3.11. 복사열을 받는 평판에서의 열전달.

한 면의 온도를 계산하라. 평판의 두께와 열전도율은 각각 0.05 m와 5 cal/(s·m·°C)다. 평판의 면은 크므로 가장자리를 통한 열전달을 무시할 수 있다.

2. 내경과 외경이 각각 r_i and r_o인 구형의 껍질을 통해 열이 전도된다. 내면의 온도는 T_i로 유지되며 외면에서는 대류에 의해 온도가 T_f로 유지된 유체와 열전달이 진행된다. 정상상태에서 내면으로부터 외면으로의 열전달율을 표시하는 식을 구하라.
3. 평행으로 위치한 무한히 넓은 두 회색(gray)면 사이의 단위 면적당 순 방사율을 구하라. 면의 온도는 각각 T_1 와 T_2이며 복사도(emissivity)는 ε_1와 ε_2다.
4. 부피와 표면적이 각각 $\boldsymbol{V}$와 $\boldsymbol{A}$인 금속 구의 초기 온도는 $\boldsymbol{T_o}$다. 갑자기 구내의 모든 부분에서 열이 단위 체적당 $\boldsymbol{\beta}$ J/(s·m^3)의 일정한 속도로 생성되기 시작한다. 표면에서는 온도가 $\boldsymbol{T_o}$인 주위의 공기와 대류가 일어난다. 구내의 온도는 균일하다고 가정할 수 있다.
   (a) 표면의 열대류 계수가 $\boldsymbol{h}$일 때 구의 온도와 시간의 관계를 구하라.
   (b) 정상상태에 구의 온도는 얼마인가?
5. 양쪽 끝이 평면인 금속봉의 단면이 축방향 x에 따라 다음과 같이 변한다.
   $A(x) = A_o \bullet exp(-\ x/L)$; A_o는 상수.
   $x = 0$의 끝에서 온도가 T_o인 주위 유체와 대류 열전달이 일어나고 $x = L$의 끝은 그 온도를 T_L로 유지한다. $x = 0$와 $x = L$사이에 금속봉의 긴 표면은 절연(insulated)되어 있다. 온도가 축방향으로만 변한다고 가정하고 정상상태의 온도분포를 계산할 수 있는 방정식을 유도하라.

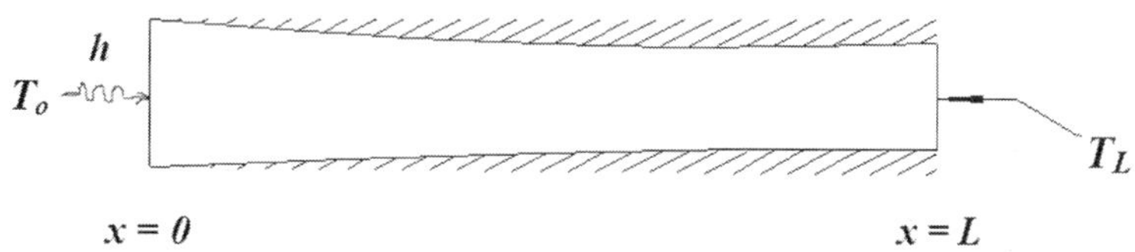

그림 3.12. 단면적이 변하는 금속봉.

   (a) 정상상태의 온도분포를 구하라.
   (b) 정상상태에서 금속봉을 통한 열전도 속도는 얼마인가?
6. 그림 3.13과 같은 일정한 직경의 관형 용기에서 일어나는 다음과 같은 산화반응을 고려하자.

$$Ni\ (s) + 1/2\ O_2\ (g) = NiO\ (s)$$

   관 꼭대기에서의 산소의 몰분율은 0.5이고 나머지 기체는 질소다. 전체 반응속도는 $\mathbf{0} \leq z \leq \boldsymbol{L}$사이에서 일어나는 산소의 확산에 의해 결정된다. 즉 위의 산화반응은 매우 빠르다. 또한 이 반응은 유한의 평형상수를 가졌다. Ni의 양이 과잉하여 $\mathbf{z} = \mathbf{0}$에는 항상 Ni이 노출되어 있다는 가정하에 정상상태의 산소 소비율을 계산하라.
7. 평판형의 벽안에서 단위 부피당 일정한 $\boldsymbol{G}$ cal/min/m^{3}의 속도로 열이 생성되고 있다. 온도는 평평한 표면의 수직 방향으로만 변한다. 내부표면의 온도는 $\boldsymbol{T_i}$로 유지되고 외면에

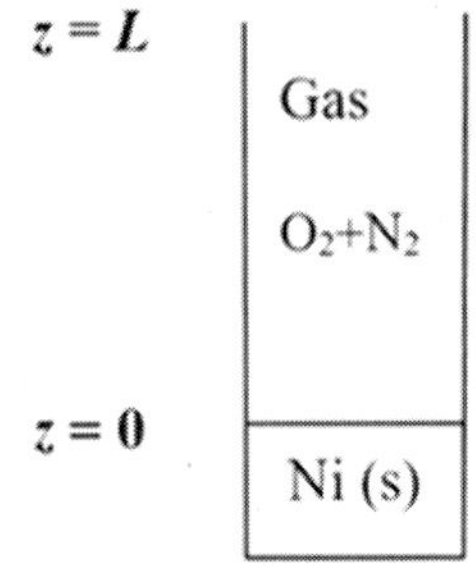

그림 3.13. 수직관형 반응 용기.

서는 온도 T_a의 주위 유체와 열대류 계수 h하에 대류가 일어난다. 벽 안에서의 정상상태의 온도분포를 구하라.

8. 보통 서울 겨울날의 온도는 5°C이며 이는 깊은 땅 속까지의 온도라 가정하자. 갑자기 추위가 닥쳐와서 땅 표면의 온도가 48 시간동안 −10°C로 유지된다. 땅과 수도관의 열확산도(thermal diffusivity)가 모두 0.025 m^2/h라 가정하고 수도관이 얼지 않게 매립할 수 있는 최소의 깊이를 계산하라.
9. 모서리의 길이가 L인 입방형 머플로 (muffle furnace)의 밑 표면의 온도가 전기가열에 의해 T_B로 유지되고 위 표면은 매우 낮은 온도의 주위로 뚫려있다. 밑과 옆 표면들은 복사도(emissivity) ε의 회색 면이다. 모든 옆 표면들이 T_w의 온도로 유지되고 있는 경우에 밑 표면으로부터의 열공급 속도를 계산하라. 로내의 자연대류는 무시할 수 있다.
10. 반경이 R인 구형 고체 A가 움직이지 않고 모든 방향으로 무한한 거리로 둘러 쌓인 액체 B로 용해되고 있다. A의 용해도는 매우 낮고 고체표면에서의 A의 농도는 그 용해도인 C_{Ao}이다. 유사정상상태의 농도분포를 구하고 고체의 반경이 시간에 따라 어떻게 변화하나를 서술하라. [유사정상상태는 고체의 반경이 시간에 따라 변하지만 어느 순간에 농도분포의 계산을 위하여는 고체의 반경이 고정되어 있다고 가정하는 조건을 의미한다.]
11. 구형의 몰리브데넘이 순수한 염소가스에 의해 다음 반응에 따라 염화된다.

$$Mo(s) + 3\ Cl_2(g) = MoCl_6(g)$$

기상은 움직이지 않고 모든 방향으로 무한히 둘려있다. 금속표면에서의 화학반응이 매우 빠른 경우 반경이 R로 유지되고 있다는 가정하에 유사정상상태에서의 몰리브덴 소모율을 계산하라.

참고문헌

Bird, R. B., Stewart, W. E., and Lightfoot, E. N., 2002, *Transport Phenomena*, 2nd ed. Wiley, New York.
Carslaw, H. S. and Jaeger, J. C., 1959, *Conduction of Heat in Solids*, Oxford University Press, Oxford, U.K..
Crank, J., 1975, *The Mathematics of Diffusion*, 2nd ed. Oxford University Press, London.

Hagen, K. D., 1999, *Heat Transfer with Applications*, Prentice-Hall, Upper Saddle River, NJ.
Holman, J. P., 2010, *Heat Transfer, 10th ed.*, McGraw-Hill, New York.
Kaviany, M., 2002, *Principles of Heat Transfer*, Wiley, New York.
Kunii, D. and Levenspiel, O., 1991, *Fluidization Engineering*, Second edition, Butterworth-Heinemann, Boston.
Mills, A. F., 1999, *Basic Heat and Mass Transfer*, Prentice-Hall, Upper Saddle River, New Jersey.
Olivas-Martinez, M., Sohn, H. Y., Jang, H. D., and Rhee, K.-I., 2015, *J. Nanoparticle Research*, 17 (7:324), 323-339.
Perez-Tello, M., Sohn, H. Y., and Smith, P. J., 2001, *Metall. Mater. Trans. B*, 32B, 869-886. http://www.springerlink.com/content/t410n51752354780/fulltext.pdf
Ranz, W. E. and Marshall, W. R. Jr., 1952, *Chem. Eng. Prog.* 48, 141, 173.
Rowe, P. N. and Claxton, K. T., 1965, *Trans. Inst. Chem. Eng.* 43, T 231.
Sohn, H. Y., 2014, "Computational Fluid Dynamics Modeling," *Treatise on Process Metallurgy, Volume 3 Industrial Processes Part A, Section 2.4.4.* pp. 810-838, Elsevier, Oxford, UK and Waltham, MA, USA.
Sohn, H. Y., 2020, *Fluid–Solid Reactions*, Elsevier, Cambridge, MA 02139, 536 pp.
Sohn, H. Y., Olivas-Martinez, M., and Perez-Fontes, S. E., 2011, Chapter 3, *Mathematical Modelling*, ed. by C. R. Brennan, Nova Science Publishers, Hauppauge, NY 11788, pp.179-208, 2013; ebook.
Sparrow, E. M. and Cess, R. D., 1978, *Radiation Heat Transfer*. Hemisphere Publishing, Washington, DC.
Suryanarayana, N. V., 1995, *Engineering Heat Transfer*, West Publishing, St. Paul, MN.
Wakao, N. and Kaguei, S., 1982, *Heat and Mass Transfer in Packed Beds*, Gordon and Breach, New York.
Whitaker, S., 1972, *AIChE J.*, 18, 361.
White, F. M., 1988, *Heat and Mass Transfer*, Addison-Wesley, Reading, Massachusetts.

제 4 장

반응 속도론

(Reaction Kinetics)

금속제련에 관한 기존의 전공서적에서는 보통 반응 속도를 다루지 않는다. 그러나 현대화된 제련공정들은 그 규모가 커지고 또한 연속화되는 추세에 따라 공정 속도를 증가해야 할 필요가 더욱 절실하므로 이 방면에 종사하고 있는 공학자는 반응 속도에 더 큰 관심을 둘 필요가 있다. 특히 고온공정에 나타나는 화학반응은 대부분이 상의 계면(phase boundary)에서 일어나며 이 경우에는 반응 원료 물질 및 생성 물질을 계면으로 공급 혹은 제거해야 하기 때문에 그 속도는 물질전달과 긴밀한 연관이 있고 때로는 반응열이 상당히 커서 열전달도 동반한다. 이러한 계면 반응 특히 고온에서 일어나는 유체-고체간의 반응은 여러 가지로 매우 복잡할 수도 있고 또 동시에 고려해야 할 사항이 많기도 하여 이 책에서는 제일 보편적으로 금속제련에 나타나는 경우만을 요약하고 더욱 자세한 내용은 최근에 발간된 전문 서적을 참조하기 바란다 [Sohn, 2020].

4.1 미세입자의 반응속도

금속제련에서 일어나는 화학반응은 대부분이 불균일계 반응(heterogeneous reactions)이고 특히 유체-고체간의 반응이 중요하다. 고체가 참여하는 반응은 액체나 기체만 참여하는 불균일계 반응보다 더욱 복잡하다. 그 이유중에 중요한 하나는 고체의 구조와 기하학적 형태가 매우 다양하기 때문이다. 따라서 반응 진행중에 반응이 일어나는 고체표면의 면적이 변하는 것은 물론 불균일계 반응에 거의 항상 영향을 주는 전달현상 특히 물질전달 속도가 고체의 구조 및 형태와 복잡한 관계를 갖는다.

입도가 작은 고체의 경우에는 내부 구조를 조정하기 어렵고 또한 반응 중의 변화가 물질에 따라 다양하다. 더구나 작은 입자의 경우 고체 내 공극으로의 물질과 열전달 속도가 빨라 전체반응 속도가 화학반응에 의해 결정되며 때로는 복잡한 구조의 고상 확산의 영향도 받는다. 고상확산의 분석은 입자의 복잡한 형태 등을 자세히 고려하기가 매우 어렵다. 따라서 미립자의 반응속도는 항상 실험에 의해 측정되어야 하며 이러한 자료가 다공성 펠렛의 반응을 분석하는데 기초가 된다. 화학반응으로만 결정되는 반응속도를 고유반응속도(intrinsic kinetics)라 하는데 여러 경우에 고상확산의 영향이 포함되므로 다만 외부물질전달과 입자내 공극확산의 영향을 받지 않는 조건하에서의 미립자 반응속도를 '입자 반응속도(particle kinetics)'라 부르기로 한다. 이는 실험에 의해 측정해야 하며 유체-고체간의 반응분석에 가장 필요한 근본자료다.

수백 마이크로미터 이하의 미립자의 경우에는 대류에 의한 외부물질전달이 화학반응속도보다 일반적으로 훨씬 빠르다. 이는 개별적으로 존재하는 구형 입자에 적용되는 Sherwood number($\equiv k_m L/D$)의 최소값이 유체의 움직임이 없을 때라도 2이며 물질전달 계수 k_m은 입자 크기에 반비례하기 때문이다. 어느 정도의 유속이 있는 경우에 Sherwood number($\equiv k_m L/D$)의 값은 더 커지기만 한다. 물론 연소와 같은 발열반응인 경우 처럼 화학반응의 속도가 매우 빠른 경우도 있는데 이런 경우에는 외부 물질전달이 전체 속도를 좌우할 수도 있다. 그런 반응의 분석은 다음 절에 서술된다.

물질전달의 영향과는 달리 화학반응속도는 추정이 불가능하며 입자 반응속도도 추정이 어려워 이는 항상 올바르게 설계한 실험에 의해 구해야만 한다.

유체-고체간의 반응속도는 보통 열중량법(thermogravimetry)으로 측정하는데 반응속도가 매우 빠른 경우에 사용되는 층류반응기(層流反應器, laminar flow reactor) [Elzohiery et al., 2017; Fan et al., 2016; 2017; Chen et al., 2015; Choi and Sohn, 2010], 생성유체의 화학분석[Sohn et al., 1998; Chaubal and Sohn, 1986], 시간에 따른 고체의 화학분석[Rhee and Sohn, 1990a;b], 시차열분석(differential thermal analysis (DTA)) 또는 differential scanning calorimetry (DSC) [Xiao et al., 1997; Khawam and Flanagan, 2006; Vyazovkin and Dranca, 2005]나 엑스선회절(X-ray diffraction (XRD)) [Kirsch et al., 2004] 등의 방법도 사용된다. 어떠한 분석방법을 쓰더라도 그 측정값을 반응속도식에 쓸 수 있는 고체의 반응분율로 바꿔야 한다.

아래에 여러가지 '입자 반응속도'의 공식들을 열거하는데 반응으로 생성된 고체층의 기하학적 구조는 실제 실험결과 없이 예측하기 힘들지만, 아래 반응속도식들은 일반적으로 고체의 기하학적 구조와 연관되어 있다는 것을 염두에 두어야 한다. 그러므로 '입자 반응속도'의 연구에는 중간반응물의 미세구조 검사를 함께하는 것이 중요하다.

고체 미립자와 유체의 반응속도는 균질반응의 속도처럼 온도와 유체 반응물의 농도에 따라 변하는데 이 두가지의 주요한 차이는 미립자의 반응속도가 고체반응물이 소비되는데 따라 어떻게 변하는가 하는 것이다. 고체가 반응물이기는 하지만 반응에 의해 소비는 되어도 그 농도나 활동도는 일반적으로 변하지 않는 것이 균질반응과 다른 점이다. 이는 고상의 성분들은 한 상내에서의 혼화성이 크지 않아 반응이 진행됨에 따라 다른 상을 구성하기 때문이다. 따라서 적철석(Fe_2O_3)이 수소나 일산화탄소에 의해 환원될 때 고상의 산소함량이 점차적으로 감소하는 것이 아니라 별개의 고체상이 형성된다. 다시 말하면 산소의 함량이 고체-고체의 상 경계 전반에 걸쳐서 단계적인 형태로 변한다. 이 경우 그 별개의 고상은 자철석(Fe_3O_4)이며 환원이 계속되면 온도에 따라 wustite(FeO)와 철(Fe)이 순차적으로 생성된다. 따라서 유체-고체간 반응의 분석에는 상평형 원리의 활용이 필요하다. 생성된 고체는 대개의 경우 다공성이여서 유체반응물이 미반응 고체에 접근하는 것을 용이하게 한다. 미반응고체는 원래의 고체반응물과 화학적으로 동일하므로 그 반응성(활동도)도 변하지 않는다. 다만 그 반응표면적이 반응에 따라 변할 뿐이다. 어떤 경우에는 반응에 따라 반응면적이 증가하기도 하다가 최종적으로는 감소한다. 이러한 면적의 변화가 반응속도와 고체반응물의 잔여양(보통 미반응 고체의 잔여분율로 표현됨)과의 관계를 만들어낸다.

또한 경우에 따라서는 반응에 따라 새로운 상을 생성하지 않는다. 이와 같은 예로는 순수한 탄소의 산화처럼 반응의 결과로 고체생성물이 없는 경우를 고려할 수 있다. 이 경우에도 반응속도는 탄소의 '농도'에 의존한다 할 수 없고 단지 반응에 따른 탄소의 표면적에 의존한다. 그 반응속도는 탄소함량이 줄어감에 따라 최종적으로는 줄어들겠지만 반응 중간에 오히려 증가할 수도 있다.

열역학적인 활동도 면에서 볼 때 유체성분의 활동도는 반응에 의한 농도의 변화에 따라 변하지만 고체의 활동도는 해당 고체가 존재하는 이상 그 양이 변해도 일정하게 유지되며 반응속도는 다만 그 표면적에 따라서만 변한다 [여기서 우리는 고체표면상 초기의 결정구조가 반응성에 주는 영향은 무시하는데 이것은 그 영향이 반응이 시작한 후 일반적으로 곧 사라지기 때문이다].

고체 반응물의 소비율에 따른 반응속도를 나타내는 식은 반응에 따라 경계면적이 어떻게 변하는가에 의해 정해지며 여러가지 관계식이 있다. 이렇게 반응속도식에 쓰여지는 고체 반응분율의 함수를 'conversion function'이라 부른다. 고체의 반응을 나타내는 반응 속도식은 일반적으로 다음과 같이 표현된다.

$$dX/dt = k_o \cdot \exp(-E/RT) \cdot f(X) \tag{4.1}$$

여기서 k_o는 pre-exponential(frequency) factor이고, E는 활성화 에너지(activation energy), T는 절대온도, R은 일반기체상수(universal gas constant), X는 고체의 반응분율, 그리고 $f(X)$는 반응속도의 고체 반응률에의 의존관계를 표시하는 함수다. 유체가 참여하는 반응의 경우에는 이 식의 오른쪽 항은 보편적으로 유체 반응물의 농도에 의한 구동력을 표시하는 항이 곱해진다. 반응속도가 입자의 크기에 의존하는 경우에는 그 관계를 표시하는 항도 추가된다.

반응속도식에 포함된 변수들은 흔히 위 식 (4.1)을 등온측정의 결과에 적용하여 구한다. 이 식에서 변수분리하여 적분하면 다음과 같은 적분형 등온 반응속도식을 얻게된다.

$$g(X) = k_o \cdot \exp(-E/RT) \cdot t \tag{4.2}$$

여기에 $g(X)$는 conversion function이며 다음과 같이 정의된다.

$$g(X) \equiv \int_0^X \frac{dX}{f(X)} \tag{4.3-A}$$

혹은

$$f(X) = 1/g'(X) \tag{4.3-B}$$

또다른 방법으로 반응속도식의 변수들은 비등온 조건하에서 수집한 반응속도 자료로부터 구할 수 있다. 비등온 방법을 적용할 때는 주로 온도를 다음과 같은 시간의 일차함수로 증가시키는 조건하에 실험한다.

$$T = a \cdot t + T_o \tag{4.4}$$

여기에 a는 가열속도며 T_o는 가열시작시의 온도다.

식 (4.1)은 다음과 같이 온도에 따르는 비등온 반응속도식으로 전환시킬 수 있다.

$$dX/dt = (dX/dT)(dT/dt) = a(dX/dT) \tag{4.5}$$

여기에 dX/dT는 비등온 반응속도다. 식 (4.1)을 식 (4.5)에 대입하면 다음과 같은 미분형의 비등온 속도식을 얻을 수 있다.

$$dX/dT = (k_o/a)\cdot exp(-E/RT)\cdot f(X) \tag{4.6}$$

그리고

$$g(X) = (k_o/a)\cdot\int_0^T \exp(-E/RT)\cdot dT \tag{4.7}$$

이 식의 오른쪽 항의 적분은 근사셈법을 필요로 하는데 손[Sohn, 2016]이 이 적분을 근사셈법을 필요로 하지 않는 폐쇄형 분석으로 구할 수 있고 또 다른 유익한 점들이 있는 새로운 T-t 프로그램을 제시한 바있다. $f(X)$와 따라서 $g(X)$의 형태는 반응이 진행함에 따라 반응경계면의 형상이 어떻게 변하는 메커니즘에 의존된다.

표 4.1에 가장 보편적으로 쓰이는 미립자 반응속도식을 열거했다. 이 식들의 유도와 적용에 관하여는 손[Sohn, 2020]이 상세히 서술한 바 있다.

표 4.1 유체-고체간의 반응속도 모델

$$\frac{dX}{dt} = kf(X);\ g(X) = \int_0^X \frac{dX}{f(X)} = kt;\ f(X) = 1/g'(X)$$

모델	**$f(X)$ [미분형식]**	**$g(X)$ [적분형식]**	주
토포화학반응 (Topochemical Contraction Model, Shrinking-Core Model)			
$F_p = 1\sim3$	$F_p\cdot(1-X)^{(1-1/Fp)}$	$1-(1-X)^{1/Fp}$	F_p는 비정수 일 수 있음
$F_p = 1$; 1-D (평판)	1	X	
$F_p = 2$; 2-D (원통, 통)	$2(1-X)^{1/2}$	$1-(1-X)^{1/2}$	수축하는 통
$F_p = 3$; 3-D (구, 등치수 입체)	$3(1-X)^{2/3}$	$1-(1-X)^{1/3}$	수축하는 구
핵생성과 성장 모델 (Nucleation and Growth Kinetics) – Avrami-Erofeev Model			
$n = 1\sim4$	$n(1-X)\cdot[-Ln(1-X)]^{(1-1/n)}$	$[-Ln(1-X)]^{1/n}$	n은 비정수 일 수 있음
핵생성과 성장 모델 (Nucleation and Growth Kinetics) – Prout-Tompkins Model			
	$X(1-X)$	$Ln(\frac{X}{1-X}) + C$	
반응차수 모델			
0 차	1	X	
1 차	$(1-X)$	$-Ln(1-X)$	

n 차 (n = 1~3)	$(1-X)^n$	$(n-1)^{-1}[(1-X)^{-(n-1)}-1]$	n은 비정수 일 수 있음
지수법칙 (Power Law)			
m = 1~4	$m \cdot X^{(1-1/m)}$	$X^{1/m}$	m은 비정수 일 수 있음
공극 차단 모델 (Pore-Blocking Kinetics)			
	$\lambda \cdot \exp(-X/\lambda)$	$\exp(X/\lambda)-1$	
고상확산 모델 (Solid-State Diffusion Model)			
F_p = 1~3	$\dfrac{1-F_p/2}{1-(1-X)^{(2/F_p-1)}}$	$1-\dfrac{F_p(1-X)^{2/F_p}-2(1-X)}{F_p-2}$	F_p는 비정수 일 수 있음
F_p = 1; 1-D (평판)	$(2X)^{-1}$	X^2	
F_p = 2; 2-D (원통, 통)	$[-Ln(1-X)]^{-1}$	$(1-X) \cdot Ln(1-X)+X$	
F_p = 3; 3-D (구, 등치수 입체)	$[2(1-X)^{-1/3}-2]^{-1}$	$1-3(1-X)^{2/3}+2(1-X)$	

유체-고체반응계의 실험결과는 아무리 조심하여 얻은 경우에도 대부분 산포도가 있다. 그 이유는 고체입자에는 그 구조와 결정결함 등의 본질적인 변화가 있기 때문이다. 더구나 아무리 채질을 해서 입도 범위를 좁혀도 입도의 분포를 피할 수 없다. 따라서 다만 실험치에 의거하여 위에 열거한 모델중 가장 적당한 모델을 선택하는 것은 그렇게 큰 의미가 없다. 그보다는 오히려 타당성이 높은 반응 메커니즘에 근거한 모델을 선택함이 최선이다.

4.2 이질상간의 화학반응 속도

큰 고형물이나 펠렛의 반응은 그 형상을 잘 정의할 수 있는 기하학적 구조에 따라 일어나며 또한 공극확산이나 외부 눌실전달의 영향을 받는 경우가 많다.

다음과 같은 일반적인 유체-고체간의 반응을 고려하자.

$$A(f) + bB(s) = cC(f) + dD(s) \tag{4.8}$$

여러 유체-고체간 반응에서 유체반응물의 단위계면의 면적당 몰단위 반응속도는 다음과 같은 Langmuir-Hinshelwood 반응속도식을 따른다.

$$(-\dot{m}_A) = \frac{k(C_A^n - C_C^m/K^n)}{1 + K_1 C_A^i + K_2 C_C^j} = \frac{k_p(p_A^n - p_C^m/K_p^n)}{1 + K_i' p_A^i + K_j' p_C^j} \tag{4.9}$$

여기서 지수 m은 반응식 (4.8)의 평형조건을 만족시키기 위하여는 $c \cdot n$과 같아야 한다 [Sohn, 2014a].

액체-고체 간의 반응에는 이 반응식에 몰농도를 쓰고 기체-고체반응에 대해 문헌에서는 몰농도나 기체 분압을 쓰는데 본 저자는 기체 분압을 선택한다. 그 이유는 개체 분압이 기상성분의 활동도를 더 정확히 표현하고 따라서 이 식의 K가 열역학적 평형상수와 동일하게 되기 때문이다. 다만 여기서는 기체-고체와 액체-고체간의 반응을 함께 취급하기 위해 몰농도를 사용한다. 평형상태에서는 전체 반응속도가 0(영)이니 다음 관계식이 성립된다.

$$K = \frac{C_C^c}{C_A} = \frac{(p_C/RT)^c}{(p_A/RT)} = \frac{p_C^c}{p_A}(RT)^{1-c} = K_p(RT)^{1-c} \tag{4.10}$$

여기에 K_p는 열역학적 평형상수다. 액체-고체반응에서는 K는 열역학적 평형상수와 활동도계수를 통해 연관된다 [제2장 참조]. 많은 경우에 반응속도식 (4.9)에서 $n = c = 1$이고 $K_1 = K_2 = 0$이라서 1차 가역반응에 해당하는 간단한 반응속도식으로 표현할 수 있다.

반응속도는 고체표면에 인접한 유체내의 A 농도의 함수며 그 소비속도는 위 반응식의 화학양론에 따라 고체반응물의 소비속도와 관련된다. 이 두가지의 관계를 수식으로 표현하면 다음 식을 얻는다.

$$\begin{pmatrix} \text{고체단위면적당} \\ \text{유체성분 A의} \\ \text{몰 소비속도} \end{pmatrix} \times (\text{양론계수}) = \begin{pmatrix} \text{고체단위면적당} \\ \text{유체성분 } B\text{의} \\ \text{몰 소비속도} \end{pmatrix} \tag{4.11}$$

$$b(-R_A) = b(-\dot{m}_A) = (\alpha_B \rho_B / S)(dV/dt) = -(\alpha_B \rho_B)(dr_c/dt) \tag{4.12}$$

여기에 V와 S는 각각 순간의 고체 체적과 표면적이고, α_B는 고체반응물 B가 고체 전체에서 차지하는 체적분율이며, ρ_B는 고체반응물 B의 몰단위 진밀도이고 r_c는 고체 표면에서 유체를 향한 수직거리다. 또한 단위 면적당 전달률(flux)은 고체에서 유체쪽으로 향하는 방향에 의해 정의되는데 일반적으로 고체는 한정된 크기를 가져야 하며, 그 좌표의 원점은 (구에서와 같이) 고체의 중심에 두어야한다.

유체반응성분 A에 의거하여 식 (4.12)는 다음과 같이 쓸 수 있다.

$$N_A = -(-\dot{m}_{As}) = (\alpha_B \rho_B / b)(dr_c/dt) \tag{4.12-A}$$

이와 비슷하게 유체성분 C에 대하여는

$$N_C = -(-\dot{m}_{As}) = -(c/b)(\alpha_B \rho_B)(dr_c/dt) \tag{4.12-B}$$

그러면 식 (4.12-A)로부터,

$$\frac{dr_c}{dt} = -\frac{b}{\alpha_B \rho_B}(-\dot{m}_{As}) \tag{4.13}$$

4.3 화학반응과 물질전달에 의해 동시 결정되는 전체 반응속도

위에 언급한 바와 같이 이질 반응은 항상 물질전달과 연결되어 있으므로 그 영향을 동시에 고려해야 한다. 유체-고체의 경계면에서는 화학반응 속도와 물질전달 속도가 동일하다. 타당한 부호(방향)를 일관되게 유지해야 하며, 단위면적당 고체반응물 B의 소비율을 화학반응에 의한 A의 소비속도와 그리고 계면 단위면적당 몰단위의 A와 C의 전달속도를 관련시키면 다음과 같다.

$$-\left(\frac{\alpha_B\rho_B}{b}\right)\left(\frac{dr_c}{dt}\right) = (-\dot{m}_{As}) \tag{4.14}$$

$$= k_m(C_{Ao} - C_{As}) \tag{4.15}$$

$$= k_m(C_{Cs} - C_{co}) \tag{4.16}$$

여기서 C_{Ao}와 C_{Co}는 고체외부 유체본체에서의 각 A와 C 농도들이다. 여기에 확산영역내에서의 각 성분들의 물질전달 계수가 동일하다는 가정을 적용했는데 동일 몰수(equimolar)의 대향(상호)확산(對向擴散, counterdiffusion)에 성립되는 이 가정은 널리 적용한다.

반응경계면에서의 농도 C_{As}와 C_{Cs}는 고체 외부에서의 유체본체 농도와 평형상태에서의 농도 사이의 값이며 위 식들에서 이 값들을 치환하여 전체 반응속도를 주어진 외부 유체 본체의 농도들의 함수로 표시할 수 있다. 여기서는 간단한 1차 계면반응의 경우, 즉 $n = m = c = 1$ 그리고 $K_1 = K_2 = 0$인 경우를 예로 하여 그 결과를 구한다.

우선 최종 두 식에서부터 다음과 같은 식을 얻는다.

$$C_{As} + C_{Cs} = C_{Ao} + C_{Co} \tag{4.17}$$

따라서 C_{Cs}를 C_{As}, C_{Ao}와 C_{Co}으로서 표현할 수 있으며 이를 식 (4.14)에 대입한 결과 식을 식 (4.15)와 결합하여 남은 미지수 C_{As}를 구할 수 있다. 그 결과로 아래와 같은 식이 얻어진다

$$\left(C_{As} - \frac{C_{Cs}}{K}\right) = \frac{1}{1+(1+1/K)(k/k_m)}\left(C_{Ao} - \frac{C_{Co}}{K}\right) \tag{4.18}$$

그러면 전체 반응속도는 주어진 외부본체의 유체농도 즉 C_{Ao}와 C_{Co}들을 써서 다음과 같이 표시할 수 있다.

$$-\left(\frac{\alpha_B\rho_B}{n}\right)\left(\frac{dr_c}{dt}\right) = \frac{C_{Ao} - C_{Co}/K}{1/k + (1+1/K)/k_m} \tag{4.19}$$

이 식의 분모로부터 전체반응속도에 대한 저항은 화학반응의 저항과 물질전달의 저항의 합임을 알 수 있다. 이 중요한 결과는 1차의 반응속도를 가진 공정들이 직렬로 연결된 어떤 유체-고체간 반응에도 일괄적으로 적용된다.

화학반응속도와 물질전달의 상대적 중요성을 다음 예에서 본다.

예 4–1: 직경 2 mm의 구형 흑연 입자가 정체된 10% O_2 분위기 중에서, 온도는 900°C 그리고 총기압 1 atm 하에서 연소되는데 그 화학반응을 다음과 같이 비가역 1차 반응이라고 가정하자.

$$C + O_2 = CO_2$$

다음과 같은 자료와 조건이 주어졌다. 흑연 밀도 = 2.26 g/cm^3, k = 20 cm/s, k_m = 20 cm/s.
단위 면적당 탄소의 반응속도를 계산하라. 무슨 단계가 반응속도를 제어한다고 말할 수 있나?
d_p = 0.2 mm이고 따라서 k_m = 200 cm/s가 될 경우의 계산을 반복하라.

풀이 Solution:

$$C_{Ao} = \frac{0.1}{82.06 \times 10^{-6} \times 1173} = 1.04 \text{ mol/m}^3$$

$$-\frac{dr_c}{dt} = \frac{1.04}{\frac{1}{0.2} + \frac{1}{0.2}} \left(\frac{1}{\frac{2.26}{12} \times 10^6} \right) = 0.55 \times 10^{-6} \text{ m/s} = 0.55 \times 10^{-3} \text{ mm/s}$$

이 값으로부터 이 경우에는 물질전달과 화학반응의 중요성이 대등함을 알 수 있다.
d_p = 0.2 mm인 경우에는

$$-\frac{dr_c}{dt} = \frac{1.04}{\frac{1}{0.2} + \frac{1}{2}} \left(\frac{1}{\frac{2.26}{12} \times 10^6} \right) = 1 \times 10^{-6} \text{ m/s} = 1 \times 10^{-3} \text{ mm/s}$$

이 경우에는 물질전달에 대한 저항이 훨씬 적어 전체속도는 실제적으로 화학반응에 의해 제어된다.

4.4 단일 무공극(無孔隙) 고체의 반응

다음과 같은 형의 여러 유체-고체반응에서는 고체생성물이 무공극성 반응물 주위에 다공성층 또는 "회분층"을 형성한다.

$$A(\text{f}) + bB(\text{s}) = C(\text{f}) + dD(\text{s}) \tag{4.20}$$

화학공정이나 금속제련공정에서 이런 반응은 자주 나타나는데 그 예로는 금속산화물의 환원, 광물의 배소, 그리고 광물의 추출등이 있다. 그리고 회분이 많은 석탄의 연소도 그 한 예다.

무공극 고체에서 다공성 고체가 생성되는 반응의 진행과정을 다음 그림 4.1에 보였다. 반응이 진행됨에 따라 미반응 중심부의 크기가 감소하며 전체크기는 반응고체와 생성고체의 상대적인 겉보기 밀도에 따라 변할 수도 있고 변하지 않을 수도 있다.

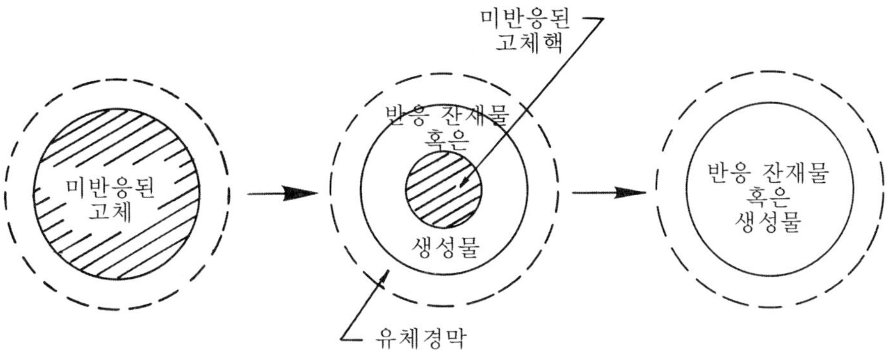

그림 4.1. 무공극 고체에서 다공성 고체가 생성되는 반응의 진행과정 [Sohn, 1991].

반응은 미반응된 고체와 생성 고체층의 경계면에서 일어나며 유체 반응물이 생성 고체층을 통하여 미반응 고체면으로 확산되어 와서 반응이 계속된다. Aluminum의 산화의 경우처럼 고체 생성물이 무공극의 치밀한 층을 형성하는 경우에는 이와 달리 가장 작은 이온체 일종의 고상확산이 전체 반응속도를 결정하게 된다.

그림 4.1에서 보는 바와 같이 전체 반응과정은 경계면에서의 화학반응, 생성고체를 통한 유체 반응물과 유체 생성물의 확산, 그리고 고체 외부표면의 유체경계층을 통한 외부 물질전달(대류)의 3단계로 구성된다 [Sohn, 2019a]. 전체 반응속도는 화학반응 혹은 물질전달에 의해 제어될 수 있지만, 이 두 단계의 저항이 비슷할 때는 동시에 두 과정에 의해 제어될 수도 있다. 종래에 제시된 대부분의 모델들은 이 두 가지의 극단적인 경우 중 하나를 가정하는데 그 가정이 합당치 않은 경우가 많고 또한 그 가정을 쓸 필요도 없다. 두 단계를 포함한 개괄적인 해석결과가 두 극단적인 경우도 포함하기 때문에 더 유용하다.

한 개체로 있는 고체의 경우, 유체 경계층(혹은 유체 경막)을 통한 외부로부터 대류에 의한 물질전달에 대한 저항은 생성층 내 공극확산에 대한 저항에 비해 매우 작아 전체 반응속도에 주는 영향이 적다.

개별 단계에 의해 전체 반응속도가 결정되는 경우는 손 [Sohn, 2020]이 자세히 설명한 바 여기에서는 반복하지 않고 모든 단계를 포함한 일반적 경우를 요약한다. 이렇게 구한 결과는 3개의 각 개별 단계를 규정하는 매개변수 값에 따라 전체속도가 개별적 단계에 의해 결정되는 경우도 특별한 경우로서 포함되는 장점이 있다.

일반적인 해석은 생성고체층을 통하는 확산을 수학적으로 표현하는 미분 방정식으로부터 시작하여 경계면에서의 반응과 외부 물질전달이 경계조건을 제공한다. 그리하여 제 3 장에 주어진 확산 방정식이 기본식이 되며 화학반응속도가 비일차인 경우는 수치해석으로 풀어야 하나 반응속도가 유체성분의 농도에 1차로 비례하면 해석 풀이가 가능하다. 이 경우 다음과 같이 생성층에서의 공극확산식으로부터 시작한다.

$$\frac{\partial C_i}{\partial t} + \underline{\nabla} \cdot \underline{\boldsymbol{N}_i} = R_i \tag{4.21}$$

여기에 유사정상상태(pseudo-steady state, 類似定常狀態)의 근사조건을 적용하면 시간의 미분인 첫 항은 다른 항에 비해 무시 할 수 있다 [Sohn, 2020, Bischoff, 1963; 1965]. 이 근사조건은 유체반응물의 몰농도가 고체반응물의 몰함량에 비해 일반적으로 약 10^{-3}배로 적은 사실에 의존하여 보편적으로 적용된다. 또한 생성고체층에는 확산만 일어나고 고체반응물이 없어 화학반응이 없으므로 $R_i = 0$이 된다.

따라서 위 식은 다음과 같이 간소화 된다.

$$\underline{\nabla} \cdot \underline{\boldsymbol{N}_i} = 0 \tag{4.22}$$

한 개의 개체로 있는 구형의 고체에서는 보통 경도와 위도의 두 각도 각도좌표 방향의 모든 조건의 대칭성이 적용되고 한 개의 개체로 있는 긴 원통형 고체에서도 각도 방향의 대칭성을 적용하며 유사-정상상태(pseudo-steady state)에서는 축방향의 변화는 있을 수 없다. 따라서 이 두 가지 고체에서는 확산은 반경방향으로만 일어난다. 또한 표면이 무한히 넓은 판형 고체(slab)에서도 유체 농도 변화와 확산은 표면과 수직인 방향으로만 일어난다. 추가하여 판상고체는 두 표면이 모두 유체와 접촉하는 경우를 고려한다. 그러면 총압력이 일정하고 동일 몰수의 대향확산(equimolar counterdiffusion) 즉 $N_A = -N_C$인 경우에 위의 세가지 기본 형상의 고체에 관한 식 (4.22)는 다음과 같이 쓸 수 있다.

$$\frac{d}{dr}\left(r^{F_p - 1}\frac{dC_A}{dr}\right) = 0 \tag{4.23}$$

여기에 F_p는 형상인자(shape factor)이며 판상, 긴 원통형, 구형 고체에 있어 각각 1, 2, 와 3의 값을 가진다.

그림 4.1을 참고로 하여

$$r = r_c\text{에서는}\quad -D_{eA}\frac{dC_A}{dr} = -k\left(C_A - \frac{c_c}{K}\right) \tag{4.24-A}$$

그리고

$$-D_{eC}\frac{dC_C}{dr} = k\left(C_A - \frac{c_c}{K}\right) \tag{4.24-B}$$

여기서 r_c는 대층의 중심점으로부터 반응면 까지의 거리, D_{eA}는 생성 고체층에서 유체성분

A의 유효 확산도, K는 반응식 (4.20)의 평형상수($=C_C/C_A$)다. 여기서 또한 식 (4.9)에서 $n=c=1$와 $K_1=K_2=0$인 간단한 속도식을 고려했다. 추가하여 $D_{Ae}=D_{Ce}=D_e$라 가정하면

$$C_A+C_C=C_{Ao}+C_{Co}=C_{Ae}+C_{Ce} \tag{4.25}$$

이제 식 (4.24-A)는 다음과 같이된다.

$$r=r_c\text{에서는,}\quad -D_e\frac{dC_A}{dr}=-k\left(\frac{1+K}{K}\right)\left(C_A-\frac{C_{Ao}+C_{Co}}{1+K}\right)=-K\left(\frac{1+K}{K}\right)(C_A-C_{Ae}) \tag{4.26}$$

그리고

$$r=r_p\text{에서는,}\quad -D_e\frac{dC_A}{dr}=k_m(C_A-C_{Ao}) \tag{4.27}$$

위의 경계조건을 식 (4.23)에 적용하여 풀면 N_A를 구할 수 있고 r_c에서 N_A의 값은 식 (4.13)을 통하여 dr_c/dt로 표현된 고체반응물의 순간소비속도와 다음과 같이 관련된다.

$$\frac{dr_c}{dt}=-\frac{bk}{\alpha_B\rho_B}\left(C_{As}-\frac{C_{Cs}}{K}\right) \tag{4.28}$$

그 결과로 얻은 식을 초기조건 $t=0$에서 $r_c=r_p$를 적용하여 적분하면 (상세한 유도는 손의 논문[Sohn, 2020]을 참조)

$$\left[1-\left(\frac{r_c}{r_p}\right)\right]+\left(\frac{kr_p}{2F_pD_e}\right)\left(\frac{1+K}{K}\right)\left[1-\frac{F_p\left(\frac{r_c}{r_p}\right)^2-2\left(\frac{r_c}{r_p}\right)^{F_p}}{F_p-2}\right]+\left(\frac{k}{F_pk_m}\right)\left(\frac{1+K}{K}\right)\left[1-\left(\frac{r_c}{r_p}\right)^{F_p}\right]=\left(\frac{bk}{\alpha_B\rho_Br_p}\right)\left(C_{Ao}-\frac{C_{Co}}{K}\right)t \tag{4.29}$$

고체 반응물의 반응분율과 반응면의 위치 r_c는 다음과 같은 관계가 있고

$$X=1-\left(\frac{r_c}{r_p}\right)^{F_p} \tag{4.30}$$

세가지 기본 형태에서는

$$r_p=F_pV_p/A_p \tag{4.31}$$

여기에 V_p와 A_p는 각각 고체의 원래 체적과 표면적이다. 위 관계들을 식 (4.29)에 적용하면 다음과 같은 고체의 반응분율과 시간의 관계를 얻는다.

$$[1-(1-X)^{1/F_p}]+\left(\frac{kr_p}{2F_pD_e}\right)\left(\frac{1+K}{K}\right)\left[1-\frac{F_p(1-X)^{2/F_p}-2(1-X)}{F_p-2}\right]+\left(\frac{k}{F_pk_m}\right)\left(\frac{1+K}{K}\right)X=$$

$$\left(\frac{bk}{\alpha_B\rho_Br_p}\right)\left(C_{Ao}-\frac{C_{Co}}{K}\right)t \tag{4.32}$$

위 식에 $r_p=F_pV_p/A_p$의 관계를 대입하면

$$g_{F_p}(X)+\left(\frac{k}{2F_pD_e}\right)\left(\frac{F_pV_p}{A_p}\right)\left(\frac{1+K}{K}\right)p_{F_p}(X)+\left(\frac{k}{F_pk_m}\right)\left(\frac{1+K}{K}\right)X=\left(\frac{bk}{\alpha_B\rho_B}\right)\left(\frac{A_p}{F_pV_p}\right)\left(C_{Ao}-\frac{C_{Co}}{K}\right)t \tag{4.33}$$

여기에서

$$g_{F_p}(X)\equiv 1-(1\quad X)^{1/F_p} \tag{4.34}$$

그리고

$$p_{F_p}(X)\equiv 1-\frac{F_p(1-X)^{2/F_p}-2(1-X)}{F_p-2}$$; 손-손 함수(孫-孫 函數) [Sohn and Sohn, 1980] (4.35)

이 식에서 $F_p=2$인 경우에는 로피탈 정리(L'Hospital's rule)를 적용하면

$$p_2(X)\equiv X+(1-X)Ln(1-X) \tag{4.36}$$

여기에 편상고체의 경우에는 양쪽 표면이 모두 유체와 접촉하는 경우라는 점을 다시 한 번 강조한다. 식 (4.33)의 형상으로 보아 다음과 같은 무차원 방정식을 구성할 수 있다.

$$g_{F_p}(X)+\sigma_s^2\left[p_{F_p}(X)+\frac{4}{Sh^*}X\right]=t^* \tag{4.37}$$

여기에서

$$\sigma_s^2\equiv\left(\frac{k}{2F_pD_e}\right)\left(\frac{F_pV_p}{A_p}\right)\left(\frac{1+K}{K}\right) \tag{4.38}$$

그리고

$$t^*\equiv\frac{bk}{\alpha_B\rho_B}\left(\frac{A_p}{F_pV_p}\right)(C_{Ao}-C_{Co}/K)t \tag{4.39}$$

또한 수정 셔우드수(modified Sherwood number) Sh^*는 다음과 같이 정의된다.

$$Sh^*\equiv Sh\left(\frac{D}{D_e}\right)=\left(\frac{k_md_p}{D}\right)\left(\frac{D}{D_e}\right)=\left(\frac{2F_pV_p}{A_p}\right)\left(\frac{k_m}{D_e}\right) \tag{4.40}$$

위에 논한 바와 같이 F_pV_p/A_p로 정의되는 특성치수는 적당한 F_p의 값을 주어질 수 있으면 언급한 세 기초 형상외 다른 형상의 고체의 반응을 분석하는데 도움이 된다. 예를 들어 F_p

=3이 적용되는 구형고체의 반응에서 구한 풀이는 입방체나 높이와 직경이 같은 등차원 원통형 고체의 반응에도 적용될 수 있을 것으로 기대된다. 길이가 유한하고 직경보다 큰 원통형 고체는 F_p의 값이 2와 3 사이가 되고 3 방향의 크기가 대략 같은 고체의 F_p 값은 3으로 가정 할 수 있고 2 방향의 크기가 대략 같고 제 3 방향의 길이는 매우 긴 고체의 F_p는 2라고 예상할 수 있다. 기본형상이 아닌 고체의 경우에 형상인자의 적용에 관하여는 Sohn et al.[2019]을 참조하기 바란다.

식 (4.37)의 표현이 다음과 같이 반응계와 관련된 유용한 특성을 제시한다.

(1) 이렇게 함축적으로 표현된 공식은 표면이 큰 평판, 무한이 긴 원통, 그리고 구상 고체에 정확히 적용된다. 적당한 F_p값이 주어지면 다른 형상의 고체에도 근사하게 적용된다. 이 식에서 보면 어떠한 반응분율에 도달하는데 필요한 시간은 물질전달의 저항이 없이 반응이 제어하는 조건에서 같은 반응분율에 도달하는 시간과 공극확산과 외부 물질전달이 각각 제어하는 조건에서 그 반응분율에 도달하는 시간의 합임을 알 수 있다.

(2) X, $g_{F_p}(X)$와 $p_{F_p}(X)$의 최대치가 shrinking-core계에서는 1이므로 화학반응과 물질전달의 상대적인 중요성은 shrinking-core계의 유체-고체반응 계수(reaction modulus) σ_s^2의 수치에 의해 결정된다. 따라서,

- 화학반응에 의한 전체 속도의 제어는 $\sigma_s^2 < 0.1$일 때 약 10% 오차내에서 그리고 $\sigma_s^2 < 0.01$일 때는 약 1% 오차내에서 이루어진다.
- 물질전달에 의한 (보통 공극 확산에 의한) 제어는 $\sigma_s^2 > 10$ 일 때 약 10% 오차내에서 그리고 $\sigma_s^2 > 100$ 일 때는 약 1% 오차내에서 이루어진다.
- 위와 같이 σ_s^2를 정의하면 화학반응이나 물질전달에 의한 전체반응 속도의 제어에 관한 판별기준의 수치가 고체의 형상이나 반응의 평형조건에 상관 없이 동일하게 된다 [이러한 화학반응과 물질전달의 상대적 중요성을 제시하는 다른 무차원 지수를 정의할 수 있으나 (특히 형상인자나 평형상수를 포함하지 않고) 그렇게 정의한 지수는 그 점근성 조건에 대한 판별기준의 수치가 고체의 형상이나 반응의 평형조건에 따라 크게 달라진다.].

(3) 식 (4.37)은 σ_s^2의 정의를 통하여 화학평형의 영향을 포함한다. 보는 바와 같이 평형에 의한 제한이 심한 화학반응일 경우에 평형상태에서의 반응물 농도가 커서 즉 평형상수, K가 작아, σ_s^2를 크게 만든다. 이에 따라 물질전달의 영향이 크게되고 전체반응의 속도가 느려진다. 이 것은 평형의 제한이 심한 화학반응일 경우에 외부 유체 본체에 반응 생성물 성분이 없어도 확산의 원동력인 농도차이를 저하시키기 때문이다. 손[Sohn, 2004a, b]이 지적한 바와 같이 이 현상은 충분한 주목을 끌지 못하고 있었던 유-기체간 반응의 한 양상이다. 이러한 유고체간의 반응속도에 미치는 화학평형의 영향에 대해서, 특히 평형의 제한이 온도에 따른 반응속도의 변화에 어떠한 중요한 역할을 하는지에 대해서, 더 자세한 설명은 손의 논문[Sohn, 2004a, b]을 참조하기 바란다.

(4) 반응속도에 주는 외부물질대류의 영향은 Sh^*를 포함한 항으로 나타나는데 단일 고체의 반응인 경우에는 이 영향이 $p_{F_p}(X)$를 포함한 항으로 나타나는 공극 확산의 영향보다

보통 매우 적다. 이는 X와 $p_{F_p}(X)$의 최대치는 1인 반면에 Sh의 최소치가 2이고 D/D_e는 보통 10보다 커서 Sh^*는 최소 20이기 때문이다. 대부분의 경우에 Sh^*는 이 보다 훨씬 크기 때문에 외부물질전달의 영향은 공극확산의 영향에 비해 무시할 수 있다. [다만 충전층이나 유동층에서는 Sh^*의 겉보기 값이 낮은 Re하에서 매우 작을 수도 있음을 지적한다.]

결과로 여러 단계의 영향을 포함한 등온 1차의 유체-고체 반응이 완전 반응에 도달하는데 필요한 시간은 다음과 같이 일반화된 식으로 주어진다.

$$t^*_{X=1} = 1 + \sigma_s^2(1 + 4/Sh^*) \tag{4.41}$$

위 식이 shrinking-core계의 유체-고체반응 계수 σ_s^2가 화학반응과 물질전달의 상대적 중요성을 나타내는 간단하고 보편적인 판별기준을 제공함을 다시 한번 보인다.

예 4-2: 고밀도의 평판형인 산화니켈 시편을 순수 수소로 환원한다. 두께가 다른 두 종류의 시료를 외부 물질대류의 영향이 없고 그 외에는 모두 동일한 조건아래에서 실험한 결과는 다음과 같다.

얇은 시료						
두께 0.05 cm	t (분):	0.5	1	1.5	2	2.5
	X:	0.1	0.2	0.3	0.4	0.5
두께 0.1 cm	t (분):	1	2	3	4	5
	X:	0.1	0.2	0.3	0.4	0.5
두꺼운 시료						
두께 1 cm	t (분):	15	60	135	240	
	X:	0.1	0.2	0.3	0.4	
두께 2 cm	t (분):	60	240	375		
	X:	0.1	0.2	0.25		

이 반응은 비가역 반응이다. 즉 K의 값이 크다. 위의 결과를 사용하여 반경이 0.3 cm인 산화니켈의 구형 시료의 시간에 따른 반응분율을 예측하라. 외부 물질전달의 영향을 무시하고 시험조건도 변하지 않는 것으로 가정하라.

풀이: 얇은 평판형 시료($F_p = 1$)를 사용한 실험 결과를 식 (4.33)에서 제2와 제 3항을 제외하고 남은 첫항에만 적용하면 다음과 같은 식을 구한다.

$$X = (kC_{Ao}/\alpha_B\rho_B r_p)\cdot t$$

실험치를 이 식에 의해 도표로 그리면 X와 t의 관계가 직선이 되며

$r_p = 0.025$ cm일 때 기울기 $= kC_{Ao}/\alpha_B\rho_B r_p = 0.2$

그리고

$r_p = 0.05$ cm일 때 기울기 $= kC_{Ao}/\alpha_B\rho_B r_p = 0.1$

따라서 두 시료 모두에서 $kC_{Ao}/\alpha_B\rho_B = 0.01$이며 동일한 k값이 나왔다는 결과를 얻게되고 이 사실은 화학반응이 반응속도를 제어한다는 증거가 된다.

두꺼운 시료를 사용한 결과를 제2항만을 포함한 식 (4.33)에서 $F_p = 1$인 경우에 적용해보면

$$X^2 = (2C_{Ao}/\alpha_B\rho_B)D_e(t/r_p^2)$$

실험치를 이 식에 의해 도표로 그리고 선형회귀 분석하면 X^2와 t의 관계가 직선이 되며

기울기 $= (2C_{Ao}/\alpha_B\rho_B)\ (D_e/r_p^2) = 6.67\times10^{-4}$ for $r_p = 0.5$ cm

그리고

기울기 $= (2C_{Ao}/\alpha_B\rho_B)\ (D_e/r_p^2) = 1.667\times10^{-4}$ for $r_p = 1$ cm

두 기울기로부터 두 경우에 동일하게

$$2C_{Ao}D_e/\alpha_B\rho_B = 1.667\times10^{-4}.$$

이 결과로 공극확산이 반응속도를 제어한다고 판단할 수 있다.

그리고 화학반응과 공극확산이 동시에 반응속도를 제어하는 혼합율속 경우에 반경이 0.3 cm인 구형 고밀도 산화니켈 시료의 시간에 따른 반응분율는 식 (4.33)에 $F_p = 3$과 함께 왼 쪽의 두 항을 적용하여 다음과 같은 식으로 구할 수 있다.

$$30[1-(1-X)^{1/3}] + 180[1-3(1-X)^{2/3} + 2(1-X)] = t$$

이 식으로부터 얻은 시간에 따른 반응분율는 다음과 같다.

t (min):	1.668	4.85	9.64	17	26	39.54	56	80	116	210
X:	0.1	0.2	0.3	0.4	0.5	0.6	0.7	0.8	0.9	1.0

예 4–3: k와 D_e (따라서 σ_s^2)의 값은 생성고체에서의 공극확산이 전혀 영향이 없거나 또는 독자적으로 전체 반응속도를 제어하도록 실험조건을 조정하여 구하는 것이 최선이다. 그러나 실험상 그런 조건을 만들기 어려운 경우에는 실험조건과 다른 조건하에서 X와 t의 관계는 식 (4.33)을 적용하여 예측할 수 있다.

예를 들어 Seth and Ross[1965, 1966]가 외부물질전달의 영향을 받지 않은 두 $X-t$의 실험

치를 식 (4.33)에 적용하고 연립으로 풀어 σ_s^2 와 τ (여기서 $\tau = t/t^*$)의 값을 구했다. 그러나 오직 두 실험치만에 의존하려면 매우 정확한 실험치가 필요하며 또한 일관성 없는 결과를 초래할 수 있어 이를 개선하기 위해서는 최대한의 $X - t$의 실험치를 구한 다음에 최소자승법을 적용하는 방법이 더 정확한 결과를 가져올 것이다. 다음에 열거한 외부물질전달의 영향을 받지 않는 조건에서 구형 입자를 반응하여 구한 실험치[Seth and Ross, 1965; 1966]로부터 σ_s^2 와 τ의 값을 구하라.

t (h):	0.08	0.1	0.12	0.16	0.22	0.32
X:	0.2	0.3	0.4	0.6	0.7	0.8

풀이: 외부물질전달의 영향에 해당하는 제 3항을 제외한 식 (4.33)은 다음과 같이 다시 쓸 수 있다.

$$\tau g_{F_p}(X_i) + \tau\sigma_s^2 p_{F_p}(X_i) = t_i$$

최소자승법을 사용하기 위해서는 $\tau = a_1$와 $\tau\sigma_s^2 = a_2$로 정의된 a_1와 a_2의 값에 따른 다음 수식으로 주어진 항의 최소화가 필요하다.

$$\sum_{i=1}^{n} (error_i)^2 = \sum_{i=1}^{n} [a_1 g_{F_p}(X_i) + a_2 p_{F_p}(X_i) - t_i]^2$$

여기서 n은 적용한 실험치의 갯수다.
위의 식을 풀면

$\tau = 0.533$; $\sigma_s^2 = 0.999$이 얻어지며

이 결과로부터 k와 D_e를 구할 수 있다.

예 4-4: 위 예에서 구한 σ_s^2 와 τ의 값을 사용하여 실제의 dX/dt^*와 공극확산의 영향이 없을 경우의 dX/dt^*를 도표로 그려 공극확산의 영향이 반응분율에 따라 어떻게 변하는지를 관찰하라.

풀이: 실제의 반응속도와 공극확산의 영향이 없는 경우의 반응속도는 다음과 같다.

<u>평판 시료의 경우</u>

실제 반응속도: $\dfrac{dX}{dt^*} = \dfrac{1}{1 + \sigma_s^2 X}$

확산의 영향이 없는반응속도: $\dfrac{dX}{dt^*} = 1$

구형 시료의 경우:

실제 반응속도: $\dfrac{dX}{dt^*} = \dfrac{3(1-X)^{2/3}}{1+6\sigma_s^2(1-X)^{1/3}[1-(1-X)^{1/3}]}$

확산의 영향이 없는반응속도: $\dfrac{dX}{dt^*} = 3(1-X)^{2/3}$

반응분율에 따른 반응속도를 그림 4.2와 4.3에 그렸다. 보이는 바와 같이 구형시료의 경우에는 확산의 영향이 반응분율이 증가함에 따라 처음에는 증가하다가 나중에는 감소한다. 그러나 평판형 시료에서는 반응률이 1에 도달할 때까지 처음에서 끝까지 증가한다.

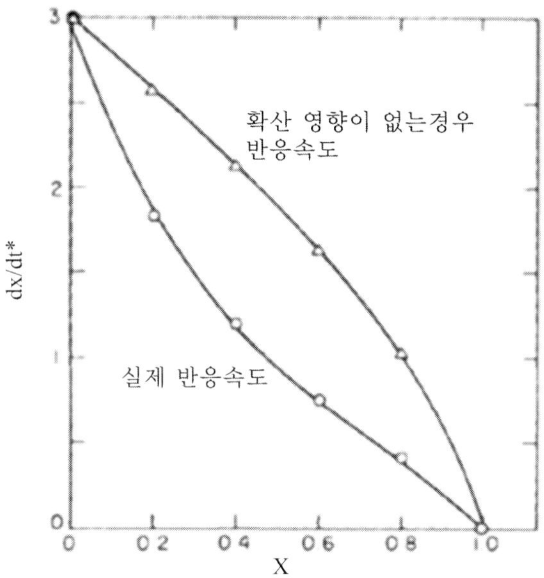

그림 4.2. 구형 시료 경우의 반응속도와 반응분율의 관계.

예 4-5: 직경이 1 cm인 무공극 구형 CuO가 순수한 수소에 의해 673 K와 1 기압하에서 아래 반응식과 같이 환원된다. 반응속도는 생성고체 Cu 내의 공극확산과 외부물질전달에 의해 제어된다.

$$H_2(g) + CuO(s) = H_2O(g) + Cu(s). \tag{4.42}$$

수소의 선형 접근 속도는 105 cm/s이며 생성된 구리의 공극률은 0.3이다. 반응과정에서 구형 시료의 전체 크기는 일정하게 유지된다고 가정하고 다음의 항목을 계산하라.

(i) 외부 물질전달 계수

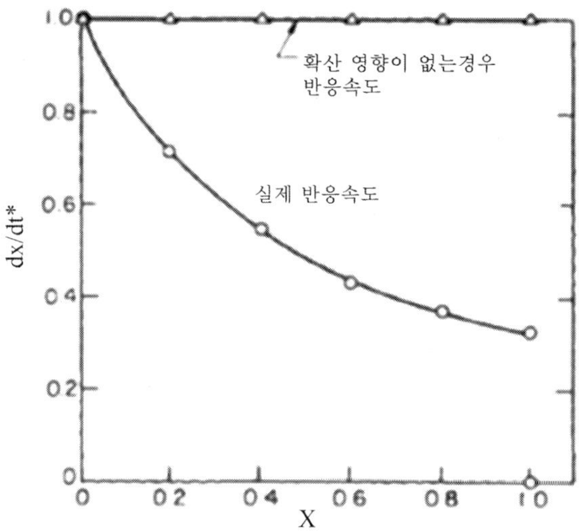

그림 4.3. 평판형 시료 경우의 반응속도와 반응분율의 관계.

(ii) 고체시료의 완전 반응에 필요한 시간
(iii) 공극확산과 외부물질대류의 상대적 중요성.

추가자료: Chapman-Enskog 식을 적용하여 계산한 수소와 수증기 사이의 2 성분계 확산계수는 673 K에서 3.42 cm^2/s다. 생성고체안에서의 유효 확산계수는 정상 분자 확산계수에 공극률의 제곱을 곱하여 구할 수 있다. 이 온도에서 수소의 점도는 1.53×10^{-4} g/(cm·s)이며 고체반응물의 몰단위 밀도($\alpha_B \rho_B$)는 4.46×10^{-2} mol/cm^3이다. 반응은 비가역적이며 외부 유체 본체에서의 수증기 함량은 무시할 수 있다.

풀이: 생성고체에서 수소의 유효 확산계수는 아래와 같다.

$$D_e = 3.42 \times (0.3)^2 = 0.31 \text{ cm}^2/\text{s}.$$

673 K와 1 atm에서 수소의 몰농도는 다음과 같다.

$$C_{Ao} = P/(RT) = 1/(82.0 \times 673) = 1.81 \times 10^{-5} \text{ mol/cm}^3,$$

그리고 수소의 질량밀도는

$$MW \times C_{Ao} = 2 \times C_{Ao} = 3.62 \times 10^{-5} \text{ g/cm}^3.$$

레이놀즈(Reynolds) 수는

$$Re \equiv v\rho d/\mu = 105 \times 3.62 \times 10^{-5} \times 1/(1.53 \times 10^{-4}) = 25.$$

슈밑(Schmidt) 수는

$$Sc \equiv \mu/\rho D = 1.53\times10^{-4}/(3.62\times10^{-5}\times3.42) = 1.24.$$

따라서 Ranz-Marshall 상관관계를 적용하여 Sh 값을 얻는다,

$$Sh \equiv k_m d/D = 2.0 + 0.6\mathrm{Re}^{1/2}\mathrm{Sc}^{1/3} = 5.25$$

그러면 $k_m = 5.25\times3.42/1 = 18$ cm/s.

시료의 완전반응에 필요한 시간은 식 (4.33)에서 화학반응의 영향을 표시하는 왼쪽 제 1항을 무시하고 X = 1을 대입하여 구할 수 있다.

$$\frac{t^*_{X=1}}{\sigma_s^2} = \left(\frac{2bF_pD_e}{\alpha_B\rho_B}\right)\left(\frac{A_p}{F_pV_p}\right)^2\left(\frac{K}{1+K}\right)\left(C_{Ao}-\frac{C_{Co}}{K}\right)t_{X=1} = 1+\frac{4}{Sh^*} \tag{4.43}$$

비가역반응임($K = \infty$)을 고려하면 이 식은 다음과 같이 된다.

$$\left(\frac{2bF_pD_e}{\alpha_B\rho_B}\right)\left(\frac{A_p}{F_pV_p}\right)^2 C_{Ao}t_{X=1} = 1+\frac{4}{Sh^*} \tag{4.43-A}$$

여기서

$$Sh^* \equiv Sh(D/D_e) = 5.25(3.42/0.31) = 57.9$$

따라서

$$t_{X=1} = (1+0.069)\times4.46\times10^{-2}/(6\times0.31)\times0.5^2/(1.81\times10^{-5}) = 354 \text{ s.}$$

공극확산과 위부물질전달의 상대적 중요성은 1과 $4/Sh^*$의 비율인 14.5이며 후자가 전체 반응시간의 6.5%를 차지함을 알 수 있다.

4.5 입도분포를 가진 입자 조립체의 반응

대부분의 유체 고체간 반응속도는 고체의 입도에 따라 변하고 대부분의 분말은 입도의 분포를 가진 입자로 구성하므로 전체반응속도의 변수가 입도 분포에 어떠한 영향을 받느냐 하는 의문이 생긴다. 조와 손[Cho and Sohn, 2016]이 이 문제에 관해 공업계에서 흔히 접하는 여러가지 형태의 입도분포, 입자형태, 그리고 반응속도의 율속 단계를 고려하여 검토하였다. 그들은 입자의 3 가지 기본형태에 적용한 Shrinking-Core계에서 화학반응과 공극확산 중 하나가 반응속도를 단독 제어하는 두 극단 조건의 영향을 분석했다. 그 결과는 표 4.2에 요약되었다.

그 결과로 입자 조립체와 유체간의 반응속도는 입도분포의 변이계수 (coefficient of variation, CV 또는 상대 표준편차)가 0.5 이하인 한도에서 $R^2 = 95\%$의 신뢰도를 갖고 조립체의 질량평

균입도에 해당하는 입도를 갖는 균일입자의 반응속도로 대신할 수 있다는 결론을 내렸다. 이 정의는 반응속도를 제어하는 기구를 막론하고 유효하다. 공업용 소재 중 가장 흔히 볼수있는 구형입자의 경우에는 반응속도가 화학반응에 의해 제어되는 조건에서 CV가 0.75까지 증가해도 입도분포의 영향은 적다. 입도분포의 영향은 공극확산에 의해 제어되는 반응에서 화학반응에 의해 제어되는 반응에서보다 좀 더 크나 그 차이는 비교적 적으며 혼합제어의 경우는 두 극단의 경우의 중간일 것으로 예측된다.

다음 부분에서 논하는 바와 같이 처음부터 다공성인 고체의 반응에는 입도분포의 영향이 무공극 고체의 반응에서 보다 적을 것으로 예상되는데 그 이유는 다공성인 고체의 반응에서 공극확산이 매우 빠르면 입자 크기의 영향은 없어지며 다른 극단의 경우 공극확산이 반응속도를 제어하는 경우는 입도분포의 영향이 무공극 고체의 경우와 같기 때문이다.

표 4.2. 주어진 *CV* 값을 가진 조립체의 반응속도와 질량평균입도와 동일한 입도를 갖은 균일입자의 반응속도와의 비교. **(표 안의 수치는 비교한 R^2의 값임.)**

Size Distribution	Rate-Controlling Step	F_p	CV							
			0.1	0.2	0.3	0.4	0.5	0.75	1	1.5
GGS (Gate-Gaudin-Schuhmann)	Interface chemical reaction	3	1.000	0.999	0.997	0.991	**0.981**	0.932	0.852	0.636
		2	1.000	0.999	0.994	0.985	**0.970**	0.904	0.803	0.533
		1	0.999	0.995	0.983	**0.963**	0.932	0.808	0.620	0.130
	Pore diffusion	3	1.000	0.996	0.987	0.970	**0.946**	0.860	0.755	0.532
		2	0.999	0.994	0.983	**0.963**	0.9358	0.843	0.727	0.471
		1	0.998	0.990	0.972	**0.945**	0.9106	0.796	0.651	0.311
RRB (Rosin-Rammler-Bennett)	Interface chemical reaction	3	1.000	0.999	0.997	0.993	0.9854	**0.955**	0.911	0.809
		2	1.000	0.999	0.995	0.988	**0.977**	0.934	0.876	0.741
		1	0.999	0.995	0.986	0.969	**0.946**	0.858	0.740	0.475
	Pore diffusion	3	1.000	0.997	0.989	0.976	**0.959**	0.903	0.837	0.702
		2	0.999	0.995	0.985	0.970	**0.950**	0.886	0.811	0.652
		1	0.999	0.991	0.976	**0.954**	0.927	0.841	0.739	0.523
Gamma	Interface chemical reaction	3	1.0000	1.000	0.998	0.994	0.987	**0.958**	0.911	0.775
		2	1.000	0.999	0.996	0.990	**0.980**	0.939	0.876	0.700
		1	0.999	0.996	0.987	0.972	**0.950**	0.865	0.740	0.408
	Pore diffusion	3	1.000	0.997	0.990	0.979	**0.963**	0.908	0.837	0.666
		2	1.000	0.996	0.987	0.973	**0.955**	0.892	0.811	0.615
		1	0.999	0.992	0.978	**0.958**	0.932	0.846	0.739	0.480

4.6 단일 다공성(多孔性) 고체의 반응

위 부분에서는 초기에 무공극성인 고체의 반응에 대해 논의했으며 직렬로 연계된 여러 반응단계가 서로 어떻게 상호작용 하는가를 보였다. 그러나 여러 경우의 유체-고체반응에서 고체반응물은 이미 처음부터 고체내에 공극을 함유하고 있어 유체의 확산이 화학반응과 동시에 고체내부에 일어날 수 있다. 이러한 다공성 고체의 반응은 분석이 복잡하여 무공극 고체에 비해 덜 연구된 바 있다. 더욱이 다공성 고체의 반응에 대한 연구에도 무공극고체의 반응에만 적용해야 할 Shrinking-Core 모델을 잘못 적용하여 분석하는 예가 많다. 이 절에서는 다공성 고체의 반응에 올바르고 정확한 분석방법을 제시하고자 한다.

다공성 고체와 유체간의 불균질 반응계는 일반적으로 다음과 같은 단계를 거친다.

1. 외부 유체 본체와 고체의 외부표면 사이에 일어난는 반응물의 외부물질전달,
2. 고체내부의 공극사이로 일어나는 유체반응물의 확산,
3. 고체표면에서의 유체 반응성분의 흡착과 유체 생성물의 탈착을 포함한 화학반응,
4. 고체내부의 공극사이로 일어나는 유체 생성물의 확산,
5. 고체의 표면에서 외부 유체 본체로 향한 유체 생성물의 물질전달.

무공극 반응고체의 경우 처럼 이 단계들의 상대적 중요성을 이해하는 것이 전체 반응속도를 정확히 분석하는데 필요하다. 외부 물질전달과 공극확산이 전체반응속도, 겉보기활성화에너지, 겉보기반응차수등에 영향을 줄 수 있다.

4.6.1 다공성 고체의 완전 가스화 및 용해반응

유체-고체반응에는 다음과 같은 종류의 반응이 흔히 있다.

$$A(\mathrm{f}) + bB(\mathrm{s}) \rightarrow \text{fluid products}$$

특정한 예로는 순수 탄소의 연소가 있고

$$O_2(g) + C(s) \rightarrow CO_2(g);$$

수성가스 반응:

$$H_2O(g) + C(s) \rightarrow CO(g) + H_2(g)$$

카보닐형성 반응 등이 있다.

$$4CO(g) + Ni(s) \rightarrow Ni(CO)_4(g)$$

여기서 고체 B는 충분히 순수하여 고상의 잔사를 남김없이 완전히 기화하거나 용해하는 경우다. 고체생성물이나 반응잔사물이 일관성 있는 층을 이루는 경우는, 예를 들어 회분이 많

은 석탄의 연소나 금속산화물의 기체환원등의 경우는, 다음에 있는 절에서 서술된다.

위에 지적한 바와 같이 무공극고체의 유체와의 반응은 화학반응이나 물질전달 중 하나의 단계에 의해 단독 제어될 수도 있고 그 두단계에 의해 공동제어될 수도 있다. 다공성 고체의 기화 또는 용해에서는 고체내에서의 공극확산의 단계가 추가되어 세 가지의 주요 구역으로 나눌 수 있다.

고체의 고유반응성이 느린 낮은 온도에서는 유체반응물의 분자들이 반응하기 전에 다공성고체의 내부 깊이 확산될 확률이 높다. 이 조건(제 I 구역)에서는 유체반응물의 농도가 외부유체와 동일한 값으로 다공성고체의 모든 부분에 실제적으로 균일하다. 따라서 반응속도가 고체내에서 균일하며 고체의 크기에 좌우되지 않는다. 공극의 크기는 커질 수 있으나 고체 전체의 크기는 고체가 거의다 소비될 때까지 변하지 않는다.

온도가 어느 정도 높아지면 고체의 고유 반응성이 커져서(제 II 구역) 유체반응물의 분자들이 반응하기 전에 다공성고체의 내부로 깊이 확산될 확률이 적어진다. 따라서 대부분의 반응이 고체의 외부표면 근처에서 일어난다. 공극안에서의 확산이 전체반응속도를 제한하기는 하지만 단독으로 "제어"하지는 않는다. 이는 이 경우에도 화학반응과 공극확산이 동시에 전체반응에 영향을 주기 때문이다. 이에 대해서는 다음 절에 서술한 수학적 유도를 참조하라. 따라서 이 구역에서라도 고체의 반응성을 높이면 (예를 들어 온도를 높여) 확산속도를 높이는 것처럼 전체반응속도가 증가한다. 그러나 다음 절에서 보는 바와 같이 전체반응의 온도에 대한 의존도는 온도의 영향을 크게 받지 않는 확산에도 영향을 받으며, 활성화에너지나 반응차수 같은 반응속도식의 지수들이 반응 고유의 값과 달라진다. 이 구역에서는 반응의 진전에 따라 고체의 전체 크기가 감소되며 고체의 중심부분은 반응의 최종단계까지 거의 변화하지 않는다. 엄격하게 말하면 제 I과 제 II 구역 사이에 고체 중심부를 포함하여 고체 전체에서 위치에 따라 다른 속도로 반응이 진행되는 다른 하나의 중간 구역이 존재하지만 이러한 상태를 초래하는 온도의 범위는 보통 매우 작다.

온도가 더욱 증가하면 고체의 반응성이 높아져서 유체반응물은 고체의 외부를 둘러싸고 있는 유체의 경계층을 건너는 즉시 고체의 최외부 표면층에서 반응되고 만다. 이 조건(제 III 구역)에서는 고체의 최외부 표면층에서 유체반응물의 농도가 평형상태의 농도에 접근하여 전체반응속도는 외부 물질전달에 의해 제어된다. 또한 물질전달은 온도에 따라 속도가 크게 증가하지 않으므로 전체반응의 겉보기 활성화에너지는 매우 작다. 이 구역에서는 모든 반응이 고체의 외부표면에서 일어나며 고체가 다공성임에도 불구하고 고체내부에서는 그 바깥 쪽의 고체가 다 없어져 유체반응물에 노출될 때까지 반응이 일어나지 않는다.

물론 온도가 증가함에 따라 한 구역에서 다른 구역으로 점차적으로 전이하며 그 전이의 성격이나 세 구역이 존재하는 온도의 범위는 공극확산도, 고체의 전체크기, 반응의 활성화에너지와 같은 인자에 따라 결정된다.

아래에 그 세가지 구역에 각각 해당하는 기화나 용해반응을 서술하는 수학방정식을 유도한다.

공극이 커지며 균일하게 반응하는 고체의 경우 (제 I 구역)

공극이 커지며 균일하게 반응하는 고체의 반응을 서술하는 2 변수 모델로는 Bhatia and Perlmutter[1980, 1981]가 개발한 Random-Pore모델(무작위 공극 모델)이 있다. 이 모델은 임의의 공극분포에 적용할 수 있으며 고체 생성물 층을 통하는 확산효과도 포함할 수 있다. 이런 경우에도 고체내부에 원래부터 존재하는 공극을 통한 확산속도가 매우 빠르면 고체 전체가 국부 고체 생성층에서의 확산과 고유 화학반응에 의해 제어된 균일한 속도로 반응할 수 있다. 이 들은 식 (4.9)에서 $K_1 = K_2 = 0$이고 K가 매우 클 경우에 다음과 같은 식을 유도했다.

$$X = 1 - \exp\left\{\frac{1}{\psi} - \frac{[\sqrt{1+\beta Z\tau} - (1 - \beta Z/\psi)]^2 \psi}{(\beta Z)^2}\right\} \tag{4.44}$$

$$\tau \equiv (-\dot{m}_A) S_o t/(1 - \varepsilon_o), \tag{4.45}$$

$$\psi \equiv 4\pi L_o (1 - \varepsilon_o)/S_o^2, \tag{4.46}$$

그리고

$$\beta \equiv \frac{2k\rho_B(1 - \varepsilon_o)}{bD_g S_o} \tag{4.47}$$

여기에 X는 고체 반응물의 반응분율이고 Z는 생성 고체의 부피와 반응 고체의 부피 비율이며 ψ는 공극분포의 효과를 포함한 구조 매개변수다. 이 모델의 적용을 위하여 필요한 다공성 고체의 특성을 나타내는 세가지 지수 ε_o, S_o, and L_o는 Kawahata and Walker[1962]가 제시한 바와 같이 수은을 이용한 공극측정기와 BET 가스 흡착방법으로 구할 수 있다. D_g는 공극벽에 형성된 고체 생성물층 안에서의 유체반응물의 유효 확산도다.

식 (4.44)는 시간을 X의 양성함수로 나타내는 다음 형태로 기술할 수 있다. 이렇게 하면 어떤 X에서도 그 순간 반응속도를 X의 함수로 표시할 수 있는 편리한 점이 있다.

$$\tau = \left\{\sqrt{\frac{\beta Z}{\Psi}\left[\frac{1}{\Psi} - Ln(1 - X)\right]} + \frac{1}{\sqrt{\beta Z}} - \frac{\sqrt{\beta Z}}{\Psi}\right\}^2 - \frac{1}{\beta Z} \tag{4.48}$$

그러면 어느 X에서의 순간반응속도는 다음과 같이 주어진다.

$$\frac{dX}{d\tau} = \frac{(1 - X)\sqrt{1 - \psi\, Ln(1 - X)}}{1 + \frac{\beta Z}{\Psi}[\sqrt{1 - \psi\, Ln(1 - X)} - 1]} \tag{4.49}$$

고체 생성물 층이 형성되지 않거나 그 층내에서의 확산이 빠를 경우에는 ($\beta Z \to 0$) 로피탈 정리(L'Hospital's rule)를 적용하면 다음 식들을 구할 수있고

$$X = 1 - \exp[-\tau(1 + \psi\tau/4)] \tag{4.50}$$

$$\tau = -\frac{2}{\psi} + \sqrt{\frac{4}{\psi^2} + \frac{4}{\psi}[-Ln(1-X)]} = \frac{2}{\psi}[\sqrt{1-\psi \cdot Ln(1-X)} - 1] \quad (4.51)$$

추가하여 미분형으로는 다음 식과 같다.

$$dX/d\tau = (1-X) \cdot [1 - \psi Ln(1-X)]^{1/2} \quad (4.52)$$

반응이 고체 반응물의 외부표면 근처에서 일어나는 수축형(收縮型) 고체의 경우 (제 II 및 제 III 구역)

화학반응의 속도가 크게 증가하면 유체반응물은 다공성고체 안으로 깊이 침투하지 못하고 대부분의 반응은 외부표면 가까이의 얇은 층에서만 진행된다. 따라서 고체의 전체크기가 줄어들며 고체내부에서는 거의 반응하지 않는다. 이런 반응계는 그림 4.4에 보였다.

다음의 가정하에서 이러한 반응의 거동을 정량적으로 나타낼 수 있는 수리식을 유도하자.

(1) 외부표면 근처의 얇은 반응구역 안에서는 평균 유효 확산도와 단위 부피당 표면적이 일정하다.

(2) 이 반응구역이 고체 안쪽으로 이동해도 그 구조는 변하지 않고 일정하게 유지된다.

식 (4.9)에서 비가역적이며 $K_1 = K_2 = 0$인 반응의 경우 다공성고체 내에서 유체반응물의 물질수지를 행하면 다음 식을 얻는다.

$$D_e \nabla^2 C_A - k S_v C_A^n = 0 \quad (4.53)$$

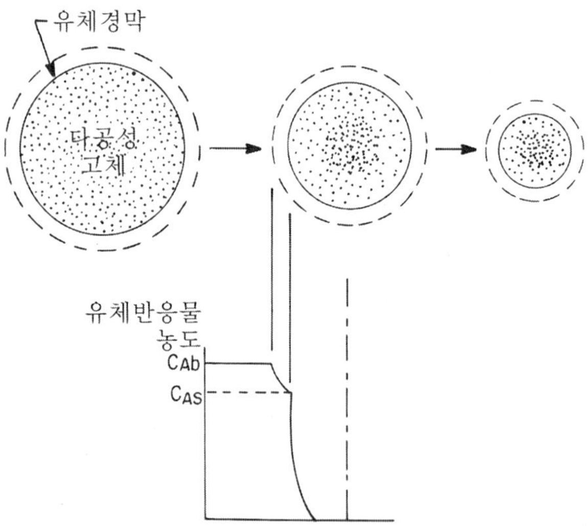

그림 4.4. 전체 크기가 수축하는 조건하에서 일어나는 다공성 고체의 기화 또는 용해 반응.

여기에 D_e는 다공성 고체내에서의 유효 확산도다.

반응이 주로 고체의 외부표면 근처에서 일어나는 다공성 고체의 경우 고체의 전체적 형태는 중요하지 않으며 그 반응구역은 평판형이라고 볼 수 있다. 따라서 식 (4.53)은 어떤 형태의 고체에서도 다음과 같이 된다.

$$D_e d^2 C_A / dx^2 - kS_v C_A^n = 0 \tag{4.54}$$

여기서 x는 외부표면에서 고체안으로 향한 수직거리이고 경계조건은 다음과 같다.

$$x = 0(\text{고체의 외부표면})\text{에서} \qquad C_A = C_{As} \tag{4.55}$$

그리고

$$x \to \infty\text{로 가면} \qquad C_A = dC_A/dx = 0 \tag{4.56}$$

두번째의 경계조건은 고체내부로 얼마간의 거리에 도달하면 유체 반응물이 다 소비되는(평형상태에 도달하는) 것을 나타내며 고체의 크기가 충분히 크므로 내부 깊이는 반응구역의 두께에 비해 무한하게 크다고 생각할 수 있다. 이 조건은 고체의 부피 V_p와 표면적 A_p에 근거한 Thiele 계수가 다음 식을 만족할 때 이루어진다 [Petersen, 1965].

$$\frac{V_p}{A_p}\sqrt{\left(\frac{n+1}{2}\right)\frac{kS_v C_{As}^{n-1}}{D_e}} > 3 \tag{4.57}$$

식 (4.54)를 풀이하면 [$p = dC_A/dx$를 대입하면 $d^2C_A/dx^2 = pdp/dC_A$이고 C_A를 독립변수로 삼아 p를 구하면]

$$\frac{dC_A}{dx} = \left(-\frac{2}{n+1}\frac{kS_v}{D_e}C_A^{n+1}\right)^{1/2} \tag{4.58}$$

단위 외부면적당 전체반응속도는 다음과 같이 주어진다.

$$\mathcal{R}_s = -D_e\left(\frac{dC_A}{dx}\right)_{at\ ext.sur.} = \left(\frac{2}{n+1}kS_v D_e\right)^{1/2} C_{As}^{(n+1)/2} \tag{4.59}$$

고체가 반응에 의해 소비되므로 일반적으로 반응지역에서의 단위부피당 표면적 S_v는 반응전의 값과 다를 것이나 고체의 전체크기가 줄어도 그 값은 일정할 것으로 예상된다.

식 (4.59)로부터 반응속도가 $(kD_e)^{1/2}$에 비례함을 알 수 있으며 그 결과로 겉보기 활성화 에너지는 확산도가 온도의 약한 함수임을 고려하여 고유 활성화 에너지의 반값이 되는 것을 볼 수 있다. 겉보기 반응차수 또한 n으로부터 $(n+1)/2$로 변한다.

식 (4.14)에 해당하는 다공성 고체의 수축속도는 다음과 같다.

$$\frac{dr_c}{dt} = \left(-\frac{b}{\alpha_B\rho_B}\right)(\mathcal{R}_s) = -\frac{b}{\alpha_B\rho_B}\left(\frac{2}{n+1}kS_vD_e\right)^{1/2}C_{As}^{(n+1)/2} \tag{4.60}$$

여러 이전의 유체-고체간반응의 연구에서 반응고체가 다공성인가 아닌가의 구별을 하지 않았는데 위의 분석에서 그 두가지 경우에 반응속도의 표현이 비슷함을 볼 수 있다. 그러나 강조할 점은 정확히 바른 모델을 적용하지 않으면 올바른 고유의 반응지수를 구할 수 없으며 잘못된 활성화에너지를 얻게 되거나 고유반응차수가 1이 아닌 경우에 잘못된 반응차수를 얻게된다.

어떤 유체-고체반응은 Langmuir-Hinshelwood 반응속도 식을 따르는데 다음에 주어진 식은 그 중에서 자주 접하는 간단한 식이다.

$$\mathcal{R}_A = kC_A/(1 + KC_A) \tag{4.61}$$

여기에 $\mathcal{R}_A$는 고체의 단위면적당 유체 반응물의 몰단위 소비속도다.

이 경우에 다공성 고체의 외부 표면의 단위면적당 전체 반응속도는 다음과 같다.

$$\mathcal{R}_s = (2kS_vD_e)^{1/2}\{[KC_{As} - Ln(1 + KC_{AS})]^{1/2}/KC_{As}\}C_{As} \tag{4.62}$$

고체의 공극률이 극도로 낮은 경우에는 외부표면에서 일어나는 반응의 중요성을 무시할 수 없게 된다 [Walker et al., 1959]. 그러면 외부 표면의 단위면적당 전체 반응속도는 식 (4.59)로부터 다음과 같이 된다

$$\mathcal{R}_s = \left(\frac{2}{n+1}kS_vD_e\right)^{1/2}C_{As}^{(n+1)/2} + kfC_{As}^n \tag{4.63}$$

여기서 f는 외부표면의 '거칠기 인자'인데 그 정의는 고체의 진정한 외부 표면적과 외부 투영 면적(projected area)과의 비율이다.

다음 예를 통하여 계의 특성변수의 수치가 그 계가 위치하는 반응구역을 어떻게 결정하는지를 검토하자.

예 4–6: 1100°C에서 일어나는 탄산가스에 의한 흑연의 가스화반응을 고려하자. 이 등온 반응의 속도는 탄산가스 농도에 일차 함수로 비례하며 $k = 10^{-3}$ cm/s이고 $C_A = 10^{-5}$ mol/cm^{3}이다. 또한 이 경우에 $f = 1$, $S_v = 0.25\times10^4$ cm^2/cm^{3}이고 $D_e = 0.1$ cm^2/s이다. 이 경우에 각 단계의 상대적 중요성을 분석하라.

풀이: $kf = 10^{-3}$ cm/s, 그리고 $\{[2/(n+1)]kS_vD_e\}^{1/2} = 0.5$ cm/s

이 결과에 의하면 고체의 최외부 표면에서 일어나는 반응은 전체반응속도에 미치는 영향이 거의 없음을 알 수 있다. 그리고 외부 물질전달은 내부 공극벽에서의 반응에 비해 아주 적은 저항을 제공한다.

다음에는 온도가 높아져 $k = 0.1$ cm/s로 증가될 경우를 고려하자. 확산도가 거의 변하지 않는다고 가정하면

$$kf = 0.1\ \text{cm/s, and}\ \{[2/(n+1)]kS_vD_e\}^{1/2} = 5\ \text{cm/s}$$

이 경우에도 kf항은 고체내부에서의 반응에 비해 무시할 정도다. 만약에 고체내부의 부피당 표면적 S_v가 250 cm^2/cm^3로 작다면

$$kf = 0.1\ \text{cm/s, and}\ \{[2/(n+1)]kS_vD_e\}^{1/2} = 0.5\ \text{cm/s}$$

이 경우에는 외부 표면에서의 반응이 전체반응속도에 상당히 크게 기여한다.

4.6.2 가스화 반응의 비등온(非等溫) 분석

제 II 구역에 위치한 반응계에서는 반응열에 의해 생긴 온도변화가 전체반응속도에 영향을 미칠 가능성이 있다. 일반적인 비등온계의 분석은 물질수지에 열수지도 추가하여 고려해야 하므로 복잡한 수치해석이 필요하다. 그러나 어떤 경우에는 간단한 근사해를 구하는 것이 가능한데 이러한 경우에 한정하여 논의해 보자.

제 II 반응구역에서 외부표면이 고체내부로 향하여 움직이는 속도가 기체의 농도 분포가 설립되는데 필요한 시간보다 매우 느리기 때문에 어느 순간의 유체농도 분포는 그 순간의 고체크기에서의 정상상태(steady state) 분포에 해당한다. 이러한 유사 정상상태의 조건하에서는 확산경로에 수직인 가상단면을 가로지나는 유체반응물 확산속도는, 가상단면이 어떤 위치에 있던지 상관없이, 그 단면 내부 전체에서 일어나는 반응속도와 동일하다. 이에 추가하여 발생하는 반응열의 양에 비해 고체내에 축적되는 열량은 무시할 수 있다고 가정하자 [이러한 열전도의 유사 정상상태의 가정은 물질전달의 유사 정상상태의 가정보다는 정확성이 낮다. 즉 고체내의 열축적은 반응열에 비해 무시하지 못 할 정도로 클 경우도 자주 있다]. 이 가정하에 반응열은 (발열 경우든, 흡열 경우든) 모두 고려하는 위치의 단면을 가로지나 전도하므로 다음 식이 적용된다.

$$(-\Delta H)D_e dC_A/dx = -k_e dT/dx \tag{4.64}$$

여기에 k_e는 다공성 고체의 유효 열전도도다. ΔH는 온도에 따른 변화가 적은 사실과 함께 반응구역에서 D_e와 k_e가 일정할 경우에 위 식을 적분하면

$$T - T_s = [(-\Delta H)D_e/k_e](C_{As} - C_A) \tag{4.65}$$

여기서 T_s는 고체 외부표면의 온도다.

따라서 고체내의 어느 위치에서나 온도가 농도와 직접 연관된다. Petersen[1965]이 더 엄격한 분석으로 같은 결과를 구했다. 이 관계식은 Damköhler[1943]가 처음 유도했으며 Prater[1958]가 반응속도식과 고체 형상에 괸계 없이 유효하다는 것을 증명하였다.

위 식 (4.65)의 중요한 귀결 중의 하나는 반응열에 따른 고체내에서의 최대 온도 상승을 계산할 수 있는 것이다. 이 식에 $C_A = 0$를 대입하면

$$T_{\max} - T_s = (-\Delta H)D_e C_{As}/k_e \tag{4.66}$$

전체 반응속도를 계산하려면 등온반응의 경우처럼 다공성고체내의 농도분포를 먼저 계산해야 한다. 반응속도 상수 k를 Arrhenius식을 써서 온도의 함수로 표시하고 그 후 식 (4.65)를 이용하여 농도의 함수로 표시한 후에 식 (4.54)에 대입하면 다음 식을 얻는다.

$$D_e \frac{d^2 C_A}{dx^2} - k_s S_v C_A^n \exp\left[\frac{\gamma\beta(C_{As} - C_A)}{\beta(C_{As} - C_A) + C_{As}}\right] = 0 \tag{4.67}$$

여기서

$$k_s \equiv k(T_s) \quad (\text{온도 } T_s\text{에서의 반응속도 상수}) \tag{4.68}$$

$$\gamma \equiv E/RT_s \tag{4.69}$$

$$\beta \equiv (-\Delta H)D_e C_{As}/k_e T_s = [(T - T_s)/T_s]_{\max} \tag{4.70}$$

그리고 E는 활성화에너지다.

위 식 (4.67)과 같은 식을 풀이하는 방법은 몇 가지가 있다. Beek[1961]은 선형화(linearization)를 쓰는 근사치 풀이를 하였고 다른 저자들[Carberry, 1961; Tinkler and Metzner, 1961; Weisz and Hicks, 1962]은 수치해석법을 이용했다. 여기서는 Petersen[1962, 1965]이 개발한 제 II 반응구역에 적용되는 점근풀이(asymptotic solution)를 요약한다. 제 II 반응구역에서는 유체반응물이 고체내로 침투하는 거리가 작으므로 식 (4.55)와 (4.56)으로 주어진 경계조건이 적용되며 식 (4.67)의 풀이는 다음식과 같다.

$$\frac{dC_A}{dx} = -\left\{\frac{2K_s S_v}{D_e}\int_0^{C_A} C_A^n \exp\left[\frac{\gamma\beta(C_{As} - C_A)}{\beta(C_{As} - C_A) + C_{As}}\right] dC_A\right\}^{1/2} \tag{4.71}$$

단위 외부 표면적당 전체반응속도는

$$\mathcal{R}_s = -D_e\left(\frac{dC_A}{dx}\right)_{at\ ext.sur.} = (2k_s S_v D_e)^{1/2}\left\{\int_0^{C_{As}} C_A^n \exp\left[\frac{\gamma\beta(C_{As} - C_A)}{\beta(C_{As} - C_A) + C_{As}}\right] dC_A\right\}^{1/2} \tag{4.72}$$

여기서 $\gamma\beta = 0$일 때는 이 식이 등온반응에 적용되는 식 (4.59)와 같이 됨을 볼 수 있다.

여러 계에서 고체 내에서의 최대 온도차가 표면의 절대온도에 비해 작은 사실을, 즉 $[(T - T_s)/T_s]_{\max} = \beta << 1$ 임을, 고려하여 더욱 간단한 결과를 얻을 수 있다. 이 조건을 식 (4.72)에 적용하면 단위 외부 표면적당 전체 반응속도는 다음과 같이 구해진다.

$$\mathcal{R}_s = (2k_s S_v D_e)^{1/2}\left\{\int_0^{C_{As}} C_A^n \exp\left[\delta\left(1 - \frac{C_A}{C_{As}}\right)\right] dC_A\right\}^{1/2} \tag{4.73}$$

여기에

$$\delta \equiv \gamma\beta = E(-\Delta H)D_e C_{As}/Rk_e T_s^2 \qquad (4.74)$$

비등온성을 계산에 넣는데 γ와 β 대신에 단 하나의 매개변수 δ만이 필요하다는 것을 볼 수 있다.

일차반응(n = 1)의 경우에는

$$\mathcal{R}_s = (2k_s S_v D_e)^{1/2}[(e^{\delta} - 1 - \delta)^{1/2}/|\delta|]C_{As} \qquad (4.75\text{-A})$$

이차반응(n = 2)의 경우에는 이에 해당되는 결과는

$$\mathcal{R}_s = (2k_s S_v D_e)^{1/2}[2(e^{\delta} - 1 - \delta) - \delta^2]/\delta^3\}^{1/2}C_{As}^{3/2} \qquad (4.75\text{-B})$$

반응이 주로 외부표면 가까이서 일어날 때 $|\delta|$의 값이 0에서 5까지 위 식들이 식 (4.72)의 정확한 풀이와 거의 일치한다는 것을 Petersen[1962, 1965]이 증명했다.

비등온반응의 영향을 다음 예에서 검토하자.

예 4-7: 예 4.6에서와 같은 다공성 흑연과 탄산가스의 반응을 다시 고려하여 반응속도에 대한 비등온성의 영향을 살펴보라.

추가 자료:

$(-\Delta H) = -41{,}000$ cal/mol, $E = 86{,}000$ cal/mol

$D_e = 0.1$ cm^2/s, $C_{As} = 10^{-5}$ mol/cm^3

$k_e = 0.1$ cal/s·cm·K, $T_s = 1100^{\circ}C$

$$\gamma \equiv E/RT_s \qquad (4.69)$$

$$\beta \equiv (-\Delta H)D_e C_{As}/k_e T_s = [(T - T_s)/T_s]_{max}$$

풀이: $\delta = -0.01$. 비등온 경우의 속도와 등온 경우의 속도사이의 비율을 식 (4.75-A)와 (4.59)를 써서 계산하면

$$(\mathcal{R}_s)_{noniso}/(\mathcal{R}_s)_{iso} = 2^{1/2}(e^{\delta} - 1 - \delta)^{1/2}/|\delta| \cong 1$$

이 경우에 비등온 영향은 매우 작음을 볼 수 있다. 다공성 탄소의 k_e는 훨씬 작다(~0.005). 다른 변수들은 같다고 하면 $\delta = -0.2$이고 반응속도의 비율은

$$(\mathcal{R}_s)_{noniso}/(\mathcal{R}_s)_{iso} = 0.97$$

이 경우에도 그 영향은 상당히 작다.

이 절에서 다공성 고체의 가스화 반응이나 용해반응을 고찰했다. 이 경우에 고체생성물은 없으며 반응이 끝나면 고체는 없어진다. 이런 반응은 다음과 같은 세 경우로 나눌 수 있다.

제 I구역에서는 전체반응속도가 화학반응속도에 의해 제어되며 다공성고체 내부에서 유체

반응물의 농도가 균일하다. 이러한 조건 아래서는 모든 표면적에서 반응이 일어날 수 있고 반응은 고체전체의 어느 위치에서나 균일한 속도로 진행된다. 따라서 반응의 진전에 따라 변하는 전체 표면적의 수식을 구하면 (예를 들어 Bhatia and Perlmutter[1980, 1981]가 한 것처럼) 이 구역에서의 간단하고 해석적인 반응속도의 표현을 유도할 수 있다.

제 II구역에서는 공극확산과 화학반응이 동시에 중요한 역할을 하며 대부분의 반응이 고체의 외부표면에 가까운 좁은 지역에서 일어난다. 따라서 반응에 따라 고체의 전체크기가 줄어든다. 이 경우에 간단화하는 가정을 세워 반응속도의 분석적인 표현을 유도할 수 있다. 두 계의 물리적인 성격은 매우 다르지만 이 계의 반응속도의 표현과 무공극고체의 반응속도의 표현 사이에 수학적인 형식으로는 비슷한 점이 있다. 다만 다시 강조하는 점은 무공극 고체의 반응은 거시적으로 뚜렷한 경계면에서 일어나지만 제 II 구역에서 일어나는 다공성 고체의 가스화나 용해반응은 그 반응영역이 넓어진다. 즉 두께가 있는 부피안에서 진행되다. 이러한 주요 차이 때문에 위에 유도한 반응식을 사용할 때 각별한 주의를 할 필요가 있다.

제 III구역에서는 전체반응속도가 외부물질전달에 의해 제어되며 가스화 반응이나 용해 반응은 거의 최외부표면에서 일어난다. 이러한 조건에서는 고체의 내부구조는 중요치 않으며 반응의 진행을 서술하는 표현은 앞서 무공극 고체의 경우에 유도한 식과 동일하다.

일반적으로 낮은 온도와 작은 입도의 경우에 반응계는 제 I 구역에 가까워지고 온도가 증가하거나 입도가 커지면 공극확산을 포함한 물질전달의 중요성이 커져 반응계는 제 II 또는 제 III구역에 가까워진다.

위의 분류는 등온계에서 도출되었다. 비등온계에서도 이 세가지 기구의 기본성격은 변하지 않으나 고체내에 생기는 온도변화가 복잡성을 추가할 수 있다.

4.6.3 고체층 혹은 회분층을 생성하는 다공성 고체의 반응

일반적 방법

금속제련이나 다른 화학공정에서 가장 많이 나타나는 유체-고체간 반응에서는 고체 생성물이 형성된다. 이 종류의 반응은 일반적으로 다음과 같은 반응식으로 표현할 수 있다.

$$A(\mathrm{f}) + bB(\mathrm{s}) = cC(\mathrm{f}) + dD(\mathrm{s}) \tag{4.76}$$

반응에 의해 고체의 전체부피는 증가할 수도 있고 감소할 수도 있으나 대부분의 경우에 그 변화는 적어 전체크기는 일정하다고 간주할 수 있는 경우가 많다. 이러한 예로는 금속산화물의 환원, 황화광물의 배소, 탄소가 축적된 촉매의 재생등을 들 수 있다.

앞 장에서 서술한 바와 같이 무공극 고체의 반응에는 반응하지 않은 중심과 완전히 반응된 생성고체 사이에 얇은 경계면이 존재한다. 그러나 고체 반응물이 다공성인 경우에는 그림 4.5에서 보는 바와 같이 일반적으로 반응은 고체 전역에서 다른 속도로 진행한다. 부분적으로 반응된 지역에서는 화학반응과 유체성분의 확산이 동시에 일어난다 [Sohn, 2019b].

전체반응의 진행에 화학반응이 주요 저항을 제공하는 경우에는, 즉 공극확산에 비해 매우 느린 경우에는, 유체의 농도는 위치에 상관 없이 균일하며 반응은 고체 전역에서 동일한 속도로 진행한다. 반면 공극확산이 주요 저항을 제공하는 경우에는, 즉 화학반응에 비해 매우 느린 경우에는, 유체반응물과 고체반응물이 동시에 존재하기 어려우므로 반응은 미반응고체와 고체생성물 사이의 좁은 지역에서만 일어난다. 이 좁은 반응지역에서 유체반응물의 농도는 일반적으로 화학평형상태의 값이 된다 (비가역반응의 경우에는 0이 된다). 이 후자의 경우에는 다공성고체의 반응속도와 앞 장에서 논의한 무공극고체의 반응속도가 같은 표현을 갖는다.

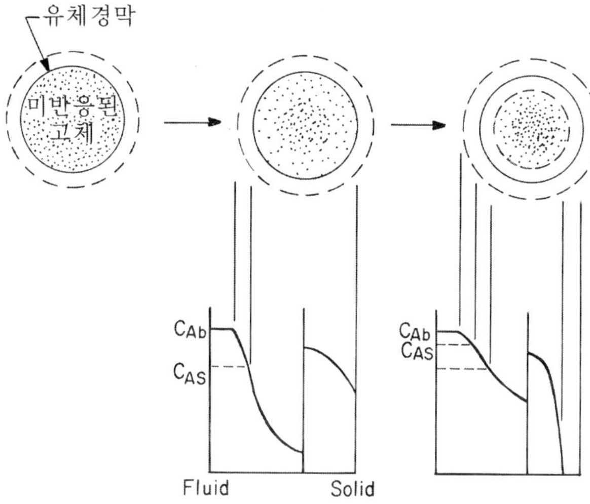

그림 4.5. 다공성 고체를 생성하는 다공성 고체 반응물의 반응과정.

화학반응과 공극확산의 중요성이 비슷한 두 극단의 중간상태인 경우에는 이 두 과정을 동시에 고려해야 한다.

여기에 서술하는 반응모델은 손과 공동 연구자들[Sohn, 2019b; Sohn, 2014b; Sohn, 1978; Sohn and Szekely, 1972; Szekely et al., 1973; Sohn and Szekely, 1973; Szekely and Sohn, 1973]의 연구결과에 의거한 것인데 이는 그 전의 연구결과 [Ausman and Watson, 1962; Ishida and Wen, 1968; Szekely and Evans, 1970; Tien and Turkdogan, 1972; Papanastassiou and Bitsianes, 1973a; b]를 종합 및 증진시킨 결과다.

다공성고체 안에서 일어나는 식 (4.76)으로 주어진 반응은 유체와 고체반응물들의 미시 수지(microscopic balance)를 수식으로 표현하므로써 서술할 수 있다. 반응열의 영향이 있을 때는 열수지식도 추가한다.

유체성분의 보전원리는 다공성 고체의 공극공간을 포함한 단위 부피당 아래 식으로 표시할 수 있다.

$$\nabla \cdot N_i = R_i; \quad i = A \text{ or } C \tag{4.77}$$

이 식에는 앞에 논의한 바와 같이 유체-고체 반응에서는 축적항을 무시할 수 있다는 유사정상상태의 조건을 적용했다.

단위부피당 고체반응물의 몰단위 소비속도는 유체반응물의 소비속도와 다음과 같은 관계가 있다.

$$\rho_B \frac{\partial w}{\partial t} = b(-\dot{m}_A)S_v = b(-\dot{m}_A)S_v^{\circ} \cdot f(w) \tag{4.78}$$

여기에 w는 고체반응물의 국소 반응분율, $(-\dot{m}_A)$는 식 (4.9)로 주어진 고체의 단위면적당 유체반응물의 반응속도, S_v°는 단위 부피당 고체의 초기 표면적, 그리고 $f(w)$는 시간에 따르는 표면적 S_v의 변화를 초래하는 국소 반응속도의 w에 대한 의존도를 나타내는 함수다. 이 함수 $f(w)$의 자주 쓰이는 몇 가지 형태는 앞 절에서 논의되었다.

유체 성분의 단위면적당 전달속도 N_i는 일반적으로 Stefan-Maxwell식을 적용하여 표시해야 한다 [Bird et al., 2002; Eddings and Sohn, 1993; Szekely et al., 1977]. 그러나 2 성분 혼합물의 경우나 유효 2 성분 확산도를 사용하는 경우에 다음과 같이 더 간소한 관계식으로 표시된다.

$$N_i = -C_T D_{ei} \nabla x_i + x_i \sum_{j=1}^{n} N_j \tag{4.79}$$

유체성분 i의 단위부피당 생성속도 R_i는 반응양론을 통하여 다음과 같이 고체성분의 반응속도와 연관된다.

$$R_A = -\frac{\alpha_B \rho_B}{b}\frac{\partial w}{\partial t} - \alpha_B(\dot{m}_A)S_v^{\circ} f(w) \tag{4.80-A}$$

$$R_C = \frac{c\,\alpha_B \rho_B}{b}\frac{\partial w}{\partial t} - c\,\alpha_B(\dot{m}_A)S_v^{\circ} f(w) \tag{4.80-B}$$

반응열에 의해 고체내의 온도가 변하는 경우에는 열량보존의 원리는 다음의 식으로 표시된다.

$$\rho c_p \frac{\partial T}{\partial t} = -\underline{\nabla} \cdot \underline{q} + (-\Delta H) \cdot (-R_A) \tag{4.81}$$

식 (4.77)-(4.81)을 해당되는 경계조건과 함께 동시에 풀이하면 고체내 유체성분 농도분포를 위치함수로서 구할 수 있다. 그 농도분포를 사용하여 시간에 따른 고체의 국부 반응분율 w를 계산하고 전체 반응분율 X는 w를 전체부피로 적분하여 구할 수 있다.

어느 화학반응속도 표현을 막론하고 항상 고체 반응물이나 유체 반응물이 완전 소비되어 존재하지 않는 조건에서는 반응속도 항은 0의 값을 가져야 하는 것이 당연하며 중요하다. 여떤 종류의 반응속도식은 고체 반응물이나 유체 반응물의 함량을 포함하지 않는다. 이 경우에 그러한 식은 고체반응물과 유체반응물이 둘다 존재하여야만 반응이 일어난다는 것을 잊으면 안된다. 이런 형태의 반응속도식을 적용할 때, 특히 방정식을 수치해석으로 풀이할 때에 어느 반응물의 함량이 0이 될 때는 반드시 반응속도를 0으로 대입하는 특별한 주의가 필요하다. 대부분의 반응속도식에 의하면 고체가 완전 소비되거나 ($X = 1$) 유체반응물의 농도가 0이되면 반응속도가 자동적으로 0이 되므로 그러한 주의가 필요치 않다.

일반적인 복잡한 계는 간단한 풀이가 불가능하여 각 계에 해당되는 독특한 반응속도의 표현을 식 (4.78)의 $\partial w/\partial t$ 항에 적용하고 유체성분의 보전원리 식 (4.77)에 넣어 수치해석으로 풀어야 한다. 반응속도에 관한 자료는 잘 설계된 실험으로 수집해야 하는데 이런 수치해석을 요구하는 복잡한 계의 반응속도를 분석한 예는 다음과 같다.

- 다공성 고체에 낮은 함량으로 분포된 잔류탄소의 산화 [Sohn and Kim, 1985],
- 다공성 고체내에 가스흐름의 영향을 받는 반응계의 분석 [Sohn and Bascur, 1982; Sohn and Chaubal, 1984; Sohn and Aboukheshem, 1992; Sohn and Braun, 1984a; 1984b],
- 광물로부터의 다종 광물 동시 침출 [Lin and Sohn, 1987; Paul et al., 1992a; 1992b],
- 비일차 유체-고체반응 [Sohn and Szekely, 1973; Lin and Sohn, 1987],
- 동시 유체-고체 반응속도의 분석 [Sohn and Braun, 1980; 1984c], 그리고
- 외부 유체의 농도 구배가 반응속도에 미치는 영향의 분석 [Perez-Tello et al., 1999] 등이다.

다공성고체와 유체간의 반응을 대표하는 여러 모델들이 제시된 바 있는데 그들의 주요 차이점은 대부분이 $f(w)$를 통한 고체 반응분율의 반응속도에 미치는 영향을 표현하는 방법에 있다. 이 절에서는 초기 다공성 고체 반응물에서 다공성 생성물 고체를 형성하는 반응을 분석하는 두 가지 모델을 논의한다. 그 두 가지 모델은 Grain 모델 [Sohn and Szekely, 1972; Szekely and Evans, 1970]과 무작위 공극 모델(Random Pore 모델)[Bhatia and Perlmutter, 1980]이다.

Grain 모델은 다공성고체가 균일한 크기의 작은 입자(grain)로 구성되었다고 하는 가정하에 시작된다. 그리고 이 Grain 모델은 고체전체와 입자의 형상을 각각 기초형태인 편상, 원통 그리고 구형으로 이루어졌다고 가정한다. 이렇게 함으로써 초기의 모델이 반응에 따른 단위부피당 표면적의 변화를 수용할 수 있게 하였다.

반면에 무작위 공극모델(Random Pore 모델)[Bhatia and Perlmutter, 1980]은 다공성고체를 고체내에 여러 크기의 열린 공극이 존재한다는 관점에서 시작한다. 반응이 진행됨에 따라 공극이 넓어지고 합쳐지므로 단위부피당 고체표면적의 변화가 일어난다. 이로 인해 어느 경우에는 반응속도가 최대값을 거쳐갈 수도 있는데 이는 다공성 탄소의 기화반응 같은 어떤 계에서 관찰된 바있다.

그 이후에 손과 공동연구자들[Sohn, 1978; Sridhar and Sohn, 2005; Sohn, 2014b]이 이런 모델들을 통합 일반화하여 고체형상에 다한 구체적인 가정이 필요없게 만들고 궁극적으로는 유체-고체반응속도에 관한 손의 법칙(Sohn's Law of Additive Reaction Times)을 제창하는 발전를 이루었다. 이 법칙에 대하여는 다음 장에 자세히 서술한다.

Grain 모델 (The Grain Model)

이 모델에서는 다공성고체가 균일한 무공성 고체입자로 구성되어 있고 이 고체입자들은 각기 화학반응 속도에 의해 제어된 수축형 핵 반응기구에 따라 반응하는 것으로 가정한다 [Sohn and Szekely, 1972; Szekely and Evans, 1970]. 그림 4.6에 그려진 이 가정은 실제성이 적고 제한적이기는 하지만 유체-고체반응의 분석에 고체의 구조를 도입하는 초기 기반을 부여하였다. 또한 그 후에 더 실제성 있고 제한이 적은 분석방법을 유도하는 토대를 제공했다.

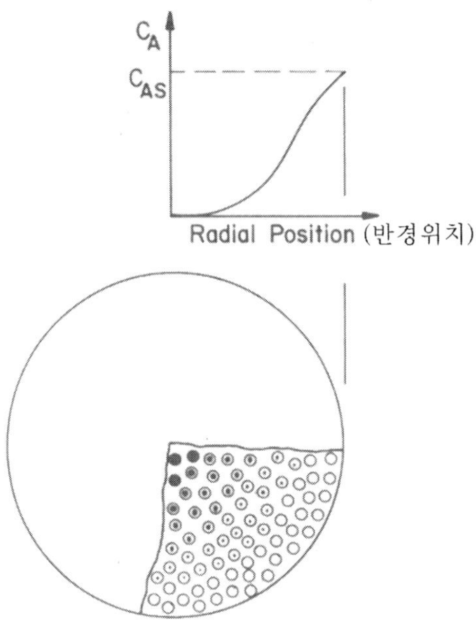

그림 4.6. 다공성 고체의 반응을 나타내는 Grain 모델.

유사한 구조를 가정하는 다른 모델들[Szekely and Evans, 1970; Szekely and Sohn, 1973; Tien and Turkdogan, 1972; Ishida and Wen, 1968; Ausman and Watson, 1962]을 통합하여 체계화시킨 Grain 모델은 손과 Szekely[Sohn and Szekely, 1972]에 의해 개발되었다. 이 모델은 등온, 일차반응과 동일 몰수의 대향확산(equimolar counterdiffusion) 또는 저농도에서의 확산을 가정하여 공식화 했다. 또한 각입자 주위에 생성되는 고체 생성물 내에서는 유체성분의 확산이 매우 빠르다고 가정했다. 이러한 가정은 입도가 작은 경우에 유효하지만 그 가정은 쉽게 제거할 수 있다 [Sohn and Szekely, 1974; Calvelo and Smith, 1972]. Sohn and Szekely[1972]는 전체고체와 그의 구성 입자의 형상이 각각 평판, 원통 그리고 구형의 세 가지, 따라서 총 9 가지의 경우를 고려했다.

고체반응물의 반응에 대하여는 시간에 따라 각 입자안에서 내부로 전진하는 반응경계면은 원래의 형태를 유지한다 즉 동심구, 동축원통, 또는 평행면을 유지한다고 가정한다. 그러면 반응경계면의 반응에 의하여 움직이는 속도는 식 (4.9)에서 $n = c = 1$이고 $K_1 = K_2 = 0$인 경우 즉 유체성분농도에 대해 일차반응의 경우에 다음과 같이 표현할 수 있다.

$$-\rho_B \partial r_c / \partial t = bk(C_A - C_C/K) \tag{4.82}$$

그리고

$$\frac{\partial r_c}{\partial t} = 0, \ r_c = 0 \text{일 때} \tag{4.83}$$

여기에 r_c는 입자내에서 반응경계면의 위치이고 ρ_B는 고체반응물의 몰밀도다. 앞에 강조한 바와 같이 풀이과정에서 식 (4.83)을 명시하는 것이 중요한데 이 조건이 없이는 식 (4.82)로부터 시간이 지남에 따라 r_c가 음수가 되는 오류가 생긴다. 그리고 이러한 반응조건에서는 국부 반응분율은 반응경계면의 위치와 다음과 같은 관계를 갖는다.

$$w = 1 - (r_c/r_g)^{F_g} \tag{4.84}$$

여기에 F_g는 입자의 형상계수이며 결과로 R_A항은 다음과 같이된다.

$$R_A = -\alpha_B k \left(\frac{A_g}{V_g}\right)\left(\frac{A_g r_c}{F_g V_g}\right)^{F_g - 1}\left(C_A - \frac{C_C}{K}\right) \tag{4.85}$$

여기서

$$F_g V_g / A_g = r_g, \tag{4.86}$$

즉 r_g는 입자의 초기반경 혹은 두께의 반과 같다.

이 문제의 분석에 다음과 같은 간단화 가정을 도입한다.

(1) 다공성 고체내에서의 유체성분 농도분포는 유사 정상상태의 가정에 따른다 [Bischoff, 1963; 1965; Luss, 1968].

(2) 외부물질전달의 영향은 무시한다 (이 간단화 가정은 쉽게 제거할 수 있고 나중에 그 영향을 고려하는 방법을 논의한다).

(3) 고체의 구조는 거시적으로 균일하며 반응에 따라서도 변하지 않는다.

(4) 온도는 일정하다.

(5) 다공성 고체내에서의 물질확산은 동일 몰수의 대향(상호)확산 (equimolar counterdiffusion) 또는 저농도에서의 확산이고 유체의 반응물과 생성물의 유효 확산도는 동일하고 고체 내에서 균일하다.

(6) 개별입자의 고체생성물을 통한 유체의 확산은 반응속도에 영향을 주지 않는다. 이 가정은 펠렛을 조성하는데 쓰이는 입자가 작아서 보통 적용되지만 다른 곳에서 보여준 것 같이 적용하지 않을 수도 있다 [Ca1velo and Smith, 1972; Sohn and Szekely, 1974; Sohn, 2020].

위와 같은 가정의 범위 내에서 이러한 반응의 분석은 유체성분의 농도를 서술하는 식과 고체반응물의 물질수지를 결합하여 시작한다. 전자는 유체성분의 보존원리를 적용한 다음 두 식으로 나타난다.

$$D_e \nabla^2 C_A - v_A = 0 \tag{4.87-A}$$

$$D_e \nabla^2 C_C - v_A = 0 \tag{4.87-B}$$

여기에 v_A는 공극을 포함한 고체의 단위부피당 유체반응물 A의 국부 몰 단위 소비 속도다.

v_A의 수학적 표현은 그 값이 고체반응물의 소비 속도와 반응양적으로 연관됨을 고려하여 구한다. 평판형, 원통형 그리고 구형의 입자의 경우 식 (4.82)를 적용하여 v_A는 다음과 같이 쓸 수 있다.

$$v_A = \alpha_B k(A_g/V_g)(A_g r_c/F_g V_g)^{F_g-1}(C_A - C_C/K) \tag{4.88}$$

이 식의 형태를 보아 유체성분 A와 C의 지배방정식 (governing equations)을 통합할 수 있는 편리한 방편을 생각할 수 있다. 식 (4.87-B)를 K로 나누고 그 결과식을 식 (4.87-A)에서 빼면 다음식을 얻는다.

$$D_e \nabla^2 (C_A - C_C/K) - v_A(1 + 1/K) = 0 \tag{4.89}$$

이 미분방정식은 식 (4.82)와 동시에 풀어야 하며 이 두 식의 초기조건과 경계조건은 다음과 같다.

$t = 0$일 때, 고체안의 모든 위치에서 $r_c = r_p$

$$r_c = 0\text{에서, } \frac{\partial r_c}{\partial t} = 0 \tag{4.90}$$

고체의 외부표면에서는 $t \geq 0$ 일 때, $-D_e \nabla C_A = k_m(C_A - C_{Ao})$, (4.91)

그리고 고체의 중심에서는 $\nabla C_A = 0$, $t \geq 0$ 일 때 (4.92)

위 식들은 $F_g = 1$일 경우에는 해석풀이가 가능하지만 입자의 형상이 다르면 수치해석이 필요하다 [Sohn and Szekely, 1972]. 모든 풀이를 자세히 분석한 결과로 이 들은 다음과 같은 유한수식으로 표현된 근사식(closed-form solution)을 개발했는데 이 식은 펠렛형상과 입자 형상의 모든 조합에 적용되며 화학반응, 공극확산 그리고 외부물질전달 모두의 영향을 포함한다 [Sohn and Szekely, 1972].

$$t^* \cong g_{F_g}(X) + \hat{\sigma}^2 [p_{F_p}(X) + 4X/Sh^*] \tag{4.93}$$

여기에 F_p는 전체 고체(펠렛)의 모양계수이며

$$t^* \equiv \left(\frac{bk}{\rho_B}\right)\left(\frac{A_g}{F_g V_g}\right)\left(C_{Ao} - \frac{C_{Co}}{K}\right)t \tag{4.94}$$

$$\hat{\sigma}^2 \equiv \frac{\sigma_B F_p k}{2D_e}\left(\frac{A_g}{F_g V_g}\right)\left(\frac{V_p}{A_p}\right)^2\left(1 + \frac{1}{K}\right) \tag{4.95}$$

$$Sh^* \equiv \frac{2F_p V_p}{A_p}\left(\frac{k_m}{D_e}\right) \tag{4.96}$$

$$g_{F_p}(X) \equiv 1 - (1 - X)^{1/F_p} \tag{4.97}$$

그리고

$$g_{F_p}(X) \equiv 1 - \frac{F_p(1-X)^{2/F_p} - 2(1-X)}{F_p - 2}\text{; 손-손 함수 [Sohn and Sohn, 1980]} \tag{4.98}$$

식 (4.93)이 X의 중간값에서는 근사하게만 유효하나 $\hat{\sigma}^2$가 0 혹은 ∞로 향할때 그리고 X = 0 혹은 1 일 때에는 정확한 답을 준다. 정확한 수치해석 결과의 최대오차는 $\hat{\sigma}^2 \approx 1$일 때인데 그 경우에도 오차는 허용할만 하다 (어떤 한 반응분율에 해당하는 시간으로 10-20% 이내임).

그림 4.7에 $F_g = 1$와 $F_p = 3$, 그리고 $F_g = F_p = 3$의 경우를 예로 정확한 수치해석 결과와 식 (4.93)에 의한 근사값을 비교했다 [Sohn, 2020; Sohn and Szekely, 1972]. 그림에서 보는 바와 같이 오차가 가장 큰 조건에서도 ($\hat{\sigma}$ = 1 혹은 2) 근사식은 만족할만한 답을 제공한다. 여기에는 외부물질전달의 영향은 없는 경우를 비교하였는데 그 영향을 포함하는 경우에도 비슷한 결과를 보인다 [Sohn, 2020; Sohn and Szekely, 1972].

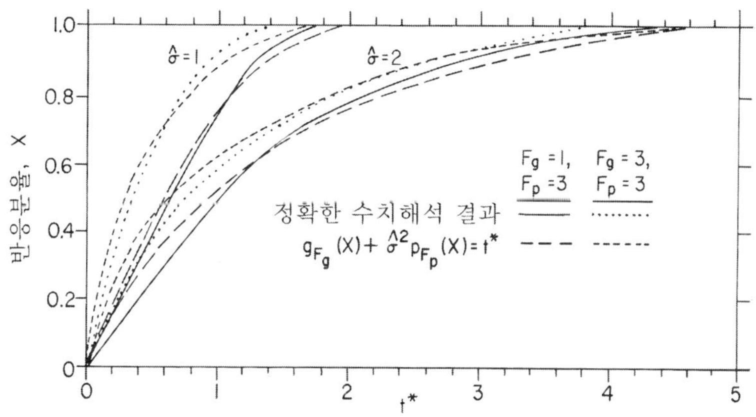

그림 4.7. Grain 모델의 정확한 수치해석 결과와 식 (4.93)에 의한 근사 값의 비교 [Sohn and Szekely, 1972].

식 (4.93)으로 표시된 근사식은 다음과 같은 주목할만한 속성을 지니고 있다.

(1) 이 식은 유체-고체반응 계수 $\hat{\sigma}$ 가 0(화학반응에 의한 제어)에서부터 무한대(공극확산에 의한 제어)까지 걸친 모든 값에서 근사하게 유효하며 또한 F_g와 F_p의 모든 9 가지 조합에 적용된다. $\hat{\sigma} \to 0$ 혹은 $\hat{\sigma} \to \infty$ 일 경우에는 정확한 수치해석 결과와 완전히 일치한다 [Sohn, 2020; Sohn and Szekely, 1972]. 이 식은 $\hat{\sigma}$ 의 값이 유한한 경우에 $0 < X < 1$구간에서는 오직 근사치를 제공하는데 반응분율이 0일 때와 1일 때는 완전히 정확한 값을 예측한다. 이 중 두 번째 결과는 정확한 수치해석으로부터 얻은 결과이며 [Sohn and Szekely, 1972] 수치해석 전에는 기대하지 못한 결과다. 이 후에 이 흥미로운 관계가 수학적으로 철저하게 증명되었다 [Sohn et al., 1985].

(2) 이 식은 시간이 반응분율의 양성함수로 나타내므로 (명시적 관계, time-explicit relationship) 어느 반응분율의 순간 반응속도를 이 식의 단순한 미분으로 다음과 같이 구할 수 있다.

$$dX/dt^* = \{g_{F_g}'(X) + \hat{\sigma}^2[p_{F_p}'(X) + 4/Sh^*]\}^{-1} \tag{4.99}$$

(3) 식 (4.93)으로 주어진 근사식은 식 (4.95)에 주어진 일반화된 유체-고체반응 계수 $\hat{\sigma}^2 \equiv \frac{\alpha_B F_p k}{2D_e}\left(\frac{A_g}{F_g V_g}\right)\left(\frac{V_p}{A_p}\right)^2\left(1 + \frac{1}{K}\right)$ 를 통하여 화학평형의 영향을 포함하고 있다. 강한 평형의 제한(작은 K)이 $\hat{\sigma}^2$ 값을 크게 만들어 공극확산의 영향을 증가시키고 그 결과로 전체반응속도를 느리게 만든다. 앞서 말한 바와 같이 강한 평형 제한은 외부 유체 본체에 유체 생성물이 존재하지 않을 때라도 확산의 원동력인 농도차이를 감소시킨다. 이 것은 손[Sohn, 2014]이 지적한 바와 같이 유체-고체반응의 분석 중 충분한 주의를 받지 못한 일면이다. 평형제한이 어떻게 활성화 에너지를 변질시키는 지에 대한 내용을 포함하여, 평형제한의 효과에 대한 보다더 포괄적인 내용은 해당 문헌을 참고하기 바란다 [Sohn, 2020; 2004a; 2004b; 2005].

(4) 이 근사식은 반경과 같은 특성길이가 아니고 F_p, A_p와 V_p를 토대로 한 무단위 변수를 사용하여 표시되는데 여기에서 파생되는 장점은 마땅한 F_p값을 정해주기만 하면 고체가 세 가지 기초외의 다른 모양을 가져도 쉽게 측정할 수 있는 A_p와 V_p의 값을 써서 위 식을 적용할 수 있는 것이다 [Sohn and Roy, 2020]. 예를 들어 입방체나 직경과 높이가 같은 원통형 고체에는 $F_p = 3$이 적용되고 길이가 직경보다 긴 원통형 고체는 그 F_p값이 2와 3 사이가 된다. 또한 세 방향의 크기가 대략 비슷하면 F_p는 3이라 가정할 수 있으며 두 방향의 크기가 대략 동일하고 남은 한 방향의 크기가 긴 고체에는 $F_p = 2$가 된다. 더 자세한 이론은 Sohn and Roy[2020]를 참조하기 바란다.

(5) 식 (4.93)은 어느 반응분율에 도달하기 까지 걸리는 시간은 화학반응 제어 아래 그 반응분율에 도달하는 시간과 공극확산 제어하에 그 반응분율에 도달하는데 필요한 시간의 합임을 보인다. 따라서

$$t^*(X) \cong t^*(X)|_{\hat{\sigma}=0} + t^*(X)|_{\hat{\sigma}=\infty} \tag{4.100}$$

여기에 식 (4.93)으로부터 다음 관계를 적을 수 있다.

$$t^*(X)|_{\hat{\sigma}=0} = g_{F_g}(X) \tag{4.101}$$

그리고

$$t^*(X)|_{\hat{\sigma}=\infty} = \hat{\sigma}^2[p_{F_p}(X) + 4X/Sh^*] \tag{4.102}$$

식 (4.100)으로 유도한 전개법은 손과 공동 연구자들[Sohn, 1978; 2020; Sohn and Roy, 2020; Smith and Sohn, 2014; Sahir et al., 2011; 2012; Sohn and Perez-Fontes, 2010; Sohn and Wall, 1989; 1990; Sohn and Braun, 1980; Sohn and Szekely, 1973; 1974]에 의해 등온 유체반응에 대한 일반적인 공식으로 크게 확장되었으며 매우 여러 반응계에 응용되었다. 일반화 과정과 응용예에 관하여는 제 4.7 절에 더욱 자세히 설명한다.

(6) $g_{F_g}(X)$와 $p_{F_p}(X)$의 수치범위는 두 함수 모두 0과 1 사이라는 점을, 즉 이 두 함수는 같은 차원의 수치를 갖고 있는 점을, 고려하면 화학반응과 물질전달의 상대적인 중요성이 유체-고체반응 계수 $\hat{\sigma}^2$에 의하여 결정되는 것을 알 수 있다. 따라서

- 반응계에서 화학반응에 의한 속도제어는 $\hat{\sigma}^2 < 0.1$일때 10%의 오차 이내로 가까워지며 나아가 $\hat{\sigma}^2 < 0.01$이면 1%의 오차 이내로 가까워진다.
- 물질전달에(주로 공극확산) 의한 속도제어는 $\hat{\sigma}^2 > 10$일때 10%의 오차 이내로 가까워지며 $\hat{\sigma}^2 > 100$이면 1%의 오차 이내로 가까워진다.

특히 주목할 점은 이렇게 정의된 유체-고체반응 계수 $\hat{\sigma}^2$를 쓰면 화학반응에 의한 반응속도의 제어나 물질전달에 의한 제어의 수치적 판별기준이 고체의 구조와 화학평형 조건에 관계없이 동일하게 되는 것이다. 이 계수를 다른 형태로 정의 할 수 있으나 그러면 반응속도나 물질전달에 의한 제어의 판별기준의 수치가 고체의 전체 모양이나 입자의 형태에 따라 달라진다.

(7) 식 (4.93)은 본래 외부물질전달의 영향이 없는 경우로부터 유도되었는데 [Sohn and Szekely, 1972] 이 식에서 볼 수 있듯이 이 식을 이용 하므로써 수치해석에 의존하지 않고 외부물질전달의 영향도 수월하게 포함시킬 수 있었다.

중요한 점은 Grain 모델을 통하여 이루어진 이 근사관계 [식 (4.93)]의 개발은 여기에 그치지 않고 아래 제 4.7 절에 시술하는 바와 같이 너욱 일반석이고 가지 있는 법칙(Sohn의 법칙)을 유도하는 기반을 제공한 것이다.

예 4-8: FeO 펠렛을 900°C 에서 수소로 환원하고자 한다. 다음과 같은 자료가 주어졌다.

$F_g = 3$,	$F_gV_g/A_g = 3\times10^{-4}$ cm
$D_e = 0.8$ cm^2/s,	$\varepsilon = 0.35$
$k = 5\times10^{-4}$ cm/s,	$\rho_s = 0.0794$ mol/cm^3
$Sh^* = 20$,	$K = 0.5$

이 반응은 일차반응이라 가정하고 직경이 각각 0.2, 2와 4 cm인 구형 펠렛들이 90% 반응하는데 필요한 시간을 계산하라.

풀이: 계산에 필요한 식은

$$t^* = g_{F_g}(X) + \hat{\sigma}^2[p_{F_p}(X) + 4X/Sh^*] \tag{4.93}$$

여기에서

$$g_{F_g}(X) \equiv 1-(1-X)^{1/F_g}$$

$X = 0.9$이면, $F_g = 3$이므로, $g_{F_g}(X) = 0.5358$.

또한 $F_p = 3$이므로, $p_{F_p}(X) \equiv 1-3(1-X)^{2/3}+2(1-X)$ 이고

$X = 0.9$에서, $p_{F_p}(X) = 0.5538$.

식 (4.95)로부터 이 경우에 대한 $\hat{\sigma}^2$ 값을 계산하면

직경 0.2 cm인 경우, $\hat{\sigma}^2 = 0.0102;$
직경 2 cm인 경우, $\hat{\sigma}^2 = 102;$
직경 4 cm인 경우, $\hat{\sigma}^2 = 4.08.$

이 모든 값들을 식 (4.93)에 대입하면

직경 0.2 cm인 경우, $t^* = 0.5358 + 0.0102(0.5537 + 0.18) = 0.543;$
직경 2 cm인 경우, $t^* = 0.5358 + 1.02(0.5537 + 0.18) = 1.284;$
직경 4 cm인 경우, $t^* = 0.5358 + 4.08(0.5537 + 0.18) = 3.529.$

다음과 같은 t^*의 정의를 사용하여

$$t^* \equiv \frac{bk}{\rho_s}\frac{A_g}{F_g V_g}t\left(C_{Ao} - \frac{C_{Co}}{K}\right)$$

시간 t를 구할 수 있다.

직경 0.2 cm인 경우, $t = 1660$ s;
직경 2 cm인 경우, $t = 3930$ s;
직경 4 cm인 경우, $t = 10,800$ s.

확산영향을 포함한 무작위 공극 모델 (無作爲 孔隙 모델, Random-pore model)

Bhatia and Perlmutter[1981]가 윗 절에 서술한 그 들의 무작위 공극 모델에 확산영향을 추가하여 그 모델의 범위를 확장하였다. 추가된 두 가지의 확산은 반응에 의해 국부의 공극벽에 형성된 생성 고체층을 통하는 유체 공극확산과 고체 외부와 연통된 펠렛 전반의 공극을 통하는 유체확산이다.

A. 균일하게 반응하는 고체

반응에 의해 국부의 공극벽에 형성된 생성 고체층을 통하는 유체확산이 전체반응속도에 영향을 주는 경우에라도 펠렛 전반의 공극을 통하는 유체의 확산은 빠를 수 있다. 이런 경우에 다공성 고체 전체가 다음과 같은 속도로 균일하게 반응한다. 그런 반응의 속도는 화학반응과 국부 생성고체를 통하는 공극 확산에 의해 제어된다. 이 경우는 절 4.6.1에 서술한 바 있다.

B. 펠렛 내부 전체의 공극 확산의 영향

Random-Pore 모델을 따르는 반응계에서 펠렛 내부 공극확산의 영향을 고려해야 하는 경우에는 식 (4.77)과 식 (4.80-A)와 (4.80-B)의 첫 부분에 나타나는 단위부피당 유체성분의 국부 반응속도를 결합하여 분석한다. 유체반응물 A의 단위부피당 반응속도는

$$R_A = -\frac{\alpha_B \rho_B}{b}\frac{\partial w}{\partial t} \tag{4.103}$$

여기에 $\alpha_B \rho_B$는 공극과 불활성 고체를 포함하는 전체 고체의 단위부피당 함유된 고체반응물의 몰함량이고 w는 위치에 따라 변하는 고체의 국부 반응분율이며 $\partial w/\partial t$는 식 (4.49)로부터 얻는데 (τ를 t로 표시하여) 이 경우에는 이 항을 구하는데 필요한 유체성분의 농도가 위치에 따라 변하기 때문에 유체성분의 농도를 수식으로 표현하는 식 (4.77)과 함께 풀이 하여야 된다. 이 연립방정식은 일반적으로 수치해석을 사용하여 풀어야 하는데 절 4.7에 서술된 Sohn의 법칙을 이용하여 근사치를 구한 예도 있다 [Sohn and Chaubal, 1986].

4.6.4 유체-고체간 반응의 일반적 분석

Sohn[1978; 2014a]이 다공성 고체와 유체간의 반응을 대표하는 여러 모델은 식 (4.77)과 (4.78)을 식 (4.80-A와 B) 및 (4.9)와 조합하여 서술할 수 있는 포괄적 이론의 특수 예라는 것을 인식하였다. 개별적인 모델들을 다른 형태의 반응분율 함수 $f(w)$를 만들어 낸다. 일반적으로 이 함수의 타당성은 실험결과에 식 (4.78)을 적용하여 결정해야 한다.

위에서 유체와 고체사이에 일어나는 반응을 분석하는 절차의 예들을 기술했는데 이 예들의 요점은 고체내에서 반응이 두께가 있는 부피에 걸쳐 일어난다는 것이다. 이 예들은 다공성 고체와 유체간의 반응을 분석하는 과정에 화학반응과 공극확산의 연관성을 투입할 수 있

는 방법을 제시한다는 점에서 주시할만 하다. 더욱이 이 예들에 나타나는 고체의 구조지수들은 비록 이상적인 가정이 필요할지는 모르지만 미시적 또는 거시적으로 그 양을 측정할 수 있다는 점이 중요하다.

위에 논의한 방법들이 제시된 이후에 개발된 이론에 의하면 그들은 포괄적 방법의 특수 예들이며 그런 특수한 모델에 적용한 비현실적인 이상화는 실제로 필요치 않다. 반응에 따른 고체구조의 변화를 포함하는 고유화학반응속도는 현재의 지식하에 예측할 수 없다. 또한 그러한 반응속도는 식 (4.9)에 표시한 것처럼 일반적으로 유체농도와 복잡한 관계를 갖는다. 따라서 공극성 고체를 구성하는 미립자나 전체 고체의 작은 부분의 고유반응속도나 '입자반응속도'는 항상 실험에 의해 측정하여야 한다. 이 경우에 고려할 점은 고체 몸체가 미립자로 구성된 경우에는 펠렛화 하는 과정에서 반응에 관련된 고체의 구체적인 구조가 상당한 변화를 거친다는 것이다. 즉 공극확산의 영향이 없는 경우라 해도 별개로 산재하는 입자의 반응속도는 펠렛의 얇은 편이나 작은 조각의 반응속도와 같지 않다. 따라서 공극확산의 영향을 받지 않는 다공성고체의 반응속도는 그 펠렛과 구조가 동일한, 또는 실제 그 다공성 고체의, 작은 조각을 써서 측정해야 한다. 이 방법은 손과 공동 연구자들[Sohn and Kim, 2002; Kim and Sohn, 2002; Choi et al., 2007a; b]이 그 예를 보여준 바 있다. 반응속도가 매우 빠르면 작은 조각을 써서도 공극확산의 영향을 완전히 제거하기 어려운 경우도 있다. 이러한 경우에 고유반응속도는 Szekely et al.[1973] 및 Sohn and Won[1985]이 개발하고 적용한 방법을 써야한다.

이러한 실험측정에서 식 (4.78)에 주어진 $\partial w/\partial t$ 의 구성에 필요한 반응식을 얻는다. 그리고 이러한 고유반응속도의 정보를 유체성분의 확산과 물질전달을 서술하는 방정식 (4.77)에 도입하여 시간에 따른 고체의 전체 반응분율과 전체 반응속도를 구할 수 있다. 대부분의 경우에는 관련된 연립방정식을 수치해석으로 풀어야 하는데 이런 일반적 방법을 응용한 예는 참고자료에서 찾을 수 있다 [Paul et al., 1992a; Sohn and Aboukheshem, 1992; Sohn and Wall, 1990; Lin and Sohn, 1987; Sohn and Won, 1985a; Sohn and Kim, 1985; Sohn and Braun, 1984b].

단편의 고체에 적용되는 수치해석은 매우 어렵지 않다. 그러나 실제의 반응계에서의 다수입자계에 적용할 때에는 수치해석보다는 유한수식에 의한 근사식(closed-form solution)이 여러가지로 편리하다. Grain 모델계의 경우에 적용되는 이러한 근사식 형태에 관해서는 앞에 논의한 바 있다. 이러한 방식은 다른 여러 경우로 일반화되었는데 그 예로는 핵생성 및 성장반응(nucleation-and-growth kinetics)[Sohn, 1978]의 경우와 유체반응물의 농도에의 비선형적 반응의 경우 등에 적용된 바 있다. 이러한 연구가 궁극적으로 다음 절 4.7에 서술되는 손의 법칙(Sohn's Law)을 산출했다.

대부분의 군집체를 형성하는 입자들은 입도분포가 있음을 고려해야 하는데 입도분포가 전체 반응속도에 어떠한 영향을 주는가에 대해는 위 절 4.5에서 논의한 바와 같이 Cho and Sohn[2016]이 분석한 바 있다. 그들의 분석에 의하면 대부분의 입자 군집체의 반응속도는 해당군집체의 질량평균입도를 가진 균일 입자의 반응속도로 대표할 수 있다는 것이다. 더욱이 다공성 입자의 경우에 있어서 입도분포의 영향은 공극확산의 영향에 의해 무공극 고체의 경우보다 작을 것으로 결론지었다. 극단의 경우 다공성 입자내에서의 공극확산이 빠르면 입도분포의 영향은 없어진다.

4.6.5 Grain 모델계의 비등온 분석

다공성고체를 생성하는 유체와 다공성고체의 비등온 반응은 일반적으로 매우 복잡하며 체계적으로 분석될 수 있는 경우는 소수에 불과하다. 이런 비등온 반응에서 중요한 거동 중에는 반응의 불안정성(instability)과 다중성(multiplicity)이 있다.

Calvelo and Smith[1972]가 구형입자로 구성된 구형의 다공성 고체와 ($F_p = F_g = 3$) 유체간의 비등온 반응을 수치해석으로 분석한 바가 있어 여기에 그 들의 결과를 요약한다.

A. 공식화(公式化)

위에서 논의한 Grain 모델에서는 작은 입자로 구성된 다공성 고체에서 그 각입자 주위에 생성된 고체생성물을 통한 확산은 무시했다. 이 가정이 유효하지 않을 경우에는 그 입자내의 확산도 전체반응속도의 계산에 포함해야 한다. 이 경우에 입자내에서 반응경계면이 움직이는 속도는 식 (4.29)를 미분하고 유체의 본체 농도 대신에 국부 농도를 써서 다음과 같이 표현된다[이 예에서는 외부 물질전달항(3번째 항)은 생략한다.].

$$\partial\xi/\partial T = -\left(\frac{bk}{\rho_B r_g}\right)\left(C_A - \frac{C_C}{K}\right)[1 - \hat{\sigma}_g^2 q_{F_g}'(\xi)]^{-1} \tag{4.104}$$

여기에

$$\xi \equiv r_c/r_g = A_g r_c/F_g V_g \tag{4.105}$$

그리고 $\hat{\sigma}_g^2$는 식 (4.38)에 의해 다음과 같이 정의되었다.

$$\hat{\sigma}_g^2 \equiv \frac{k}{2D_g}\frac{V_g}{A_g}\left(1 + \frac{1}{K}\right) \tag{4.38}$$

$q_{F_g}'(\xi)$는 $q_{F_g}(\xi)$을 ξ에 의해 미분한 것이며 $q_{F_g}(\xi)$는 식 (4.29)의 둘째항에 따라 다음과 같이 정의된다.

$$q_{F_g}(\xi) \equiv 1 - \frac{F_g\xi^2 - 2\xi^{F_g}}{F_g - 2} \tag{4.106}$$

$q_{F_p}(\xi)$는 $p_{F_p}(X)$와 같은 의미를 지녔다. 즉 공극확산이 제어하는 입자의 반응 경과를 나타내는 항이다. 다만 $q_{F_p}(\xi)$는 ξ의 함수며 $p_{F_p}(X)$는 전체 반응분율 X의 함수라는 것을 지적한다.

펠렛내에서의 유체반응물의 보존원칙을 식 (4.88)에 $\partial\xi/\partial t$를 식 (4.104)로 대표하여 표시하면

$$\nabla^{*2}\psi - 2F_gF_p\hat{\sigma}^2\frac{\xi^{F_g - 1}}{1 - \hat{\sigma}_g^2 q_{F_g}'(\xi)}\psi = 0 \tag{4.107}$$

여기에

$$\psi \equiv \left(C_A - \frac{C_C}{K}\right) \Big/ \left(C_{As} - \frac{C_{Cs}}{K}\right) \tag{4.108}$$

$$\hat{\sigma} \equiv \frac{V_p}{A_p}\sqrt{\frac{\alpha_B k F_p}{2D_e}\left(\frac{A_g}{F_g V_g}\right)\left(1 + \frac{1}{K}\right)} \tag{4.95}$$

식 (4.104)와 (4.107)을 식 (4.90)-(4.92)에 주어진 초기조건과 경계조건을 적용하여 풀면 고체의 전체 반응분율은 ξ를 고체 전체에 적분하여 구할 수 있다.

비등온반응의 예를 서술하기 위해 비가역반응($K \to \infty$)을 이용하고 작은 각 입자내의 온도 변화는 무시한다. 그러면 식 (4.104)와 (4.107)이 이 경우에도 적용되며 반응속도상수 k는 다음과 같이 온도의 함수로 표시하여야 된다.

$$k = k_o \exp(-E/RT) \tag{4.109}$$

여기에 E는 활성화 에너지다.

열전도에 대한 유사 정상 상태를 가정한 다공성고체의 열전달 수지 식은 다음과 같다.

$$k_e \nabla^{*2} T + (-\Delta H) C_{As} D_e \left[2F_g F_p \hat{\sigma}^2 \frac{\xi^{F_g - 1}}{1 - \hat{\sigma}_g^2 q_{F_g}{}'(\xi)}\right] \psi = 0 \tag{4.110}$$

식 (4.107)과 (4.110)을 통합하고 적분하면

$$T - T_s = [(-\Delta H) D_e C_{As}/k_e](1 - \psi) \tag{4.111}$$

여기에 T_s는 고체 외부표면의 온도다. 이 식은 촉매내의 반응이나 위 절 4.6.2에서 고려한 다공성고체의 가스화나 용해반응에서 유도한 관계와 동일하며 에너지 수지식의 제거를 가능하게 한다.

윗 식을 식 (4.109)에 대입하면

$$k = k_s \exp\{\gamma\beta(1 - \psi)/[1 + \beta(1 - \psi)]\} \tag{4.112}$$

여기에

$$k_s \equiv k(T_s) \ \text{(온도 } T_s \text{에서의 반응속도상수)} \tag{4.113}$$

$$\gamma \equiv E/RT_s \tag{4.114}$$

$$\beta \equiv (-\Delta H) D_e C_{As}/k_e T_s = [(T - T_s)/T_s]_{\max} \tag{4.115}$$

위에 적은 k의 표현을 식 (4.104)와 (4.107)에 주어진 $\hat{\sigma}$와 $\hat{\sigma}_g$에 대입하면 다음과 같은 미

분 방정식이 구해진다.[1]

$$\nabla^{*2}\psi - \sigma^2(T_s)\frac{\xi^{F_g-1}\psi\exp[f(\psi)]}{(1-\hat{\sigma}_g^2)(T_s)q_{F_g}{}'(\xi)\exp[f(\psi)]} = 0 \tag{4.116}$$

$$\frac{\partial\xi}{\partial t_s^*} = \frac{\psi\exp[f(\psi)]}{1-\hat{\sigma}_g^2(T_s)q_{F_g}{}'(\xi)\exp[f(\psi)]} \tag{4.117}$$

여기에

$$f(\psi) \equiv \gamma\beta(1-\psi)/[1+\beta(1-\psi)] \tag{4.118}$$

그리고 $\sigma(T_s)$, $\hat{\sigma}_g$와 t_s^*는 T_s에서의 k 값인 k_s를 써서 정의된다.

비선형 연립 방정식 (4.116)과 (4.117)은 초기조건과 경계조건 (4.90)-(4.92)를 적용하여 적당한 수치해석 방법을 사용하여 풀이한다 [Sohn and Szekely, 1973; Newman, 1968; Lee, 1968].

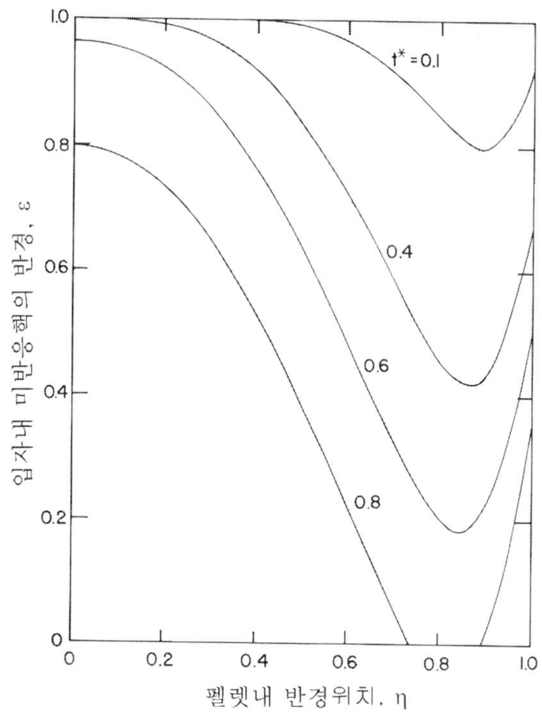

그림 4.8. σ= 4, $\hat{\sigma}_g^2$= 1/6, β= 20, γ= 0.2인 경우 펠렛내 위치에 따른 입자내 미반응핵 반경의 변화 [Calvelo and Smith[1972]의 자료에 의거하여 다시 그린 그림].

[1] Calvelo and Smith[1972]는 $\hat{\sigma}$가 아니고 σ에 해당되는 지수를 사용하였으므로 $\hat{\sigma}$가 여러 기하학적 구조에 대한 더욱 일반적인 지수이기는 하지만 이미 구해진 결과를 직접 사용하기 위해 여기서도 σ를 사용한다. 또한 $\sigma^2 = 2F_gF_p\hat{\sigma}^2$ 임을 지적한다.

B. 반응분율에 주는 영향

그림 4.8이 적당한 정도의 발열반응을 ($\beta = 0.2$) 동반하는 반응의 시간에 따르는 ξ의 윤곽을 보인다. 가장 흥미있는 특색은 다른 위치에 고체반응물이 일부분만 반응했을 때 외부표면이 아닌 고체 내부의 어느 국부위치에서 고체의 완전반응($\xi = 0$)이 일어날 수 있는 것이다. 이 현상이 나타나는 이유는 유체반응물의 농도가 고체의 중심을 향해 감소하지만 온도는 증가하여 어느 중간 지점에서 국부의 반응속도가 최대일 수 있기 때문이다. 일반적으로 $\hat{\sigma}$가 작을 수록 전체반응은 빠르나 고도의 발열반응에서는 이 현상때문에 작은 $\hat{\sigma}$의 경우에 반응이 큰 $\hat{\sigma}$의 경우 보다 더늦을 수도 있다 [Sohn, 2020; Calvelo and Smith, 1972].

C. 다중성(多重性, multiplicity)과 불안정성(instability)

다중성(multiplicity)과 불안정성(instability)의 문제는 전체 반응분율보다는 반응속도를 관찰함으로 더 편리하게 이해할 수 있다. 다음과 같은 무단위 반응속도를 정의하자.

$$\text{N.R.} \equiv \frac{\text{actual rate per pellet at any time}}{\text{initial rate per pellet at bulk conditions}} \tag{4.119-A}$$

이는 수학적으로 다음과 같이 표현할 수 있다.

$$\text{N.R.} = F_p \int_0^1 \frac{\xi^{F_g - 1}\psi \exp[f(\psi)]\eta^{F_p - 1} d\eta}{1 + \hat{\sigma}_g^2 q_{F_g}{}'(\xi)\exp[f(\psi)]} \tag{4.119-B}$$

그림 4.8와 동일한 조건에서의 N.R. 값을 그림 4.9에 보였다. $t_s^* = 0$에 해당하는 곡선은 Weisz

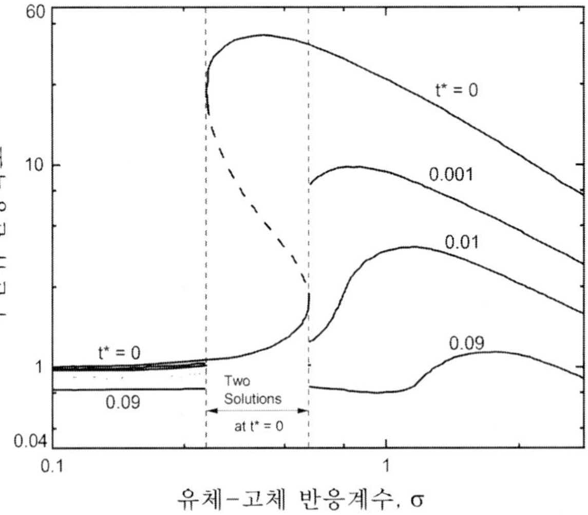

그림 4.9. $\hat{\sigma}_g^2$ = 1/6, γ= 20, β= 0.6일 때 시간과 유체-고체 반응계수 σ에 따른 무단위 반응속도의 변화 [Calvelo and Smith[1972]의 자료에 의거하여 다시 그린 그림].

and Hicks[1962]가 촉매내의 반응에 대해 구한 결과와 동일하며 $\beta = 0.6$, $\gamma = 20$와 $\hat{\sigma}_g = 1/6$인 경우에 $0.3 \le \sigma \le 0.6$ 의 범위내에서 두개의 안정한 답이 존재한다. 둘 중 어느 정상상태에 실제로 도달하는가는 $t_s^* = 0$일 때의 조건에 따른다.

4.7 유체-고체간의 반응에 관한 '손(孫)'의 법칙(Sohn's Law)

4.7.1 '손'의 법칙의 공식화

위에 검토한 무공극 또는 다공성 고체들의 반응속도의 분석을 통합 일반화하여 손 [Sohn, 1978; 2014b; 2019b]이 유체-고체반응속도에 관한 손의 법칙(Sohn's Law of Additive Reaction Times)을 제창하였다. 이 법칙은 등온 유체-고체반응에서 고체의 어떤 반응분율에 달하는데 필요한 시간은 (1) 공극환산을 포함한 물질전달이 무한대로 빠른 조건에서 같은 반응분율에 도달하는 데 필요한 시간과 (2) 고유반응 속도가 무한히 빨라 물질전달이 전체반응속도를 제어하는 조건하에서 같은 반응분율에 도달하는 데 필요한 시간의 합임을 표현한다. 다시 말하면,

$$\begin{pmatrix}\text{어느 반응분율에}\\ \text{도달하는데 필요}\\ \text{한 시간}\end{pmatrix} \cong \begin{pmatrix}\text{물질전달이 무한히 빠른}\\ \text{조건에서 같은 반응분율에}\\ \text{도달하는데 필요한 시간}\end{pmatrix} + \begin{pmatrix}\text{물질전달이 반응속도를 제}\\ \text{어하는 조건에서 같은 반응}\\ \text{분율에 도달하는데 필요한}\\ \text{시간}\end{pmatrix} \tag{4.120-A}$$

수학적으로 표시하면 다음과 같다.

$$t \cong t(X)\,|_{\hat{\sigma}\to 0} + t(X)\,|_{\hat{\sigma}\to\infty} \tag{4.120-B}$$

$$\cong a \cdot g(X) + a \cdot \hat{\sigma}^2 \left[p_{F_p}(X) + 4X/Sh^* \right] \tag{4.120-C}$$

여기에 a는 입자반응속도에 관련된 매개변수들로 구성된 상수항이고 $g(X)$는 펠렛 내의 공극확산을 포함한 물질전달이 빠른 조건하에서의 반응분율 함수로 4.1절의 표 4.1에 열거된 $g(X)$ 함수 중의 하나다. $p_{F_p}(X)$는 공극확산 제어하의 반응분율 함수로 다음과 같다.

$$p_{F_p}(X) \equiv 1 - \frac{F_p(1-X)^{2/F_p} - 2(1-X)}{F_p - 2}\text{; 손-손함수 [Sohn and Sohn, 1980]} \tag{4.35}$$

오른쪽의 두 번째 항에 있는 상수를 $a \cdot \hat{\sigma}^2$로 표현하는 이유는 이 식을 a로 나누어 쉽게 무단위 식으로 다시 쓸 수 있기 때문이다. 또한 이렇게 함으로써 입자반응이 전체반응속도를 제어하거나 [$g(X)$를 포함한 항] 또는 물질전달이 제어하는 (오른 쪽의 나머지 항들) 판별기준을 고체의 형상에 관계 없이 동일한 수치로 표현할 수 있는 일반화한 유체-고체반응 계수 $\hat{\sigma}^2$를 직접 정의할 수 있다. 일반적으로 $t\,|_{\hat{\sigma}\to 0}$항은 식 (4.78)로 주어진 국부 반응분율 함수 $f(w)$와

다음과 같은 관계를 갖는다 [Sohn, 2004a; 2004b; 2019b].

$$t(X)|_{\hat{\sigma}\to 0} = \frac{\rho_B}{b(-\dot{m}_A)_o S_v^\circ}\int_0^x \frac{dw}{f(w)} = a\cdot g(X) \tag{4.121}$$

여기에서 $(-\dot{m}_A)_o$는 식 (4.9)로 주어진 $(-\dot{m}_A)$의 외부조건하에서의 값이다. 그리고 식 (4.37) 또는 (4.93)으로부터 $t|_{\hat{\sigma}\to\infty}$는 다음과 같이 주어진다.

$$t(X)|_{\hat{\sigma}\to\infty} = \left(\frac{F_p V_p}{A_p}\right)^2 \frac{\alpha_B \rho_B}{2bF_p D_e (C_{Ao} - C_{Co})}\left(1+\frac{1}{K}\right)\left[p_{F_p}(X) + \frac{4X}{Sh^*}\right]$$

$$= a\cdot\hat{\sigma}^2\left[p_{F_p}(X) + 4X/Sh^*\right] \tag{4.122}$$

식 (4.121)의 적분에서 생기는 어느 상수나 a에 포함되는 것을 지적한다. 그러면 $\hat{\sigma}^2$는 식 (4.122)에 있는 $p_{F_p}(X)$에 곱한 상수를 a로 나눈 값으로 정의된다. 다른 형태의 $g(X)$, 즉 같은 X의 함수에 다른 상수가 곱해진 함수[예로서 표 4.1에서 $3(1-X)^{2/3}$ 또는 $(1-X)^{2/3}$]를 $g(X)$로 사용하여도 식 (4.120-A)~(4.120-C)의 유효성은 변하지 않는다. 다만 $p_{F_p}(X)$처럼 X = 1에서 1이 되는 $g(X)$와 그에 따른 상수 a를 선택하면 $\hat{\sigma}^2$가 수치 1과 직접 비교되므로 고체의 형상과 관계없이 판별기준의 수치값이 동일하게 되는 $\hat{\sigma}^2$를 정의할 수 있다. 이렇게 정의된 $\hat{\sigma}^2$로써 입자반응의 제어는 $\hat{\sigma}^2 < 0.1$일 때에 $< 10\%$ 오차이내로 이루어지며 물질전달의 제어는 $\hat{\sigma}^2 > 10$일 때에 $< 10\%$ 오차이내로 이뤄진다. [더 엄격한 $< 1\%$ 오차의 판별기준을 적용하면 각각 $\hat{\sigma}^2 < 0.01$과 $\hat{\sigma}^2 > 100$이 된다.] 이 기준이 유효하려면 $g(X)$를 X가 0에서 1로 변할 때 $p_{F_p}(X)$처럼 따라서 0에서 1로 변하는 함수로 선택하여야 한다. 그리하여 $\hat{\sigma}^2$가 1과 비교되는 지수가 되어야 한다.

어떤 $g(X)$ 함수는 차후에 식 (4.124)로 주어진 핵 생성 및 성장 반응(nucleation-and-growth kinetics)의 표현처럼 X가 1에 접근할 때 무한대로 증가한다. 이들은 반응분율과 시간의 관계 곡선이 반응분율이 0.9 – 0.95 이상으로 높아짐에 따라 긴 꼬리를 보이는 경우다. 이런 경우에는 어느 반응분율에 달하는 시간이 매우 불확실하며 실험 데이터로부터도 알아내기가 어려워 정확한 시간을 찾으려 하는 것 자체가 무의미하게 된다. 이럴 경우에는 충분히 높은 반응분율에서, 예를들어 $X \approx 0.9$에서, $g(X)$의 값이 1이 되도록 그 항을 정상화하고 그 정상화하는데 쓰인 상수, 즉 $g(0.9)$를 a에 포함시키는 것을 추천한다.

통상적으로 $g(X)$ 함수와 그에 따른 a는 분말이나 작은 조각의 고체를 써서 실험적으로 구해야 하지만 공극확산이나 외부물질전달을 나타내는 항은 관련이론이나 상관분석으로 매우 정확하게 추정할 수 있다.

손의 법칙으로부터 얻은 결과의 식 (4.120-C)는 여러가지 주지할만한 의미를 갖고 있다. 이 식은 표 4.1에 주어진 어떤 입자반응속도 식에도 그리고 어떠한 고체의 형상에도 유효하다. 그리고 이 식은 시간을 반응분율의 양성함수(time-explicit)로 표시하므로 어떤 반응분율에서의 순간 반응속도를 간단한 미분으로 구할 수 있는 편이를 지니고 있다. 더욱이 이 식은 반경과 같은 특성길이가 아니고 F_p, A_p와 V_p를 토대로 한 무단위 변수를 사용하여 표시되는데 여기에서 유래하는 장점은 마땅한 F_p 값을 정해주기만 하면 고체가 세가지 기초외에 임이의 형상을 가져도 쉽게 측정할 수 있는 A_p와 V_p의 값을 사용하여 위 식을 적용하여 그 반응속도를 구할 수 있다는 것이다 [Sohn et al., 2019; Sohn and Roy, 2020]. 또한 식 (4.120)의 형태는 Langmuir-Hinshelwood 의 반응식과 같이 반응속도가 유체 농도의 일차 함수가 아닌 경우에도 [Sohn and Szekely, 1973] 손의 법칙을 적용할 수 있는 편리한 점이 있다.

4.7.2 '손'의 법칙의 도해식 표현

앞에 유도된 손의 법칙(Sohn's Law of Additive Reaction Times)은 더 간단히 수학을 쓰지 않고도 표현할 수 있다. 필요한 자료는 (1) 고체내 공극확산의 영향이 없는 조건(입자반응속도)에서 구한 반응분율과 시간의 관계와 (2) 물질전달제어 아래서 반응분율과 시간의 관계(식 4.122)가 전부다. 후자는 추정한 유효 확산계수나 형상을 토대로 식 (4.101)을 사용하여 구한 것이거나 혹은 실험으로 구한 것이다. 그림 4.10에서 이 법칙이 일반적으로 어떻게 적용되나 보여준다. 이 그림은 어느 X에 달하는데 필요한 시간은 왼쪽의 두 점근조건에서 각각 같은 반응분율에 도달하는데 필요한 시간의 합으로 구할 수 있다는 것을 보여준다. 이 법칙은 shrinking-core를 이루며 반응하는 무공극 고체의 반응에는 정확히 적용되고 유효 확산도가 일정한 다공성 고체의 경우에는 근사하게 유효하다. 후자의 경우 정확한 답은 일반적으로 계를 서술하는 2차 미분방정식을 수치해석으로 풀어야 한다.

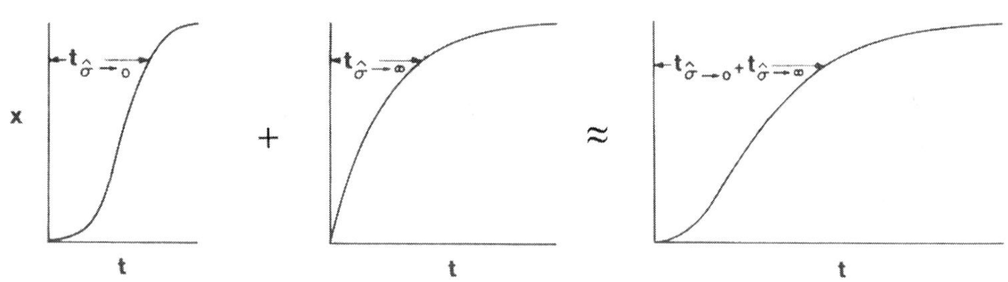

펠렛내 확산과 외부물질전달이 아주 빠른 경우에 있어서 반응 분율과 시간과의 관계

(반응이 펠렛의 작은 한 부분에서의 화학반응에 의해 율속되는 경우)

펠렛내 확산과 외부물질전달이 느려 이것들에 의해 반응이 율속되는 경우에 있어서 반응분율과 시간과의 관계

전체 경우에 있어서 반응분율과 시간과의 관계

그림 4.10. 손의 법칙 (Sohn's Law of Additive Reaction Times)의 도해적 표현 [Sohn, 1991; 2004a; 2019b]

이에 관련된 추가 설명을 하기 위해 식 (4.120)의 형태를 보면 그 식을 실험에서 얻은 데이터를 곡선적정해석(curve-fitting)으로 X-t선에 적용하여 a에 포함된 반응속도 상수 k와 $\hat{\sigma}^2$ 에

들어있는 공극 확산도를 동시에 구하는 시도가 가능할 것으로 보인다. 그러나 그런 시도는 강력하게 저지되어야 하는데 그 이유는 $g(X)$와 $p_{F_p}(X)$ 선들의 차이가 충분히 크지 않으며 고체의 반응성은 본래 변화가 심하고 따라서 유체-고체반응속도의 실험치는 고유의 부정확성이 함유되어 있기 때문이다. 따라서 여기에 추천하는 방법은 먼저 실험결과를 공극확산과 외부물질전달로 제어된 X-t선과 비교하고 식 (4.120)으로 표현된 손의 법칙을 적용하는 것이다. 추정한 유효 확산도와 외부 물질전달 계수의 값이 충분히 정확하면 실험결과로 구한 X-t선은 항상 물질전달로 제어된 X-t선의 오른 쪽에 위치한다. 만일 식험결과가 물질전달로 제어된 X-t선보다 열배 이상의 시간을 보이면 실험치는 입자 반응속도를 대표하고 두선이 비슷한 위치에 놓이면 물질전달이 전체반응속도를 제어할 가능성이 높으므로 가능한 한 공극확산도와 외부 물질전달 계수의 추정을 정확히 해야 한다. 만약에 두 선들의 시간의 비율이 전체 반응분율의 범위안에서 0.1 – 0.9이면 입자의 고유반응속도는 그 차이로 추정할 수 있다. 즉 그림 4.10에 있는 둘째와 셋째선 사이의 차이를 이용할 수 있다. 그러나 이 방법은 공극확산의 영향이 없는 고유 입자반응속도를 실험으로 구하기가 어려울 경우에만, 예를 들어 해당되는 조건의 범위안에서 그 반응속도가 빠른 경우에, 사용할 것을 추천한다. 제일 믿을만한 고유 입자반응속도는 실험상으로 공극확산과 외부물질전달의 영향을 제거한 조건에서 구한 것이다.

4.7.3 '손'의 법칙의 미분표현 – 순간속도(瞬間速度)의 표현

손의 Law of Additive Reaction Times 법칙은 유한수식에 의한 근사식으로 또한 시간의 양성함수로 표현되기 때문에 입도분포 그리고 유체농도와 고체온도가 변하는 다입자계등의 다양항 분석에 매우 편리하다. 따라서 그 법칙은 미분형태로 어느 시간이나 반응분율에서 순간반응속도 dX/dt를 부여한다. 이로서 단일 고체의 결과를 고체의 온도와 유체의 농도가 반응기 내에서 위치와 시간에 따라 변하는 다입자계에 적용할 수 있다 [Sohn, 1978; 2004a; 2014b; Sohn and Braun, 1980; Sohn and Chaubal, 1986]. 또한 이러한 분석은 입도가 넓은 다중계의 분석이나 설계도 용이하게 한다.

식 (4.120-C)로부터 순간 반응속도 dX/dt는 다음과 같이 구한다.

$$\frac{dX}{dt} = \frac{1}{a \cdot g'(X) + a \cdot \hat{\sigma}^2 [p_{F_p}'(X) + 4/Sh^*]} \tag{4.123}$$

여기서 프라임(')은 X에 대한 미분을 상징한다.

주의할 점은 미분으로 표시된 손의 법칙은 $\hat{\sigma}^2 \approx 1$ 의 경우에 반응초기에 상당한 오차를 동반한다 [Sohn, 2020]. 이 오차는 $\hat{\sigma}^2$ 가 커지거나 작아지면 적어지지만 반응속도의 혼합제어의 경우에는 초기반응속도를 손의 법칙을 써서 표현하지 않아야 한다. 이 점은 유체-고체반응의 초기속도는 항상 불확실하고 반응고체의 불규칙적인 구조에 예민한 점과 함께 고려해야 한다. 또한 고체의 반응은 반응계에 고유한 유도기간(induction period)을 자주 필요로 하는데 이 현상은 핵생성과정이 끝날 때까지 낮은 반응분율 범위에 일어난다. 따라서 활성화

에너지 같은 반응계의 특성 계수는 초기반응속도에 의존하지 않아야 한다 [Sohn and Fan, 2017].

미분형태의 이 법칙은 특히 다입자계에서 시간에 따라 변하는 조건하에 전체 반응분율을 계산하는데 유용하다. 이 법칙의 적용성과 유용성은 여러 종류의 유체-고체 반응계에서 증명되었는데 아래에 몇 가지 경우를 논의한다. 특히 Patisson et al.[2006]과 Dussoubs et al.[2002; 2003a; 2003b]에 의한 응용은 이 법칙이 복잡한 다입자 운동층반응로의 모사에 다른 모델에 비해 여러 장점이 있음을 보여주어 주목할만 하다.

4.7.4 응용예 (應用例) - 핵생성 및 성장 속도론을 따르는 다공성 고체의 반응

유체-고체반응은 보통 고체표면의 선호지점에 유체반응물의 흡착과 반응에 의한 고체생성물 핵의 형성 과정을 거친다. 작은 입자의 경우에는 핵의 형성과 성장의 기간이 거의 전체 반응에 걸리는 시간의 전부를 차지한다. 이 경우에 반응분율과 시간의 관계는 핵생성과 성장 속도론을 따른다. 이런 속도론에 자주 쓰이는 반응속도식은 Erofeev [Young, 1966]와 Avrami [1941]에 의해 유도된 다음 식이다.

$$[-Ln(1 - w)]^{1/n} = mt \tag{4.124}$$

손 [Sohn, 1978]이 식 (4.9)에서 $n = c = 1$이고 $K_1 = K_2 = 0$인 경우에 식 (4.120-B)를 적용하여 다음과 같은 식을 얻었다.

$$t_N^* \cong g_N(X) + \hat{\sigma}_N^2\left[p_{F_p}(X) + 4X / Sh^*\right] \tag{4.125}$$

여기에서

$$t_N^* \equiv \frac{bkS_v^\circ}{\rho_B}\left(C_{Ao} - \frac{C_{Co}}{K}\right)t \qquad (4.126)^2$$

$$\hat{\sigma}_N^2 \equiv \frac{\alpha_B F_p k S_v^\circ}{2D_e}\left(\frac{V_p}{A_p}\right)^2\left(1 + \frac{1}{K}\right) \tag{4.127}$$

$$g_N(X) \equiv [-Ln(1 - X)]^{1/n} \tag{4.128}$$

식 (4.125)의 결과와 식 (4.124)의 미분형에서 얻은 해당 (4.78) 식과 함께 수치해석으로 구한 식 (4.77)의 풀이결과를 그림 4.11에 비교하였다. 이 비교는 $\hat{\sigma}_N^2 = 1$의 경우로, 즉 화학반응과 공극확산이 비슷한 중요성을 갖는 경우이며, 이 경우가 손의 법칙을 가장 엄격한 조건에서 시험하는 경우다. 이런 경우에도 손의 법칙은 만족할만한 결과를 보여준다. Sohn and Kim[1984]이 Szekely et al.[1973]이 발표한 산화니켈 펠렛의 수소환원 결과에 식 (4.125)를 적용하여 재분석함으로써 원래의 Grain 모델에 의한 분석보다 개선된 결과를 얻었다.

---

[2]주: 이 식에서의 KS_v^o는 Sohn [1978]에서의 $k\cdot\rho_B$에 해당한다.

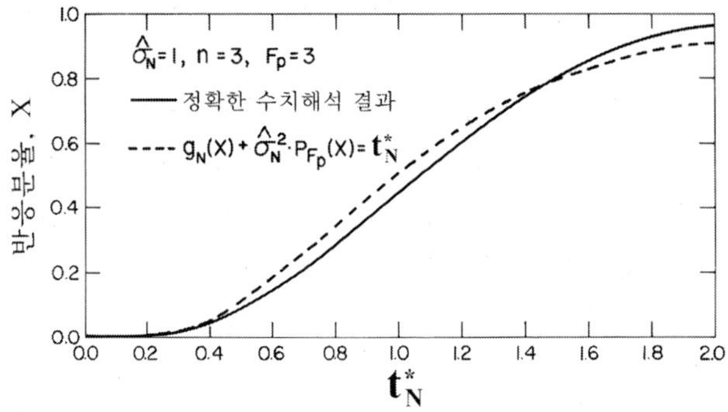

그림 4.11. 식 (4.125)와 정확한 수치해석 결과의 비교 ($Sh^* = \infty$) [Sohn, 1978].

식 (4.124)로 주어진 반응속도 표현의 특별한 경우는 $n = 1$인 경우다. 이는 반응속도가 잔류 미반응 고체의 분율에 일차 함수로 의존하는 경우에 해당된다. 이 반응속도 표현으로 처리된 여러 유체-고체반응 중에 제일 자주 나오는 반응은 탄소가 침적된 촉매의 재생같이 비활성 모체에 분포된 탄소의 산화다. 이런 경우에 식 (4.125)는 유효할 뿐 아니라 다른 근사법으로 얻은 지배미분방정식의 풀이보다 우수한 방정식임이 증명되었다 [Sohn and Wa11, 1989].

앞에 말한 바와 같이 식 (4.128)로 정의된 $g_N(X)$는 X가 1에 접근할 때에 무한대로 커진다. 따라서 $g(X)$를 $g_N(X)/g_N(0.9)$로 선택하고 이에 따라 $\hat{\sigma}^2$를 $\hat{\sigma}_N^2/g_N(0.9)$로 바꾸면 입자반응 제어와 물질전달에 의한 제어의 판단 기준은 $\hat{\sigma}^2 < 0.1$과 $\hat{\sigma}^2 > 10$에 더욱 가까이 된다. 이에 대응하는 무단위 시간은 $t^* = t_N^*/g_N(0.9)$이 된다.

4.7.5 응용예 - 온도와 농도의 변화를 수반하는 유체-고체간 반응

산업공정에서의 유체-고체간 반응은 온도와 농도가 시간이나 위치에 따라 변하는 충전층이나 유동층 같은 다입자계에서 일어난다. 식 (4.125)와 같은 근사식의 주요 장점은 그 식이 시간으로 양성이기 때문에 외부조건이 변하더라도 고체입자 내부의 온도만 균일하면 미분형태의 dX/dt를 써서 그 근사식을 적용할 수 있는 것이다.

여러 금속계에 관련된 고체는 그 열전도도가 크다. 이러한 경우에 고체내의 온도는 충분히 균일하며 열전달에의 저항은 외부유체와 고체의 외부표면에 국한될 수 있다. 따라서 손 법칙의 한 형태인 식 (4.120-C)로부터 dX/dt 형태의 반응속도를 구하여 외부농도와 다른 온도의 함수들을 시간이나 위치의 함수로 표현한다. 이 방식의 유효성은 손에 의해 입증되었다 [Sohn, 1978]. 이에 관한 예가 그림 4.12에 주어졌다. 특히 이 예는 반응분율이 0에서 1로 증가함에 따라 입자반응 제어에서 혼합제어를 거쳐 공극확산 제어로 변화하도록 고체내의 균일한 온도가 시간에 따라 직선적으로 변하는 경우에 이 절차를 적용한 결과다. 이러한 매우 엄격하고 포괄적인 조건하에서도 손의 법칙이 매우 만족한 결과를 가져오는 것을 볼 수 있다.

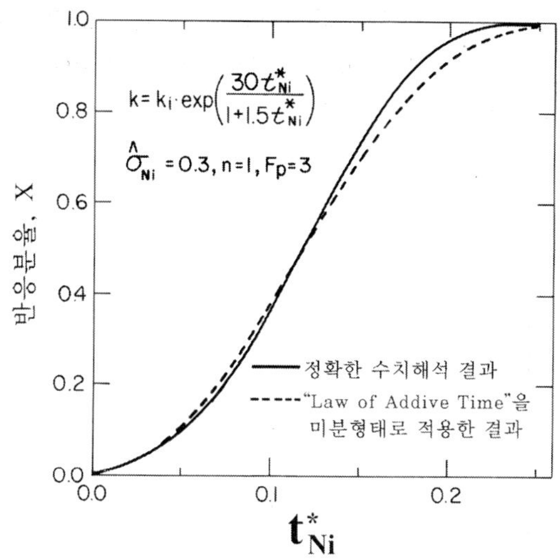

그림 4.12. 온도의 변화를 동반하는 경우에 미분형의 손법칙과 정확한 수치해석 결과의 비교 [Sohn, 1978].

손법칙의 적용성과 장점을 증빙하는 다른 여러 예는 기존하는 참고문헌 [Sohn, 2020; Sohn and Roy, 2020; Smith and Sohn, 2014; Sahir et al., 2011; 2012; Sohn and Perez-Fontes, 2010; Sohn and Wall, 1989; 1990; Sohn and Braun, 1980; Sohn and Szekely, 1973; 1974]에서 찾을 수 있는데 이 법칙의 적용이 지배방정식의 정확한 수치해석 결과와 가까운 결과를 가져오는 것을 입증한 바 있다. 이러한 비교는 여러가지의 고체형태를 대상으로 행하였으며 유체-고체반응의 실험치에 항상 어느 정도의 산포가 있고 또한 고체의 반응성이 입자에 따라 지니는 상당한 불균일성과 함께 고려하면 이 비교에 나타나는 일반적으로 작은 차이는 수용할만 한 범위안에 있다고 할 수 있다. 또한 보통 공극확산보다 영향이 적은 외부물질전달을 대표하는 Sh^*의 값이 달라져도 이 비교의 결과에 별로 영향을 주지 않는다.

4.8 고상확산(固相擴散)을 동반하는 기-고체간 반응

반응고체 주위에 무공극이인 고밀도 고체 생성층이 형성될 때에는 이 층을 통하는 성분의 전달은 고상확산으로 일어난다. 고상확산은 보통 느리며 그 활성화 에너지가 크다. 어떠한 조건하에서는 금속 산화물의 환원 [Landler and Komarek, 1966; Lien et al., 1971]이나 금속의 산화반응 [Davies et al., 1951]의 전체 반응속도가 이러한 고상확산에 의해 제어된다.

Landler and Komarek[1966]이 다음과 같은 수소에 의한 wustite의 부분환원을 검토했다. [wustite은 비화학양론적 (nonstoichiometric) 화합물이다.]

$$Fe_{1-x1}O \rightarrow Fe_{1-x2}O$$

그리고 그 결과를 wustite 표면에서 일어나는 화학반응과 wustite내에서의 철의 고상확산에 의해 그 전체반응이 제어되는 모델을 이용하여 해석했다. 그 이전에 wustite의 부분환원이나 산화반응에서 산소는 확산하는 성분이 아님이 증명된 바 있다 [Davies et al., 1951; Edstroem and Bitsianes, 1955]. 이러한 단계들의 상관관계는 그림 4.13에 보였다.

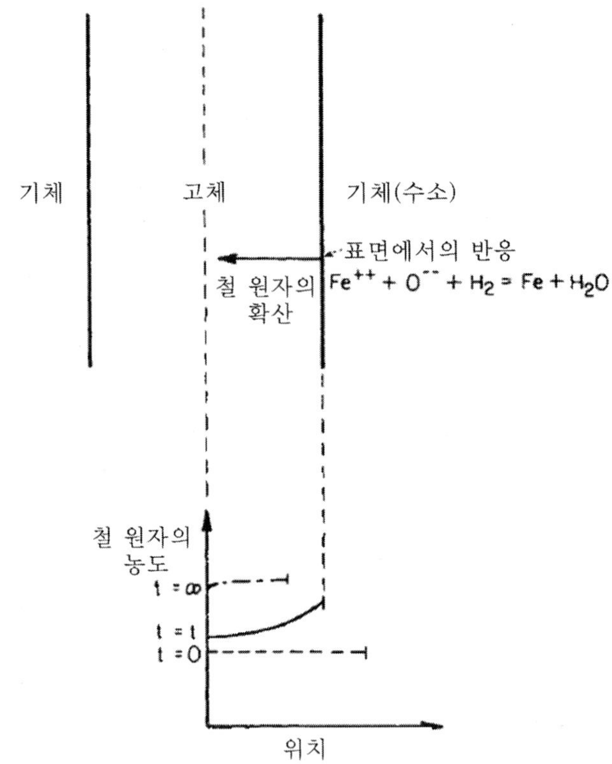

그림 4.13. wustite의 부분환원에서 표면 반응과 고상확산의 진행.

일정 두께 L을 가진의 무한 크기의 고체 평판으로 가정하면 고체내에서 철의 한 방향 확산은 다음과 같이 서술할 수 있다.

$$\partial C/\partial t = D_s \partial^2 C/\partial y^2 \quad (4.129)$$

그리고 경계조건은

$$t = 0\text{에서} \qquad C = C_o \quad (4.130)$$

$$y = L/2\text{에서} \qquad D_s \partial C/\partial y = k(C - C_{eq}) \quad (4.131)$$

$$y = 0\text{에서} \qquad \partial C/\partial y = 0 \quad (4.132)$$

식 (4.131)로 표시된 기-고체경계 조건은 표면반응이 가역이며 철농도에 일차 함수로 의존하고 기체의 성분은 일정히 유지된다는 가정을 나타낸다.

위의 식을 풀면 [Newman, 1931] 철의 농도는 y와 t에 따라 다음과 같이 변한다.

$$\frac{C - C_{eq}}{C_o - C_{eq}} = \sum_{n=1}^{\infty} 2A_n \cos\frac{2\beta_n y}{L} \exp\left(-\frac{4D_s t}{L^2}\beta_n^2\right) \tag{4.133}$$

여기서

$$A_n = \left\{\left[\frac{kL}{2D_s} + \frac{2D_s}{kL}\beta_n^2 + 1\right]\cos\beta_n\right\}^{-1} \tag{4.134}$$

그리고

$$\cos\beta_n = \beta_n(2D_s/kL) \tag{4.135}$$

전체 반응분율은 식 (4.140)을 써서 다음과 같이 계산된다.

$$\begin{aligned} X &= 1 - \frac{1}{L}\int_{-L/2}^{L/2} \frac{C - C_{eq}}{C_o - C_{eq}} dy \\ &= 1 - \sum_{n=1}^{\infty} 2\exp\left(-\frac{4D_s t}{L^2}\beta_n^2\right)\left[\beta_n^2 + \left(\frac{2D_s}{kL}\beta_n^2\right)^2 + \frac{2D_s}{kL}\beta_n^2\right]^{-1} \end{aligned} \tag{4.136}$$

반응분율은 $kL/2D_s$를 매개변수로 하여 무단위 변수 $4D_st/L^2$의 함수로 주어지는 것을 볼 수 있다. 식 (4.136)의 합계는 참고자료에 $4D_st/L^2$와 $kL/2D_s$의 함수로 주어졌다 [Newman, 1931].

Landler and Komarek[1966]은 식 (4.136)을 실험치에 적용하여 철의 확산도를 구했으나 이 식의 더 유용한 적용은 별도로 얻은 표면반응과 고상 확산도를 써서 반응분율을 예측하는 것이다. 고상 확산도는 Edstroem and Bitsianes[1955] 및 Himmel et al.[1953]이 제시한 바와 같이 별도로 측정할 수 있다.

Landler and Komarek[1966]은 wustite의 부분환원만을 검토했으나 환원이 계속되어 고밀도 철층이 생성된 후에는 철층내에서 일어나는 확산과정을 추가하고 철과 wustite 사이의 경계면에서의 평형조건도 함께 고려해야 한다.

4.9 결언 (結言)

대부분의 유체-고체반응의 실험결과는 매우 주의하여 실행한 실험이라도 얼마간의 산포도는 항상 있다. 이는 고체의 형태와 결정구조의 원천적인 변화성과 결정상 결함 때문이다. 따라서 실험치와 일치한다는 이유만으로 X에 따른 반응속도식을 선택하는 것은 무의미 하다. 그보다는 타당성 있는 반응 메카니즘에 근거한 표현을 쓰는 것을 추천한다.

큰 조각의 고체나 펠렛의 반응은 대부분의 경우에 공극확산과 외부물질전달의 영향을 받는다. 화학반응이 넓은 지역에서 확산과 함께 일어나는 다공극 고체의 반응에도 무공극 반응고체의 표면에서만 반응이 일어나는 Shrinking-Core 모델을 적용하는 예가 많다. 그러나 분별 없는 Shrinking-Core 모델의 적용은 실험결과를 해석하고 확대 적용하는데 뿐만 아니라 반응식 지수들과 공극 확산도의 계산 그리고 반응이 여러 물리적 지수에 의존하는 관계를 분석하는데 오차를 가져온다.

원래에 공극을 지니고 있는 고체의 반응은 고체내부에 확산이 일어나는 구역에서 분산되어 진행되며 무공극 고체의 반응보다 복잡하여 일반적으로 수치해석이 요구된다. 많은 연구결과를 자세히 분석한 결과에 의거하여 손 [Sohn, 2020]이 간단하면서도 여러가지 유용한 장점을 가진 "유체-고체반응에 관한 손의 법칙"을 개발하였는데 이 법칙은 무공극 고체의 등온반응에는 정확히 일치하며 초기에 다공극인 고체의 반응에서는 근사하게 맞는 관계식으로 표현된다. 원래는 유체반응물로 보아 일차반응의 경우에 개발되었으나 후에 비일차반응에도 적용될 수 있음이 증명되었다.

연습문제

1. 다음 항들을 정의, 서술 또는 설명하라.
   a. 물질전달의 유체경계층 (Mass transfer boundary layer)
   b. 반응속도 제어단계 (Rate-controlling step)
   c. 동일 몰수의 대향확산 (equimolar counterdiffusion)
   d. 다공성 고체내의 유효 확산도 (Effective diffusivity in a porous solid).

2. 가장 널리 존재하는 아연 광물은 섬아연광 (sphalerite, ZnS)인데 보통 다른 공정 전에 공기로 배소한다. 배소반응은 다음과 같다.

   $$2ZnS(s) + 3O_2(g) \rightarrow 2ZnO(s) + 2SO_2(g)$$

   이 반응은 비가역이며 초기 다공성 구형의 시료가 배소되어 다공성 ZnO층을 형성한다. 초기 반경은 R이며 전체반응은 이 다공성 ZnO층을 통한 산소의 확산에 의해 제어된다. 반응에 의한 기체 부피의 변화를 고려하여 시간에 따른 반응분율의 변화식을 구하라.

3. 수소에 의한 무공극 산화니켈의 환원을 세밀히 조절된 실험조건 아래 관찰하였다. 시료는 고체의 1 cm^3당 0.05 mol의 NiO를 함유하고 있다. (순수한 산화니켈의 밀도는 0.1 mol/cm^3이며 나머지 고체는 무반응성 맥석광물이다.) 400°C로 가열된 1 기압하의 순수한 수소가 직경 1 cm의 구형시료 주위에 흐른다. 아래 주어진 반응분율-시간의 자료를 적당한 그림으로 그려서 반응속도의 제어단계를 결정하라. 그리고 해당되는 k나 De를 구하라. (화학반응은 수소농도에 대해 일차반응이다.) 같은 제어단계를 가정하여 직경이 2 cm인 구형시료의 반응분율과 시간의 관계를 예측하라.

시간 (초)	반응분율
3.0	0.1
41.8	0.35
81.4	0.47
159.0	0.62
332.0	0.81

참고문헌

Ausman, J. M. and Watson, C. C., 1962, *Chem. Eng. Sci.*, 17, 323.

Avrami, M., 1941, *J. Chem. Phys.*, vol. 9(2), 177.

Beek, J., 1961, *AlChE J.*, 7, 337.

Bhatia, S. K. and Perlmutter, D. D., 1980, *AIChE J.*, 26, 379.

Bhatia, S. K. and Perlmutter, D. D., 1981, *AIChE J.*, 27, 247.

Bird, R. B., Stewart, W. E., and Lightfoot, E. N., 2002, *Transport Phenomena*, 2nd ed. Wiley, New York.

Bischoff, K. B., 1963, *Chem. Eng. Sci.,* 18, 711.

Bischoff, K. B., 1965, *Chem. Eng. Sci.,* 20, 783.

Ca1velo, A. and Smith, J. M., 1971, *Proc Chemeca '70, no 3*, Butterworth, London, 1.

Carberry, J. J., 1961, *AlChE J.,* 7, 350.

Chaubal, P. C. and Sohn, H. Y., 1986, *Metall. Trans. B*, 17B, 51-60.

Chen, F., Mohassab, Y., Jiang, T. and Sohn, H. Y., 2015, *Metall. Mater. Trans. B*, 46B(3), 1133. http://link.springer.com/article/10.1007/s11663-015-0332-z

Cho, J.-H. and Sohn, H. Y., 2016, *Can. J. Chem. Eng.*, 94, 1516.

Choi, M. E. and Sohn, H. Y., 2010, *Ironmaking Steelmaking*, 37, 81.

Damköhler, G., 1943, *Z Phys. Chem* A193, 16.

Davies, M. H., Simnad, M. T. and Birchenall, C. E., 1951, *Trans Met. Soc. AIME* 191, 889.

Dussoubs, B., Jourde, J., Patisson, F., Houzelot, J. L. and Ablitzer, D., 2002, *Powder Technology*, 128, 168.

Dussoubs, B., Jourde, J., Patisson, F., Houzelot, J.-L. and Ablitzer, D., 2003a, *Chem. Eng. Sci.*, 58, 2617.

Dussoubs, B., Jourde, J., Patisson, F., Houzelot, J.-L. and Ablitzer, D., 2003b, *Chem. Eng. Sci.*, 58, 2629.

Eddings, E. G. and Sohn, H. Y., 1993, *Ind. Eng. Chem. Res.*, 32, 42.

Edstrocm, J. O. and Bitsianes, G., 1955, *Trans. Met. Soc. AIME* 203, 760.

Elzohiery, M., Sohn, H. Y. and Mohassab, Y., 2017, *Steel Research International*, 88(2), (14 pp.) 1600133. http://dx.doi.org/10.1002/srin.201600133

Fan, D.-Q. Sohn, H. Y., Mohassab, Y. and Elzohiery, M., 2016, *Metall. Mater. Trans. B*, 47B(6), 3489. http://link.springer.com/article/10.1007/s11663-016-0797-4

Fan, D.-Q., Sohn, H. Y. and Elzohiery, M., 2017, *Metall. Mater. Trans. B*, 48B, 2677. http://rdcu.be/ybnM; https://link.springer.com/content/pdf/10.1007%2Fs11663-017-1053-2.pdf

Himmel, L., Mehl, R. R. and Birchenhall, C. E., 1953, *Trans. Met. Soc. AIME* 197, 827.

Ishida, M. and Wen, C. Y., 1968, *AlChE J.*, 14, 311.

Kawahata, M. and Walker, P. L., 1962, "Mode of Porosity Development in Activated Anthracite," in Proceedings of the Fifth Carbon Conference, Vol. 2, pp. 251-263, Pergamon Press, New York.

Khawam, A. and Flanagan, D. R., 2006, *J. Pharm. Sci.,* 95, 472.

Kirsch, B. L., Richman, E. K., Riley, A. E., and Tolbert, S. H., 2004, *J. Phys. Chem. B* 108, 12698.

Landler, P. F. J. and Komarek, K. L., 1966, *Trans. Met. Soc. AIME* 236, 138.

Lien, H. O., El-Mehairy, A. E. and Ross, H. U., 1971, *J. Iron and Steel Inst.*, 209, 541.

Lin, H. K. and Sohn, H. Y., 1987, *Metall. Trans. B*, 18B, 497.

Luss, D., 1968, *Can. J. Chem. Eng.,* 46, 154.

Newman, A. B., 1931, Trans. *AIChE J.*, 27, 203.

Papanastassiou, D. and Bitsianes, G., 1973a, *Met. Trans.,* 4, 477.

Papanastassiou, D. and Bitsianes, G., 1973b, *Met. Trans.,* 4, 487.

Patisson, F., Dussoubs, B. and Ablitzer, D., 2006, in *Sohn International Symposium, Advanced Processing of Metals and Materials, Vol. 1 – Thermo and Physicochemical Principles: Non-Ferrous High-Temperature Processing*, ed. by F. Kongoli and R.G. Reddy, 141, TMS (The Minerals, Metals & Materials Society), Warrendale, PA, U.S.A.

Paul, B. C., Sohn, H. Y. and McCarter, M. K., 1992a, *Metall. Trans. B*, 23B, 537.

Paul, B. C., Sohn, H. Y. and McCarter, M. K., 1992b, *Metall. Trans. B*, 23B, 549.

Perez–Tello, M., Sohn, H. Y. and Rajamani, R. K., 1999, *Chem. Eng. Sci.*, 54, 803.

Petersen, E. E., 1962, *Chem. Eng Sci.,* 17, 987.

Petersen, E. E., 1965, *Chemical Reaction Analysis*, Chapter 4. Prentice-Hall, Englewood Cliffs, New Jersey.

Prater, C. D., 1958, *Chem. Eng. Sci.* 8, 284.

Rhee, K. I. and Sohn, H. Y., 1990a, *Metall. Trans. B*, 21B, 321.

Rhee, K. I. and Sohn, H. Y., 1990b, *Metall. Trans. B*, 21B, 341.

Sahir, A. H., Lighty, J. S. and Sohn, H. Y., 2011, *Ind. Eng. Chem. Res.*, 50, 13330. http://pubs.acs.org/doi/abs/10.1021/ie201577g

Sahir, A. H., Lighty, J. S., Sohn, H. Y. and Leion, H., 2012, Energy Fuels, 26, 4395. http://dx.doi.org/10.1021/ef300452p.

Seth, B. B. L. and Ross, H. U., 1965, *Trans. Met. Soc. AIME* 233, 180.

Seth, B. B. L. and Ross, H. U., 1966, *Can. Met. Quart.*, 5, 315.

Smith Y. R. and Sohn, H. Y., 2014, *Hydrometallurgy*, 146, 164-168. http://dx.doi.org/10.1016/j.hydromet.2014.04.002

Sohn, H. Y., 1978, *Metall. Trans. B*, 9B, 89.

Sohn, H. Y., 1991, *Metall. Trans. B*, 22B, 737.

Sohn, H. Y., 2004a, *Metall. Mater. Trans. B,* 35B, 121. http://www.springerlink.com/content/6555471vv3718735/fulltext.pdf

Sohn, H. Y., 2004b, *Chem. Eng. Sci.,* 59, 4361. http://www.sciencedirect.com/science?_ob=GatewayURL&_origin=CONTENTS&_method=citationSearch&_piikey=S0009250904004208&_version=1&md5=4bae9c44f18beb5d18b99f829cf46db8

Sohn, H. Y., 2005, *Metall. Mater. Trans. B*, 36B, 897. http://www.springerlink.com/content/68011mq737k64058/fulltext.pdf

Sohn, H. Y., 2014a, *Metall. Mater. Trans. B*, 45B, 1600. http://dx.doi.org/10.1007/s11663-014-0113-0

Sohn, H. Y., 2014b, "Reaction Engineering Models," in *Treatise on Process Metallurgy, Volume 3 Industrial Processes Part A, Section 2.4.3.* pp. 758-810, Elsevier, Oxford, UK and Waltham, MA, USA.

Sohn, H.Y., 2016, *Metall. Mater. Trans. B*, 47B(2), 1203. http://link.springer.com/article/10.1007/s11663-015-

0551-3
Sohn, H. Y., 2019a, *Can. J. Chem. Eng.*, 97, 2061. https://doi.org/10.1002/cjce.23469
Sohn, H. Y., 2019b, *Can. J. Chem. Eng.*, 97, 2068. https://doi.org/10.1002/cjce.23468
Sohn, H. Y., 2020, *Fluid-Solid Reactions*, Elsevier, Cambridge, MA 02139, 536 pp.
Sohn, H. Y. and Aboukheshem, M. B., 1992, *Metall. Trans. B*, 23B, 285.
Sohn, H. Y. and Bascur, O., 1982, *Ind. Eng. Chem. Process Des. Dev.*, 21(4), 658.
Sohn, H. Y. and Braun, R. L., 1980, *Chem. Eng. Sci.*, 35, 1625.
Sohn, H. Y. and Braun, R. L., 1984a, *Ind. Eng. Chem. Process Des. Dev.*, 23, 685.
Sohn, H. Y. and Braun, R. L., 1984b, *Ind. Eng. Chem. Process Des. Dev.*, 23, 691.
Sohn, H. Y. and Braun, R. L., 1984c, *Chem. Eng. Sci.*, 39, 21.
Sohn, H. Y. and Chaubal, P. C., 1984, *Trans. Iron Steel Inst. Japan*, 24, 387.
Sohn, H. Y. and Chaubal, P. C., 1986, *AIChE J.*, 32(9), 1574.
Sohn, H. Y. and Fan, D.-Q., 2017, *Metall. Mater. Trans. B*, 48B, 1827.
Sohn, H. Y. and Kim, D., 1984, *Metall. Trans. B*, 15B, 403.
Sohn, H. Y. and Kim, S. K., 1985, *AIChE J.*, 31(5), 860.
Sohn H. Y. and Perez-Fontes, S., 2010, *Metall. Mater. Trans. B*, 41, 1261. http://www.springerlink.com/openurl.asp?genre=article&id=doi:10.1007/s11663-010-9414-0
Sohn, H. Y. and Roy, S., 2020, *Metall. Mater. Trans. B*, 51, 601. https://doi.org/10.1007/s11663-020-01772-5
Sohn, H. Y. and Sohn, H.–J., 1980, *Ind. Eng. Chem. Process Des. Dev.*, 19(2), 237.
Sohn, H. Y. and Szekely, J., 1972, *Chem. Eng. Sci.*, 27, 763.
Sohn, H. Y. and Szekely, J., 1973, *Chem. Eng. Sci.*, 28, 1169.
Sohn H. Y. and J. Szekely, 1974, *Chem. Eng. Sci.*, 29, 630.
Sohn, H. Y. and Wall, D. R., 1989, *Chem. Eng. Sci.*, 44, 442.
Sohn, H. Y. and Wall, D. R., 1990, *J. Amer. Ceram. Soc.*, 73, 2953.
Sohn, H. Y., Zhou, L. and Cho, K., 1998, *Ind. Eng. Chem. Research*, 37, 3800.
Sohn, H. Y., Roy, S. and Fan, D. Q., 2019, *Metall. Mater. Trans. B*, 50, 2037. https://doi.org/10.1007/s11663-019-01592-2
Sridhar S. and Sohn, H. Y., 2005, "The Kinetics of Metallurgical Reactions," Chapter 7, *Fundamentals of Metallurgy*, ed. by S. Seetharaman, Woodhead Publishing, Cambridge, UK, pp. 270-349.
Szekely, J. and Evans, J. W., 1970, *Chem. Eng. Sci.*, 25, 1091.
Szekely, J. and Sohn, H. Y., 1973, *Inst. Mining Met. Trans. Sect. C,* 82, C 92.
Szekely, J., Lin, C. I. and Sohn, H. Y., 1973, *Chem. Eng. Sci.*, 28, 1975.
Szekely, J., Choudary, M. and El-Tawil, Y., 1977, *Metall. Trans. B*, 8B, 639.
Tien, R. H. and Turkdogan, E. T., 1972, *Met. Trans.* 3, 2039.
Tinkler, J. D. and Metzner, A. B., 1961, *Ind. Eng. Chem.,* 53, 663.
Vyazovkin, S., Dranca, I., 2005, *J. Phys. Chem. B,* 109, 18637.
Walker, P. L. Jr., F. Rusinko, Jr., and L. G. Austin, *Advan. Catal.* 11, 133 (1959).
Weisz, P. B. and Hicks, J. S., 1962, *Chem. Eng. Sci.,* 17, 265.
Xiao, X., Sichen, D., Sohn, H. Y. and Seetharaman, S., 1997, *Metall. Mater. Trans. B*, 28B, 1157. http://www.springerlink.com/content/76l5654j00750228/fulltext.pdf
Young, D. A., 1966, *Vol 1 Decomposition of Solids, of The International Encyclopedia of Physical Chemistry and Chemical Physics, Topic 21 Solid and Surface Kinetics,* ed. by F. C. Tompkins, Pergamon Press, London.

제 5 장

황화광물 용융제련 (Smelting) 원리

비철금속 중 생산량이 많은 금속은 범용금속(base metal)이다. 범용금속 중에서는 구리(동, copper), 나켈(nickel), 납(연, lead), 아연(zinc), 코발트(cobalt) 등이 주요 금속이며 제일 현저한 특성은 화학적인 반응성이나 융점이 모든 금속 중 중간에 위치하는 것이다. 또한 대부분의 범용금속은 자연에 황화물로 존재하여 그 생산과정에 어느정도의 공통점이 있다. 이 장에서는 생산량이 제일 많은 구리로부터 시작하여 제련원리를 논의한다.

5.1 구리제련 원리

구리는 제일 중요한 비철금속 중의 하나며 매우 높은 열과 전기의 전도도를 가진 연성(ductile) 금속이어서 주로 전기의 전도체로 쓰이고 그 보다는 덜하지만 열의 전도체로 쓰인다. 그 밖에 건축재료나 청동이나 황동 같은 합금의 성분으로도 사용된다.

범용 금속(base metal)에 관해 위에서 언급한 바대로 구리는 자연에서 주로 황화광물인 황동광(黃銅鑛, chalcopyrite, 개략적으로 $CuFeS_2$)으로 존재하며 거의 항상 황철광(黃鐵鑛, pyrite, FeS_2)과 자황철광(磁黃鐵鑛, pyrrhotite, FeS) 같은 황화철과 함께 있다. 황동광과 함께 또는 독자적으로 존재하는 다른 구리광물은 반동광(斑銅鑛, bornite, Cu_5FeS_4), 휘동광(輝銅鍵, chalcocite, Cu_2S) 그리고 covellite (CuS)이다. 황화구리 광물은 휘수연광(輝, 水鉛鑛, molybdenite, MoS_2), 섬아연광(閃亞鉛鑛, sphalerite, ZnS) 그리고 방연광(方鉛鑛, galena, PbS) 같은 다른 황화금속도 함께 동반하고 있다. 황화물이 산화되어 생긴 구리의 광물도 있다. 황화물은 화성암에 산재하여 큰 광상을 이룬다. 선사시대나 조기유사시대에는 자연동이나 산화구리가 이용되었는데 후자는 탄소로 용이하게 환원된다. 현재에는 극히 적은 구리의 산화광물은 습식방법으로 처리하여 구리를 회수한다.

구리의 광물은 파쇄(crushing)와 분쇄(grinding)를 걸쳐 부유선광, matte용련(matte smelting), 전환(converting)을 하여 조동(粗銅)을 만든다. 조동은 불정련(fire-refining)과 전해정련의 추가 단계를 거쳐 구리의 순도를 대부분의 적용에 적당한 99.99%로 증가시킨다.

이 절은 고온 용융공정으로 구리를 생산하는데 관련된 열역학과 반응속도의 원리를 취급한다. 시작하는 부분은 광물로부터 고온공정을 통해 구리를 생산하는데 관련된 구리화합물의 안정도를 서술하고 이것이 생산공정들의 개발 또는 조업과 어떻게 관련되는가를 설명한다. 다음에는 구리 용융제련중의 matte용련과 전환공정의 열화학적 원리와 거기에 포함된 미량원소의 거동과 각 단계에서 각 상으로의 분포에 대해 의논한다. 끝으로 정광(精鑛)이나 중간 생성물의 산화와 미량원소의 휘발과 같은 구리용융제련에 관련된 여러 단계의 공정속도론을 서술한다.

5.1.1 황화물(黃化物)의 Ellingham도표

고온 금속제련공정은 높은 온도에서 일어나므로 화학반응의 속도가 빨라 거의 모든 단계가 평형 근처의 상태에서 진행된다. 따라서 고온공정을 이용한 구리의 생산의 원리는 다음과 같은 분야와 밀접한 관계가 있다. 즉 온도에 따른 자유에너지와 안정구역도, 용융액의 물리화학, 기체와 금속, matte과 slag 같은 용융상 사이의 상평형이다.

그림 5.1이 금속추출에 관련된 황화물의 표준 형성자유에너지를 보이는데 이는 제2장에서 의논한 산화물에 관한 것과 비슷한 도표다. 선들은 여러 황화물의 안정성을 직접 비교할 수 있기 위해 ½ 몰의 S_2 가스를 기준으로 하였다. 안정성이 높은 황화물이 낮은 황화물의 아래에 위치하며 모든 성분이 표준상태에 존재할 경우에 어떤 원소가 어느 황화물을 환원할 수 있나를 제시한다. 산소를 제외하면 황화물에서 황을 제거할 수 있는 값싼 원소가 없다는 것을 알 수 있다. 따라서 황화광물에서 황을 제거하는 공정은 대부분 SO_2와 SO_3를 형성하는 산화반응으로 시작된다.

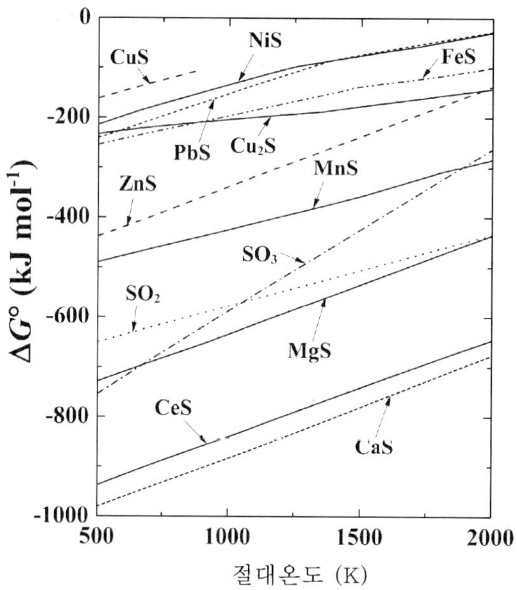

그림 5.1. 황화물의 Ellingham 도표 ($\frac{1}{2}$ S_2 가스당) [Sohn, 2014].

5.1.2 온도변화 안정구역도

황화구리로부터 구리금속에 이르는 제련 경과를 나타내기 위해서는 온도를 변수로 한 단일 도표에 주요 상들을 보이는 것이 편리하다. 산화가 대기압 아래에서 일어나면 SO_2의 분압을 고정시킬 수 있다. 대부분의 황화물을 산화할 때에 평형상태에서의 산소분압은 매우 낮기 때문에 p_{SO_2}와 p_{O_2}의 합은 공급되는 가스의 p_{O_2}값과 거의 같다. 그림 5.2가 온도를 변수로 한 상관계의 한 예를 보이는데 여기서 p_{SO_2}는 1.0 atm에 고정되고 종축은 $\log p_{O_2}$ 이다. 뒤에 더 의논하겠지만 구리 용융제련에서 공기 대신 공업용 산소를 쓰는 것이 현재 일반적인 추세이므로 이 그림에서 p_{SO_2} = 1 atm으로 고정한다. 추가로 언급할 것은 기체압력을 log척도로 표시하기 때문에 구역의 경계는 p_{SO_2}에 따라 크게 압축되어 나타난다.

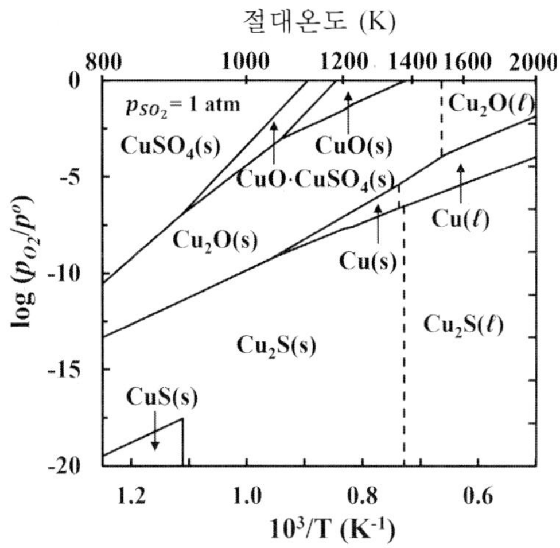

그림 5.2. 온도를 변수로 한 Cu-S-O계의 안정구역도 (1 atm SO_2 압력) [Sohn, 2014].

이 그림은 액상구리가 1358 K 이상에서 존재하는 것을 보인다. 따라서 이 온도가 액상과 액상을 접촉하여 slag을 이용하여 불순물을 제거할 수 있는 최저온도다. 액체구리의 범위가 산소 분압의 log 값으로 두 간격에 걸치는데 이는 액체금속을 형성하는 공정조건의 제어가 용이함을 의미한다.

액상철은 1811 K에 나타나며 FeO와 철의 평형조건은 $\log p_{O_2} = -8.7$에 해당한다. 따라서 철은 구리보다 환원성이 훨씬 큰 조건에서 형성된다.

5.1.3 Cu-S-O와 Fe-S-O의 복합계 (複合系)

철과 구리를 함유한 황화광물을 용융제련하려면 철과 구리의 두 계를 이해해야 하므로 그림 5.3에 이 두계를 함께 그렸다.

황동광(Chalcopyrite, $CuFeS_2$)은 약 1250 K에서 Cu_2S + FeS의 혼합액체와 1 기압의 S_2가스로 분해한다 [Levin et al., 1964]. 따라서 황동광 안정구역의 오른쪽 경계가 이 온도의 등온선이다. 황동광에서 생성된 FeS가 산화되면 먼저 Fe_3O_4가 생성된다. 그림 5.2에서 보인 바와 같이 이 계에서는 CuS가 불안정하므로 황동광의 산화반응은 다음과 같이 쓸 수 있다.

$$6CuFeS_2 + 13O_2 = 2Fe_3O_4 + 3Cu_2S + 9SO_2 \qquad (5.1)$$

그림 5.3에 보이는 것처럼 $CuFeS_2$구역의 윗 부분이 이 반응에 해당한다.

오른 쪽은 Cu_2S-FeS용액이 안정한 액체 matte 구역이다. 이 구역의 윗 파선(dashed line)으로 주어진 경계는 다음 반응을 대표한다.

$$3FeS(l) + 5O_2 = Fe_3O_4 + 3SO_2 \qquad (5.2)$$

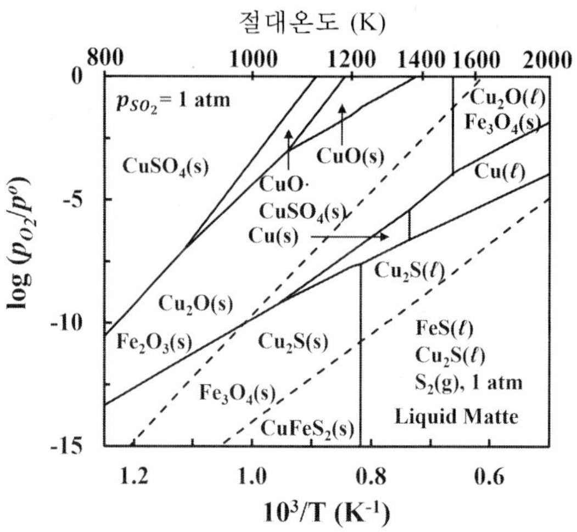

그림 5.3. 온도와 산소분압에 따라 황동광의 산화에서 생성되는 주요 화합물.
—— Cu 화합물; --- Fe화합물 [Sohn, 2014].

이 선의 위에 안정한 상은 Cu_2S와 Fe_3O_4다. 산소분압이 더욱 증가하면 약 1023 K 이하에서 Cu_2S가 Cu_2O를 형성한다. 더 높은 온도에서는 Fe_3O_4가 철의 안정한 상이고 Cu_2S는 Cu로 특히 1358 K 이상에서는 액체구리로 전환되므로 이 온도가 용융제련으로 구리를 생산할 수 있는 최저온도다.

이보다 높은 온도에서는 고체 Fe_3O_4가 액상구리 위에 뜰 것이다. 실제로는 용제를 첨가하여 산화철을 slag에 용해함으로써 분리가 용이하게 된다. 산소를 더 첨가하면 Cu가 Cu_2O를 거쳐 CuO로 산화되고 모든 철은 Fe_2O_3로 산화된다.

5.1.4 황동광(黃銅鑛)으로부터 용융구리까지의 세가지 가능한 과정

그림 5.3을 토대로 다른 조업 조건을 선택하면 황동광에서 액체 금속으로 가는 몇 가지 길을 알 수 있다. 아래에 세가지 길을 논의한다.

A. 완전배소(完全培燒)와 환원 (Dead Roasting and Reduction)

이 방법에서는 구리광물을 고체상태에서 산화하여 Cu_2O와 Fe_2O_3를 형성한 후, 용광로에 장입하여 Cu_2O는 코크스로 환원하여 용융구리로 생산하고, Fe_2O_3는 용제를 사용하여 Slag로 제거한다.

이 방법은 중세기부터 19세기까지 사용되었으며 [Healy, 1983] AMAX 회사가 다시 실험했다 [Opie et al., 1979]. 그들은 작은 용광로를 운전하여 에너지와 제품의 품질면으로 보아 양호한 결과를 얻었다. 모든 SO_2가 밀봉된 용기에서 방출되므로 농도가 높고 회수가 용이했다. 이 방법의 주요 문제는 coke의 사용을 포함한 고체상의 처리이며 다음 두 방법과 같이 중간 생성물의 낮은 융점을 이용하여 용융상태에서 조업하는 이점을 취하지 못하는 점이다.

B. matte용련과 전환공정 (轉換工程)

이 공정이 구리 생산에 현재 제일 널리 쓰이며 아래 절에 따로 자세히 서술한다.

C. 금속으로의 직접산화

이 길은 구리광물에서 액체구리로 한 단계에 직접 가는 것으로 매우 오랫동안 구리 생산자의 숙원이었다. 그러나 이 과정에는 다음과 같은 문제점들이 있다.

1. 철의 높은 산화도가 매우 많은 열을 생성하기 때문에 내화물이 견디기 어렵고 또 다른 조업상의 문제가 발생한다.
2. 철의 높은 산화도는 slag에 높은 자철석의 농도를 의미하며 고체 자철석이 석출되기도 한다. 이로 인해 slag의 점성이 과도로 높아진다.
3. As, Bi, Sb, Pb, Se와 Te 같은 많은 해로운 불순물들이 slag에서 구리로 흡수된다.
4. 구리가 형성되는 높은 산소분압하에서 slag의 구리함량이 커지고 또한 slag의 높은 점성 때문에 그 안에 물리적으로 혼입된 구리의 양이 증가한다.

이러한 이유로 정광에서 한 단계로 구리를 생산하는 것은 현실성이 없어 아주 적은 경우의 고급 정광에만 적용된다.

5.1.5 matte용련과 전환공정 (轉換工程)

그림 5.4에 고온 구리생산의 일반적인 흐름도를 보인다. 이 그림에서 보이는 것과 같이 현대의 구리 생산에는 matte용련과 전환공정이 제일 중요한 두 단계 공정이다. 첫 단계에서는 구리와 철의 황화물을 주 성분으로 하고 Al_2O_3, CaO, MgO와 SiO_2 같은 맥석광물을 함유하는 황동광 정광이 보통의 원료다. 이런 정광을 산소를 함유한 공정가스와 용제와 함께 장입하는데, 주 목적은 장입물에 들어있는 거의 모든 구리를 함유하는 액체matte(Cu_2S와 FeS의 용액)과 구리는 거의 없고 용제와 산화철로 구성된 slag을 얻는 것이다 [Sohn, 2014].

영어 단어 'smelting'은 넓고 좁은 정의가 있다. 제일 넓은 의미는 용융단계를 거치는 어떠한 금속생산 공정이다. 즉 구리의 용융제련뿐 아니라 철의 용융제련, 알루미늄(Al)의 용융제련 등이다. 다음 수준의 정의는 황화광물로부터 용융단계를 거쳐 일차금속을 생산하는 전체 공정을 말하는데 이것이 이 장의 제목으로 쓰인 용어다. 제일 좁은 의미의 정의는 주로 구리와 니켈의 경우 같이 황화광물로부터 황과 철을 산화시키는 두 단계 중의 첫 단계를 말한다. 즉 전환공정에 비한 matte용련을 말한다. 이러한 matte은 구리생산의 경우 전환공정에서 추가로 산화하여 금속을 생산한다 [Sohn et al., 2005].

구리 제련을 두 단계로 하는 주 이유는 산소분압과 열생성과 관련된다. 이 중 전자는 자철석 형성같은 slag의 화학과 불순물의 거동을 좌우한다. 한 단계로 금속까지 가면 위에 서술한 바와 같이 불순물의 더 많은 양이 slag보다는 금속으로 분포되고 또한 너무 많은 열이 발생한다. 따라서 첫 단계 즉 matte용련 단계에서 가능한 많은 양의 철, 황과 해로운 불순물을 많은 양의 slag에 (대부분의 철이 산화되므로) 제거하고 matte은 그 slag에서 분리하여 따로 다음 단계인 전환공정에서 처리한다.

그림 5.4에 보인 흐름도에 각 단계에서의 구리 함량을 보이고 [Sohn, 2007] 그림 5.5와 5.6에는 각각 matte용련과 전환공정에서 일어나는 주요 화학반응들을 기술했다 [Sohn, 2007].

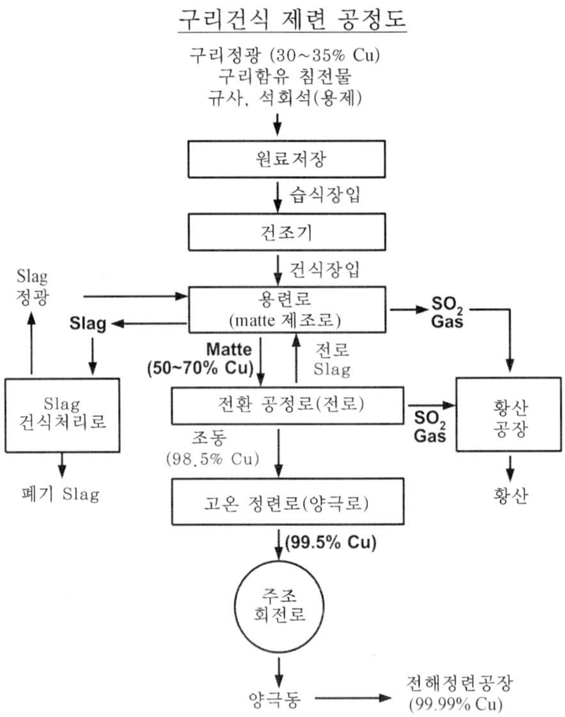

그림 5.4. 전형적인 구리 생산의 흐름도 [Sohn, 2014].

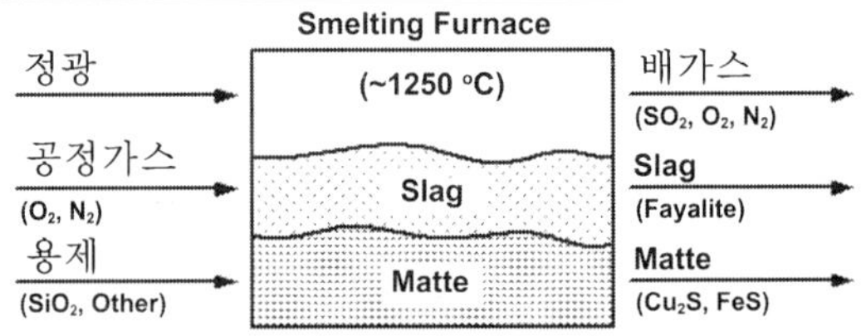

구리정광 : $CuFeS_2$ (황동광), FeS_2 (황철광), FeS (자황철광), 기타광석

$$2\ CuFeS_2\ (s) + O_2\ (g) = Cu_2S\ (l) + 2\ FeS\ (l) + SO_2\ (g)$$
$$FeS_2\ (s) + 1.5\ O_2\ (g) = FeS\ (l) + SO_2\ (g)$$
$$FeS\ (l) + O_2\ (g) = FeO\ (l) + SO_2\ (g)$$
$$2\ FeO\ (l) + SiO_2\ (s) = 2\ FeO \cdot SiO_2\ (l) = Fe_2SiO_4\ (l)$$: Fayalite Slag (absorbs impurities)

그림 5.5. matte 용련에서의 주요 화학반응 [Sohn, 2014].

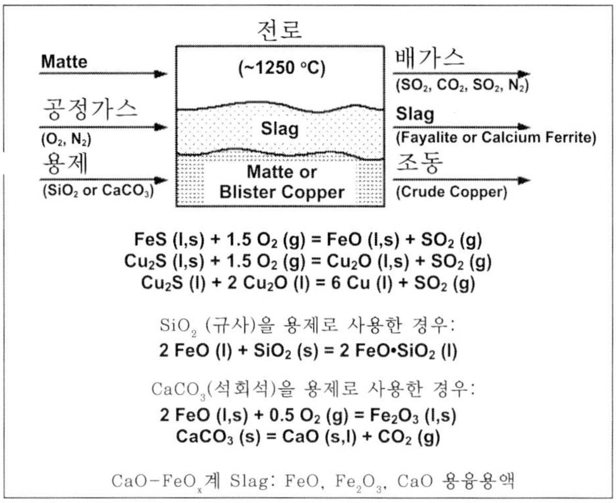

그림 5.6. 구리 전환공정의 주요 화학반응 [Sohn, 2014].

보통 1250°C의 용융상태에서 행하는 matte용련에서는 구리광물(보통 황철광과 기타 황화물을 함유한 황동광)에 포함되어 있는 황과 철의 큰 부분을 산소가 첨가된 공기로 산화시킨다. 현대의 경향으로는 순수한 산소의 사용이 증가되고 있으며 이로 인하여 공정가스의 질소함량을 저하하여 그의 가열에 필요한 에너지와 많은 양의 가스를 처리하는 비용을 절감한다. 아황산(亞黃酸)가스는 황산공장으로 보내어 황산으로 고정시킨다. 산화된 철은 정광에 함유되고 용제로 첨가된 규사와 결합하여 철감람석(鐵橄欖石, fayalite, $2FeO{\cdot}SiO_2$) slag을 형성하는데 이 slag은 융점(~ 1150°C)과 점성이 낮다. 용제의 첨가는 slag의 형성을 촉진할 뿐 아니라 slag의 유동성을 제어하는데도 도움이 된다.

상호용해성이 있는 금속황화물 Cu_2S와 FeS는 어떤 한 구리함량을 가진 구리 matte를 형성하는데 구리의 함량은 제련소마다 다르다 (50-70%). 구리-철 matte은 보통 Cu_2S와 FeS의 용액으로 생각하는데 그림 5.7에서 보는 바와 같이 정확한 양론과는 조금 차이가 있으나 거의 용인할 수 있다. 특히 현대적 경향에 따라 matte등급이 증가함으로써 이 가정은 더욱 유효해진다. matte(밀도 ~ 5.2 g/cm^3)과 slag(밀도 ~ 3.3 g/cm^3)은 비혼합상이어서 분리를 가능하게 하고 가벼운 slag은 matte 위에 뜬다. 철과 황의 제거외에 또하나 matte용련의 중요한 면은 정광에서 오는 As, Bi, Sb, 그리고 Pb 같은 원하지 않는 불순물의 큰 부분을 slag에 흡수하여 제거하는 것이다. 정광에 함유된 금, 은 그리고 다른 귀금속들은 대부분 구리쪽으로 분포된다.

위의 그림 5.5에 적은 주요 반응외에 황동광의 matte용련에서는 다음과 같은 반응들이 일어난다.

$$Cu_2S + 1.5\ O_2 = Cu_2O + SO_2 \qquad (5.3)$$

철이 구리보다 산소에 대한 친화성의 높으므로 FeS는 산소포텐셜이 높은 위치에서 Fe_2O_3

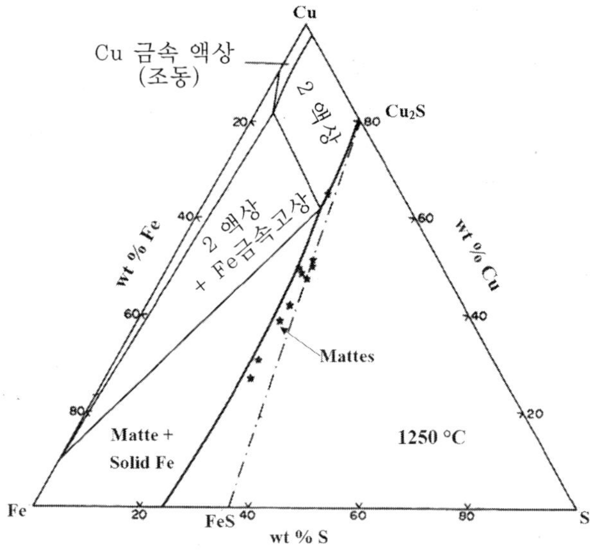

그림 5.7. 1250°C에서 Cu-Fe-S의 상평형도 [Krivsky and Schuhmann, 1957].
별표는 공업matte의 성분을 표시한다.

나 Fe_3O_4로 산화될 수 있으며 후에 FeS에 의해 FeO로 환원된다.

$$10\ Fe_2O_3 + FeS = 7\ Fe_3O_4 + SO_2 \tag{5.4}$$

$$3\ Fe_3O_4 + FeS = 10\ FeO + SO_2 \tag{5.5}$$

matte용련과 전환공정에서 철의 제거에 중요한 평형은 다음과 같다.

$$FeS(l) + Cu_2O(l,\ slag) = FeO(l,\ slag) + Cu_2S(l); \tag{5.6}$$

$$\Delta G^\circ = -35{,}000 - 4.6T,\ cal\ (T\ in\ K) \tag{5.7}$$

$$K = \exp\left(\frac{-\Delta G^\circ}{RT}\right) = \frac{a_{Cu_2S} \cdot a_{FeO}}{a_{Cu_2O} \cdot a_{FeS}} \approx 10^4 \text{ at 1473K} \tag{5.8}$$

여기에 a는 Raoultian 활동도다.

1473 K에서 $a_{Cu_2S}/a_{FeS} \cong 1$ 이고 $a_{FeO} \cong 0.3$ 이라 가정하면 $a_{Cu_2O} \cong 3 \times 10^{-5}$ 가 된다 [Biswas and Davenport, 1976]. 따라서 FeS가 Cu_2S보다 훨씬 앞서 산화되는 것을 알 수 있다.

slag의 성질은 로안의 산소분압에 따른다. 산소분압이 1%만 되도 slag의 철분은 Fe_3O_4로 산화된다. 자철석은 slag에 용이하게 용해되지 않으며 융점이 높아 (1597°C) slag은 점성이 크게되어 matte과 slag의 분리를 느리게 한다. 이 점이 황화물 용융제련에서는 자철석의 형성을 회피하기 위해 최저의 과잉산소아래 진행하여야 하는 것을 제시한다.

이러한 구리 용융제련의 matte용련은 다음에 열거한 몇 가지 형태의 반응로 중 하나에서 행한다.

- Outotec 자용로 (그림 1.1 참조).
- INCO 자용로 – Outotec 자용로와 공정개념이 비슷하나 settler위에 가스를 수평으로 취입하고 순산소를 사용한다.
- Noranda 로 – 아래의 그림 5.8에 보인 Peirce-Smith 로와 비슷한 형태의 욕조 용련로 (浴槽 熔錬爐, bath smelting furnace).
- El Teniente 로 – Noranda 로와 비슷하게 생긴 욕조 용련로.
- Ausmelt 로 – 위로부터의 잠입형 취입기(潛入型 吹入機, top submerged lance, TSL)를 갖추고 있는 수직 원통형 반응로 (그림 1.2 참조).
- Isasmelt 로 – Ausmelt 로와 같은 공정개념이며 외형만 차이가 있음.

Cu_2S와 FeS로 구성된 matte은 slag으로부터 분리하여 전로(converting furnace, 轉爐)에 장입한다. 그림 5.8에 보인 재래식의 Peirce-Smith 전로에서 전환공정은 용기의 옆 벽에 장치한 송풍구를 통하여 공기를 취입하며 두 단계로 행해진다 [Sohn, 2014]. 이 공정은 철과 황의 발열산화에 의해 자열적(autogenous)이다. 첫째의 slag형성 단계에서는 matte의 FeS가 SO_2와 FeO로 산화되고 FeO는 첨가한 SiO_2와 결합하여 철감람석(fayalite, $2FeO \cdot SiO_2$) slag을 형성하므로써 그림 5.6에 보이는 것과 같이 Cu_2S(white metal)를 남긴다. FeS가 모두 산화되면 slag을 걷어내는데 이 시점은 철의 산화에 의해 생성된 산화철로 인해 생긴 불꽃의 붉은 색이 사라지는 것으로 판별된다. 다음의 구리생성 단계에서는 Cu_2S를 계속 산화하여 조동(crude 혹은 blister copper)을 생산한다. 이 단계에서는 SO_2 가스외에는 아무 다른 산화물이 생성되지 않으므로 slag가 필요치 않다. 조동은 아직 작은 양의 원하지 않는 불순물과 가치있는 미량원소와, 그리고 잔류하는 황과 철을 함유하고 있다.

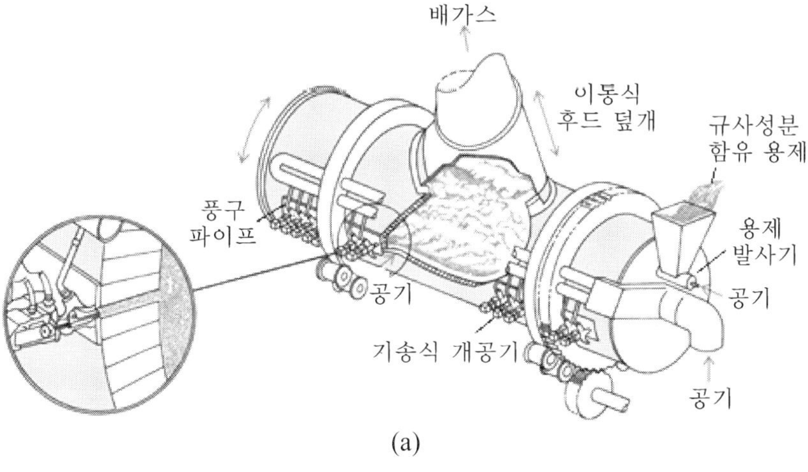

(a)

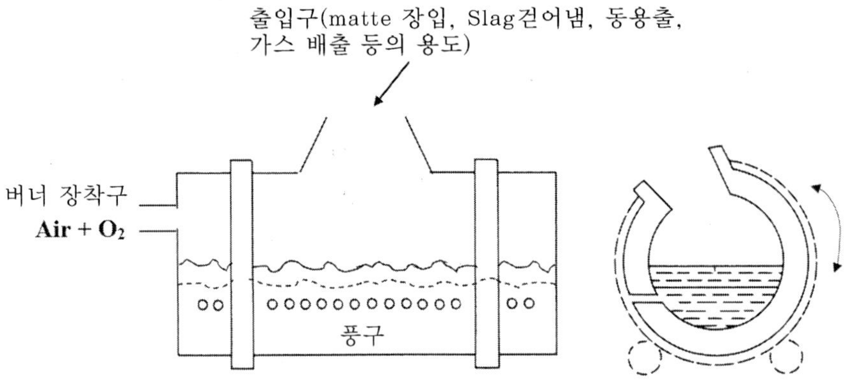

조업 / 용탕수위	Slag 조업	조동 조업
상층	**Slag**	백동
하층	**Matte**	조동

(b)

그림 5.8. 조동 생산에 쓰이는 Peirce-Smith 전로: (a) 개략도 [J. R. Boldt and P. Queneau, eds.: The Winning of Nickel, Methuen, London, 1967. T&F Book의 허가하에 재생]; (b) 내부.

전환공정에서 구리생성 반응의 열화학 관계는 다음과 같다.

$$Cu_2S(l) + 1.5\ O_2(g) = Cu_2O(s) + SO_2(g),\ \Delta G^o_{1473\ K} = -\ 54{,}500\ cal \quad (5.9)$$

$$Cu_2S(l) + 2Cu_2O(s) = 6Cu(l) + SO_2(g),\ \Delta G^o_{1473\ K} = -\ 11{,}500\ cal \quad (5.10)$$

$$Cu_2S(l) + O_2(g) = 2Cu(l) + SO_2(g),\ \Delta G^o_{1473\ K} = -\ 40{,}200\ cal \quad (5.11)$$

이 반응들은 $Cu_2S(l)$가 쉽게 $Cu(l)$로 산화하는 것을 제시한다. 반응 (5.10)의 평형관계는 다음과 같다.

$$K = \frac{a^6_{Cu}.p_{SO_2}}{a^2_{Cu_2O}.a_{Cu_2S}} \quad (5.12)$$

Cu, Cu_2S와 Cu_2O의 상호 용해도를 무시하면 K는 SO_2의 평형분압으로 표시할 수 있다(즉 $K = p_{SO_2}$). 1100°C와 1300°C에서의 각각 평형상수 값 11.0과 55.1인 것을 고려하면 구리를 형성하는 반응이 매우 용이하다는 것을 알 수 있다.

온도에 따른 상호용해도를 포함한 Cu_2S와 Cu의 평형관계를 그림 5.9에 보였다. Cu_2S와 Cu의 상호 용해도는 고체상태에서는 전혀 없고, 액체 상태에서도 크지 않음을 알 수 있다.

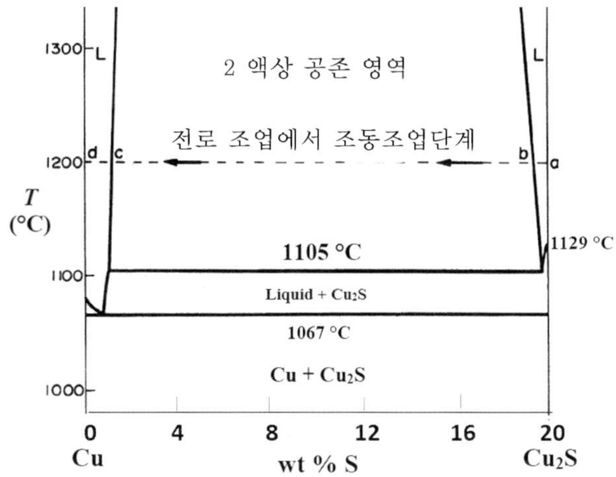

그림 5.9. Cu-Cu_2S 간의 평형상관계도.

그림 5.10에 보인 미쓰비시 공정과 그림 5.11에 보인 더 근래의 Kennecott-Outotec 자용련/자용전환 공정은 연속공정이기 때문에 두 단계의 회분식(batch)으로 조업하는 Peirce-Smith 공정과는 달리 구리가 matte에서 직접 형성된다. Peirce-Smith 전환공정에서는 Cu_2S(white metal)를 생성하는 slag형성 단계에서보다 Cu(blister copper)를 형성하는데 더 높은 산소분압이 필요하다. 따라서 규사를 용제로 사용할 수 없는데 이는 이처럼 높은 산소분압에서는 FeS의 산화로 생성되는 자철석과 적철석이 융점이 높아 규사를 용해시킬 수 없기 때문이다. 이러한 이유로 이러한 연속전환공정에서는 석회석을 첨가하여 CaO계 Slag을 생성하는데, CaO는 더 고도로 산화된 산화철을 흡수하고도 액상을 형성하고 충분한 유동성을 가진 calcium ferrite slag을 형성한다. 그러나 이 slag은 철감람석 slag보다 부식성이 강하여 mag-chrome (magnesia-chromia)같은 더 비싼 내화재를 필요로 한다.

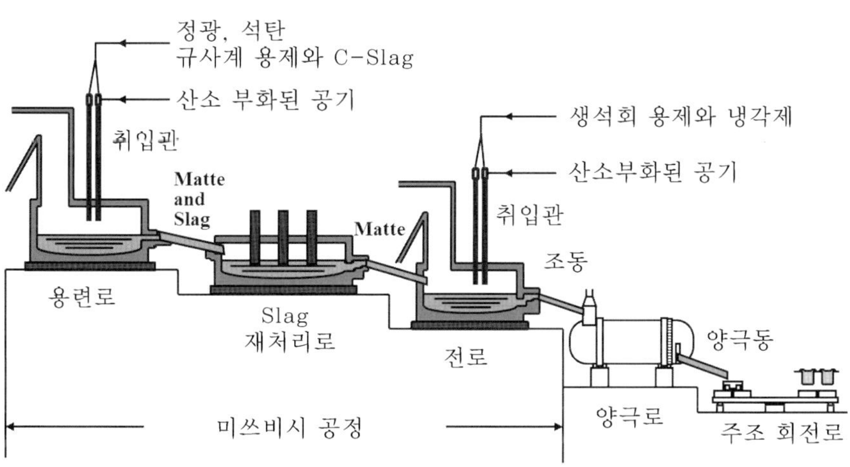

그림 5.10. 미쓰비시 공정의 흐름도 [Park, 2008].

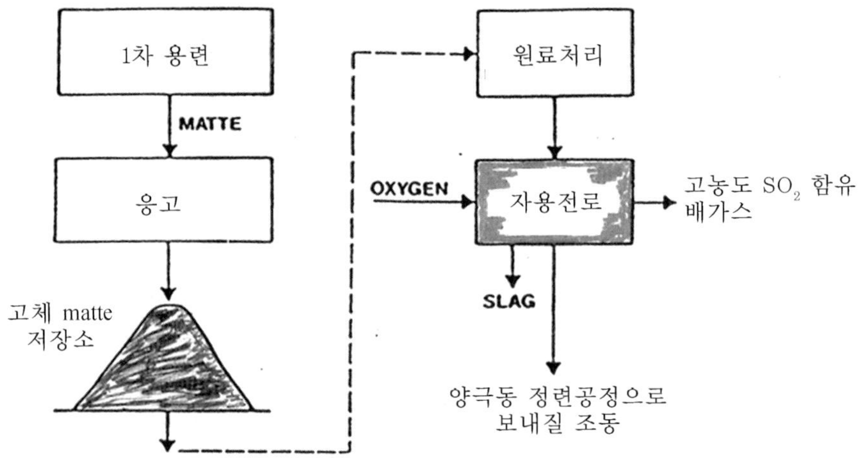

그림 5.11. Kennecott-Outotec 공정의 흐름도 [Sohn, 2007].

Kennecott-Outotec 자용전환 공정에서는 [Kojo and Storch, 2006] 70 % Cu를 함유한 자용로 matte을 조립화(造粒, granulation)하고 50 micron의 입자로 분쇄하여 건조한다. 건조된 matte 분말은 석회석과 혼합하여 공업산소와 함께 그림 1.1에 보인 것과 비슷한 자용로에 연속적으로 취입한다.

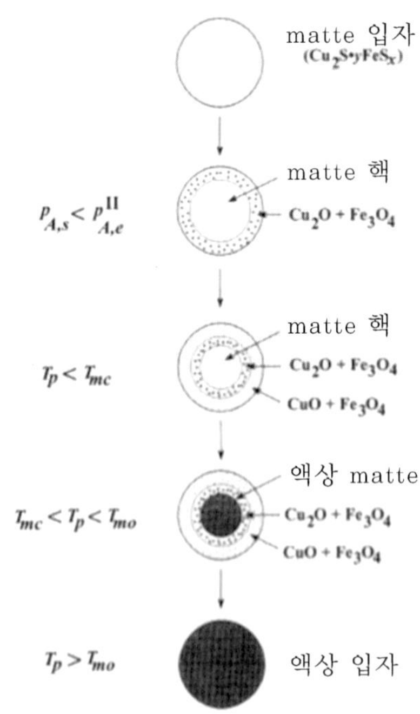

그림 5.12. 자용전로 공정에서 구리matte의 반응경로 [Perez-Tello et al., 2001].

구리는 산소의 공급량을 적당히 조절하여 다음과 같은 전체반응에 따라 얻는다.

$$(Cu_2S, FeS)_{matte} + O_{2(blast)} \rightarrow Cu(l) + (Fe_3O_4)_{calcium\ ferrite\ slag} + SO_2(g) \qquad (5.13)$$

그러나 가스와 입자가 함께 흘러내리는 수직 통로에서 개별적인 입자는 그림 5.12에 제시한 것처럼 변화한다 [Perez-Tello et al., 2001]. 평균적으로 matte은 먼저 Cu_2O와 Fe_3O_4로 산화하며 이 산화반응에 따라 입자의 온도가 높아져 용융하고 용융조로 떨어진다. 수직 통로 내의 조건은 균일하지 않으므로 어떤 입자들은 과잉 산화하고 다른 입자들은 불충분하게 산화될 수 있다.

calcium ferrite slag층 밑에서 다음과 같은 반응에 의해 구리와 SO_2가스가 형성된다.

$$(Cu_2S)_{matte} + 2(Fe_3O_4)_{slag} \rightarrow 2\ Cu\ (l) + 6\ FeO + SO_2\ (g) \qquad (5.14)$$

$$(Cu_2S)_{matte} + 2(Cu_2O)_{slag} \rightarrow 6\ Cu\ (l) + SO_2\ (g) \qquad (5.15)$$

$$(Cu_2S)_{matte} + 2(CuO)_{slag} \rightarrow 4\ Cu\ (l) + SO_2\ (g) \qquad (5.16)$$

0.2 % S와 0.3 % O를 함유한 용융구리(조동)는 간헐적으로 받아내어 음극구리(cathode copper)를 생산하는 전해정련 공장으로 보내고 ~20 % Cu와 ~16 % CaO를 함유한 calcium ferrite slag은 물로 입자화하여 matte용련로로 보내 재활용한다. 연속공정에서 구리를 생산할 때는 산소분압이 충분히 높아야하기 때문에 철이 높은 산화물로 산화되므로 자철석과 적철석을 흡수하고도 충분한 유동성을 유지할 수 있고 거품을 일으키는 경향이 낮은 calcium ferrite slag이 필요하다.

조동에 남아있는 작은 양의 황과 철은 불정련로에서 추가 산화하여 제거한다. 철을 완전히 제거하기 위하여는 산소분압이 충분히 높아야하므로 이 단계에서 얼마간의 구리도 산화된다. 따리서 철을 제거한 뒤에 개질된 천연가스 같은 환원제를 써서 구리로부터 잔존 산소를 제거한다. 관련된 화학반응은 다음과 같다.

산화기간:

$$\underline{S} + O_2(g) = SO_2(g) \qquad (5.17)$$

$$2\underline{Fe} + O_2(g) = 2FeO(l) \qquad (5.18)$$

$$4Cu(l) + O_2(g) = 2Cu_2O(l) \qquad (5.19)$$

환원기간:

$$Cu_2O(l) + H_2(g) = 2Cu(l) + H_2O(g) \qquad (5.20)$$

$$Cu_2O(l) + CO(g) = 2Cu(l) + CO_2(g) \qquad (5.21)$$

고온산화 정련된 구리는 양극(anode copper)으로 주조하여 전해조로 보내 99.99 % 순도의 음극구리(cathode copper)로 정련한다. 따라서 고온산화 정련로는 양극로(anode furnace)라고도 부른다.

고온산화 정련 단계에서 황제거는 다음 반응으로 표시된다.

$$[S]_{in\ Cu} + 2[O]_{in\ Cu} = SO_2(g) \tag{5.22}$$

이 반응의 평형관계는

$$K' = \frac{p_{SO_2}}{[\%S][\%O]^2} \approx (90 \text{ at } 1373 \text{ K}; 20 \text{ at } 1573 \text{ K}) \tag{5.23}$$

고온산화 정련을 하는 중요한 이유의 하나는 조동의 응고경과에서 SO_2의 기포(물집, blister)가 형성되는 것을 방지하는 것이다. 이러한 기포는 주조된 양극의 물리적 품질을 저하시킨다.

위에 서술한 바와 같이 정광으로부터 금속구리까지의 제련은 단계적으로 산화의 정도를 높이는 과정이라 볼 수 있다. 황화물이 존재하는 이상 산소의 평형 분압은 $10^{-8} - 10^{-6}$ atm으로 매우 낮고 유황가스의 분압도 매우 낮으며, 취입한 산소가 거의 다 아황산 가스로 변하기 때문에 생성된 아황산가스의 분압은 실제적으로 취입한 산소의 분압과 같고 볼 수 있다.

따라서 황화광물로부터 금속구리를 제련하는 과정은 일정한 아황산가스의 분압하에 산소의 평형 분압은 점차 증가하고 따라서 유황가스의 분압이 점차 감소하는 과정을 밟는다고 고려할 수 있다. 이 과정을 Yazawa[1974, 1979]가 열역학적인 관계를 사용하여 $p_{S_2} - p_{O_2}$의 도면으로 나타낸바 있는데 이 도면에 산소분압과 유황가스 분압의 변화에 수반하는 Cu와 Fe의 산화 및 황화도 함께 표시할 수 있어 편리한 점이 있다.

그림 5.13은 구리제련 공장 전체를 보여주는 도면의 예로서 온산에 위치한 LS-Nikko동제련 공장의 공정도다. 이 공장의 특이한 점은 두 종류의 동제련 공정을 조업하는데 원래의 공정은 Outotec 자용로(Flash Smelting Process)와 P-S 전로로 구성되었으나, 1998년에 미쓰비시 연속공법 (Mitsubishi Continuous Smelting Process)을 사용하는 제2 제련공징을 추가로 설립하여 가동하고 있다.

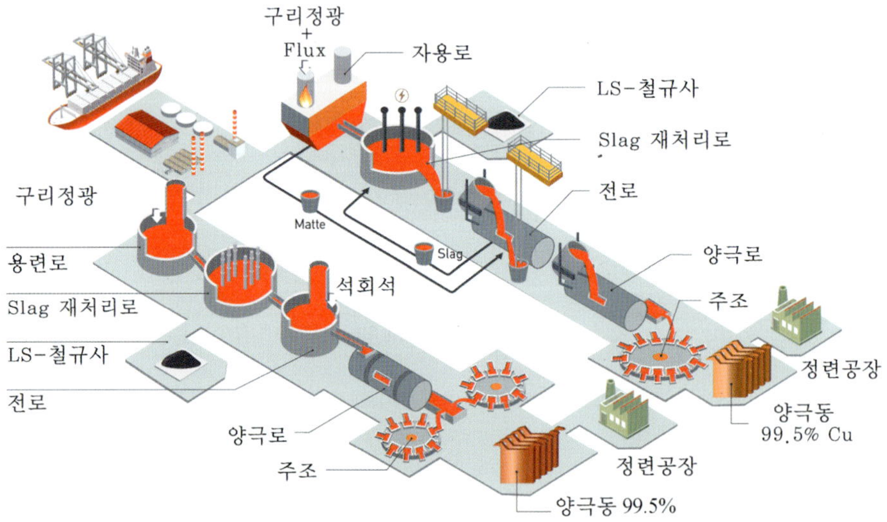

그림 5.13. 구리제련 공정 전체를 보여주는 LS-Nikko 동제련 공장의 공정도.

5.1.6 아황산(亞黃酸)가스의 처리와 황산제조

위에 언급한대로 황은 산화시켜 SO_2 가스로 만들어 제거한다. 산소가 함유된 가스내에서 냉각되면 SO_2는 SO_3로 산화되고 습기와 반응하여 황산(H_2SO_4)을 형성한다. 따라서 반응로로부터 배출되는 습기있는 가스는 황산방울들을 함유하고 있다.

배출가스의 처리는 비용이 들며 그 비용은 그 가스의 부피에 거의 비례한다. 따라서 질소가 포함되어 있지 않은 산소를 사용하여 생성된 가스의 부피를 줄이는 것이 유리하다. 또한 줄어든 가스부피로 인해 열손실이 낮아져서 연료의 소비가 적어진다. 90% 이상의 O_2를 함유한 공업산소의 사용이 연료와 가스부피의 절감으로 인해 공기를 사용하는 것보다 더 경제적이 되었다. SO_2가 대기에 방출되는 것을 방지하는 제일 경제적인 방법은 황산으로 고정시키는 것이다. 황산은 유용한 화학물질이며 제련 조업에서 생성된 고농도 배출가스로부터 액체 SO_2를 생산하여 펄프와 제지 산업에 탈색제로나 광산산업에 적용하고 식품산업에 방부제로 보급하기도 하지만 제련소에 따라서는 종종 황산의 수요시장을 찾기 어렵기도 하다.

5.1.7 구리 용융제련에 쓰이는 slag

용융금속을 생산할 때는 언제나 광물에 함유된 금속보다 쉽게 산화되는 불순물들은 산화물로서 금속 위에 뜬다. 이 산화물들은 보통 융점이 높으므로 용제(flux)를 첨가하여 그들을 흡수한다. 그러면 불순산화물은 위에 뜬 slag으로 부어내고 금속이나 matte은 상당히 순수한 형태로 분리해낼 수 있다. 에너지를 많이 소비하지 않도록 slag의 융점은 금속이나 matte와 비슷해야 하며 점성이 낮아 쉽게 흘러야 한다.

용제는 처리의 필요가 적은 값싼 물질이어야 한다. 제일 많이 사용되는 용제는 규사 또는 석회석에서 나온 생석회다. SiO_2의 함량이 높은 slag은 유동성이 낮은데 이는 SiO_2가 쉽게 중합하여 사슬구조를 형성하기 때문이다. Al_2O_3도 SiO_2와 함께 중합물을 형성한다.

이런 산화물들은 이온화되어 용해한다.

$$SiO_2 + 2\ O^{--} = SiO_4^{-4} \tag{5.24}$$

Si와 O의 배열은 평면적이 아니고 사면체(四面體, tetrahedral)다. 이 단위들의 몇몇이 AlO_3^{--}와 함께 긴 사슬을 형성하는데 긴 사슬은 서로를 지나 움직이는 것이 어려우므로 slag의 점성을 높인다.

이런 긴 사슬은 용해하여 다음과 같이 단일의 이온을 이루는 CaO, FeO 또는 다른 산화물을 첨가하여 끊을 수 있다.

$$CaO = Ca^{++} + O^{--} \tag{5.25}$$

Ca^{++}가 SiO_2사면체의 묶여있지 않은 끝을 중화하여 사슬을 끊어서 작은 단위들은 slag안에서 쉽게 움직일 수 있다.

광물에 들어 있는 불순물들은 대부분이 규산염이나 알루민산염이므로 실제적으로 모든 slag은 SiO_2와 Al_2O_3를 함유하고 있으며 CaO, MgO, FeO와 같은 산화물도 함유한다. 비철 고온

금속제련에 제일 많이 쓰이는 slag계는 SiO_2-FeO-Fe_2O_3-CaO인데 그 성질은 FeO와 Fe_2O_3의 비율에 따른다. 한편으로는 다음 반응에 의하여 산소분압에 따른다고 할 수 있다

$$Fe_2O_3(slag) = 2\ FeO(slag) + \tfrac{1}{2}O_2 \tag{5.26}$$

A. FeO-Fe_2O_3-SiO_2 slag

원천적으로 산성내화물을 쓰는 구리용융제련에는 규사를 첨가하여 산화된 철과 함께 slag을 형성하는 것이 관례였다. 이것이 오늘날까지도 가장 많이 쓰이나 현재에는 염기성 내화물(鹽基性 耐火物)을 쓰는 반응로도 많다.

slag의 점도가 중요한데 이는 용융물이 쉽게 흘러야 하고 더욱 중요한 점은 금속이나 matte을 slag으로부터 잘 분리해야 하기 때문이다. slag에 부유하는 matte가 slag상으로의 구리 손실의 가장 중요한 원인이다.

B. CaO 용제를 이용한 무규사(無硅砂) slag

규사용제 사용의 예외는 미쓰비시 연속 전환공정과 Kennecott-Outotec 자용전환 공정이다. 이 공정들에서는 석회석이 가소되어 생성된 CaO를 쓴다. SiO_2 대신 CaO를 쓰는 이유는 앞에 설명한 바 있다.

C. FeO-CaO-SiO_2 slag

미쓰비시 공정에서 matte용련로 후에 그리고 converting furnace 전에 (그림 5.10) 있는 slag-cleaning로를 예로 어느 경우에는 CaO를 첨가하여 FeO-Fe_2O_3-SiO_2 slag보다 slag의 점성과 밀도를 낮춘다. matte이나 금속의 침강은 액상간의 점도와 밀도의 차이에 의존하고 부유되는 금속이나 matte의 양도 교반과 침강시간에 의존한다.

5.1.8 미량원소의 거동

구리의 정광은 여러가지 미량원소를 함유하는데 금이나 은 같은 원소는 가치가 있고 다른 원소는 가치가 적으며 최종 구리제품의 질만 저하시킨다. 고급광물이 다 고갈됨에 따라 구리정광은 As, Sb, Bi와 Pb 같은 원치 않는 미량원소의 함량이 증가하고 있다. 이 원소들은 구리제품의 기계적 전기적 질을 낮추며 공해물로서의 우려를 일으킨다. 따라서 대부분의 금속 생산에도 그러하듯이 구리생산공정 중에 미량원소의 분배가 매우 중요하다. 다른 중요한 미량원소는 Zn, Se과 Te이다.

불순물들은 열역학적 성질에 따라 귀금속 같이 구리를 따르거나 또는 구리 용융제련의 다른 단계에서 matte, slag, 기체 또는 구리에 주로 산화물이나 황화물의 형태로 분포된다. 문헌에 발표된 연구 결과를 종합하면 미량원소들은 다음과 같이 거동한다 [Itagaki et al., 2002; Kim and

Sohn, 1996, 1998; Chaubal and Nagamori, 1988; Sinha et al., 1984a, 1984b, 1985; Chaubal et al., 1984; Itagaki and Yazawa, 1983; Yazawa et al., 1983; Nagamori and Chaubal, 1982].

귀금속은 전해정련 단계까지 모든 단계에서 구리를 따른다.

As, Bi, Sb와 Pb같이 전해정련 단계에 어려움을 초래하고 정련된 구리의 성질을 저하시키는 범용 금속원소는 matte용련이나 전환공정에서 slag을 통해 제거해야 한다. 그 이유는 이러한 범용 금속원소들은 구리와의 친화성이 크므로 일단 구리상이 생성되는 조건하에서는 많은 양이 slag보다는 구리상으로 흡수되기 때문이다.

A. matte과 slag 사이의 분포

matte은 Cu_2S와 FeS의 용액이고 slag은 FeO를 포함한 산화물들의 용액이라는 점을 고려하면 matte과 slag사이에 미량원소의 분포에 대한 분석이 편리하게 된다. 따라서 황화물이나 산화물로 존재할 수 있는 원소 M이 관련된 평형은 다음과 같이 표시할 수 있다.

$$M_xS\ (\text{matte}) + FeO\ (\text{slag}) = M_xO\ (\text{slag}) + FeS\ (\text{matte}) \tag{5.27}$$

그리고

$$K = \frac{a_{M_xO} \cdot a_{FeS}}{a_{M_xS} \cdot a_{FeO}} = \left(\frac{a_{FeS}}{a_{FeO}}\right) \cdot \left(\frac{\gamma_{M_xO} \cdot N_{M_xO}}{\gamma_{M_xS} \cdot N_{M_xS}}\right) \tag{5.28}$$

여기에 γ는 활동도계수이고 N은 몰분율이다. 이 방정식은 구리에도 적용되는데 그때는 이 식이 구리matte용련이나 전환공정의 slag형성 단계의 평형관계를 대표한다.

matte과 slag사이에 원소의 분포는 주로 다음과 같이 정의된 분포계수를 써서 표시된다 [Kim and Sohn, 1996, 1998; Nagamori and Chaubal, 1982].

$$L_M^{III} = (\text{wt\% M})_{\text{matte}}/(\text{wt\% M})_{\text{slag}} \tag{5.29}$$

이 식은 다른 지수들이 알려져 있으면 식 (5.28)에서의 몰분율 비에서 얻을 수 있다. L_M은 보통 산소분압과 온도의 함수로 표시된다 [Kim and Sohn, 1996, 1998].

식 (5.28)에서부터 a_{FeS}/a_{FeO}의 값이 matte용련시에 크므로 전환공정때 보다 slag으로의 구리손실이 적은 것을 알 수 있다. 동시에 slag을 통한 불순물의 제거는 전환공정에서 더 용이한 것을 이 식으로 설명할 수 있다.

구리matte용련 단계에서 matte과 slag사이에서 몇 가지 미량원소의 분포계수에 관한 자료를 다음에 모았다.

철감람석 slag (fayalite slag)의 경우

Pb: $\log L_{Pb}^{III} = -10{,}182/T + 3.03 - 0.5 \log p_{O_2} - \log\,[3.52 - 0.0046\,(T - 1523)]$; Chaubal [1986] (5.30)

Bi: L_{Bi}^{III} = 15/[6.6 − 0.014 (T − 1523)]; Nagamori and Mackey [1978a] (5.31)

Sb: L_{Sb}^{III} = 10/[15 − 0.20 (T − 1523)]; Nagamori and Mackey [1978a] (5.32)

As: L_{As}^{III} = 20/[11.2 − 0.0001 (T − 1523)]; Nagamori and Mackey [1978a]와 Chaubal and Nagamori [1988]의 자료를 종합하여 (5.33)

여기서 T는 K 단위다.

<u>25 wt%의 CaO를 함유한 calcium ferrite slag의 경우</u>

Pb: $\log L_{Pb}^{III} = -0.5070 \log p_{O_2} - 0.0032(T\text{-}1523) + 0.009176x - 4.584$;
Acuna and Yazawa [1986]와 Takeda et al. [1983]의 자료를 종합하여 (5.34)

Bi: $\log L_{Bi}^{III} = -0.5484 \log p_{O_2} - 1.809 - 0.0031(T\text{-}1523) - \log[6.6 - 0.014(T\text{-}1523)]$;
Acuna and Yazawa [1986]와 Takeda et al. [1983]의 자료를 종합하여 (5.35)

Sb: $\log L_{Sb}^{III} = -0.5769 \log p_{O_2} - 0.0065(T\text{-}1523) + 0.02637x - 6.461$:
Nagamori and Chaubal [1982]과 Takeda et al. [1983]의 자료를 종합하여 (5.36)

As: $\log L_{As}^{III} = -0.5618 \log p_{O_2} - 0.0064(T\text{-}1523) + 0.01461x - 5.171$:
Acuna and Yazawa [1986]와 Takeda et al. [1983]의 자료를 종합하여 (5.37)

위 식들에서 T의 단위는 K, p의 단위는 atm, 그리고 x는 matte등급(matte grade, matte의 %Cu)이다.

B. matte용련과 전로공정에서의 휘발

구리matte용련과 전로공정의 높은 온도에서 미량원소와 그 화합물들의 휘발이 일어난다. 휘발된 성분의 대부분은 미세분말(dust, 분진)로 회수되어 matte용련 공정으로 돌려 보내지지만 휘발은 대부분의 미량원소를 제거하는 slag으로의 분포에 영향을 준다.

미량원소의 함량이 낮으므로 그 휘발거동은 무한희석 Raoultian 활동도계수를 써서 다음과 같이 취급한다.

$$p_i = \overset{\circ}{p_i} \cdot a_i = \overset{\circ}{p_i} \cdot \overset{\circ}{\gamma_i} \cdot N_i \tag{5.38}$$

여기서 p_i는 원소나 화합물 i의 평형분압, $\overset{\circ}{p_i}$는 순수한 금속이나 화합물 i의 증기압, a_i는 활동도, $\overset{\circ}{\gamma_i}$는 무한희석 Raoultian 활동도계수, 그리고 N_i는 용액에서 원소나 화합물 i의 몰분율이다.

미량원소의 휘발양은 공정의 평형상태에서 기상으로 형성이 가능한 여러 성분의 함량을 합하여 계산한다 [Kim and Sohn, 1996, 1998; Nagamori and Chaubal, 1982]. 자용로와 자용전로 공정의 수직통로에서는 휘발을 평형상태에 있는 액적표면과 외부기류사이의 물질전달 현상으로 취급할 수 있다 [Seo and Sohn, 1991].

C. White Metal(Cu_2S)과 조동(blister copper, Cu) 사이의 분포

white metal과 조동이 공존하는 전로공정중의 구리형성 단계에서 이 두 상 사이의 미량원소 분포는 다음 반응을 근거로 서술할 수 있다.

$$Cu_2S(l) + M(l) = MS(l) + 2Cu(l) \tag{5.39}$$

Cu_2S와 Cu 상은 거의 순수하여 그 활동도가 1에 가까우므로 평형관계는 다음과 같이 표현된다.

$$K = a_{MS}/a_M = (\gamma_{M_xS}/\gamma_M)(N_{M_xS}/N_M) \tag{5.40}$$

백동(white metal)과 구리 상사이의 미량원소 분포는 보통 다음과 같이 정의된 분포계수를 이용하여 표현한다 [Kim and Sohn, 1996, 1998; Nagamori and Chaubal, 1982].

$$L_M^I = (wt\ \%\ M)_{Cu}/(wt\ \%\ M)_{matte} \tag{5.41}$$

이 관계식은 다른 지수들이 알려져 있으면 식 (5.28)에서의 몰분율 비에서 얻을 수 있다.

구리전로공정 조건아래 백동과 구리사이에서 몇 가지 미량원소의 분포계수에 관한 자료를 다음에 모았다.

Au: L_{Au}^I = 102 at 1400 K; L_{Au}^I = 127 at 1500 K; 낮은 농도의 Au, Sinha et al. [1985] (5.42)

Ag: L_{Ag}^I = 2.13 at 1400 K; L_{Ag}^I = 2.21 at 1500 K; 낮은 농도의 Ag, Sinha et al. [1985] (5.43)

Pb: L_{Pb}^I = 3.52 – 0.0046 (T – 1523); 낮은 농도의 Pb, 다른 조건에 의해 어느 정도 변함, Sinha et al. [1985] (5.44)

Sn: L_{Sn}^I = 33.2 at 1400 K; L_{Sn}^I = 36.5 at 1500 K; 낮은 농도의 Sn, Sinha et al. [1984b] (5.45)

Zn: $L_{Zn}^I = 1.35 - 0.002\ (T - 1523)$; Nagamori and Mackey [1978b] (5.46)

Bi: $L_{Bi}^I = 6.6 - 0.014\ (T - 1523)$; Nagamori and Mackey [1978b] (5.47)

Sb: $L_{Sb}^I = 15 - 0.20\ (T - 1523)$; Nagamori and Mackey [1978b] (5.48)

As: $L_{As}^I = 11.2 - 0.0001\ (T - 1523)$; Chaubal and Nagamori [1988] (5.49)

여기서도 위 방정식들에 있는 T의 단위는 K다.

5.1.9 공정속도

구리의 용융제련 반응은 높은 온도에서 진행되므로 화학반응의 속도가 매우 빠르다. 따라서 공정의 전체속도는 상경계면의 농도가 상평형에 의해 정해진 상태에서 상사이의 물질전달에 의해 결정된다. 더구나 대부분의 욕조용련(bath smelting)은 공정이 기체-액체간 물질전달이 매우 빠른 조건하에 진행된다. 따라서 주요 반응들은 보통 산소를 함유한 공정가스의 공급속도에 의해 정해지는데 그 공급속도는 열생성과 제거, 내화물과 가스취입기의 침식, 용융액의 튐과 출렁거림등의 다른 인자에 의존한다. 그리고 구리matte용련과 전로공정 단계에서는 화학반응의 속도가 빠르므로 황과 철의 산화와 미량원소의 분포는 상평형상태에서 진행하는 조건하에 분석할 수 있다 [Kim and Sohn, 1996, 1998; Chaubal and Nagamori, 1988; Chaubal et al., 1984; Nagamori and Chaubal, 1982; Kellogg, 1967].

그러나 화학반응 속도가 충분히 빠르지 않은 제련공정에서는 화학반응속도와 상사이의 물질전달이 전체속도를 결정하며 전체계가 평형상태를 이루지 않을 수 있다. 더구나 배소같은 공정은 낮은 온도에서 진행되므로 화학반응이 전체속도를 결정할 수도 있다. 이러한 측면은 건식 금속제련에 관한 참고자료에 드물게 서술되며 이 제목에 관하여 출판된 논문의 수도 많지않다. 아래에 이 제목을 다루는 몇가지 예를 열거한다.

A. 황동광 입자의 고유 반응속도

황동광의 산화는 구리광물 배소와 구리정광의 자용용련의 핵심 요소다. 산화속도가 산소분압, 온도, 그리고 입도 등의 조업조건과 어떻게 관련되는가를 파악하는 것이 최종 생산물에 바람직한 상이 구성되는 동시에 공업적으로 가능한 배소속도를 확보하는데 매우 중요하다 [Kellogg, 1956]. 구리의 자용용련에서는 황화정광의 입자가 점화(點火, ignition)된 뒤에는 황동광의 산화반응 속도가 매우 빠르므로 반응속도는 입자로의 산소전달이 전체속도를 결정하여 산화반응의 고유속도는 중요하지 않게 된다. 그러나 이 공정에서도 고유반응속도는 점화 이전의 거동을 결정하는데 중요하다. 점화될 때까지에 필요한 낙하 거리(혹은 시간)에 따라서 점화될 때까지 필요한 반응로의 수직통로 길이(혹은 부피)는 아래에 서술한 바와 같이 고유반응속도와 열과 물질전달의 상호작용에 의존한다.

황동광 산화의 이해에 대한 예전의 연구는 산화생성물에 존재하는 상들과 관련되었고 [Yazawa, 1979; Rosenqvist, 1978; Leung, 1975; Razouk et al., 1965; Maurel, 1964; Margulis and Ponomarev, 1962; Thornhill and Pidgeon, 1957] 산화공정의 반응속도에 관한 연구는 거의 없었다. 그나마 있는 적은 수의 연구도 유동층 반응기를 사용하여 실험했는데 그런 반응로에서는 물질전달의 영향을 완전히 제거하기가 매우 어렵다. 따라서 그런 실험자료는 유동층과 유체역학이 다른 반응기에서의 반응속도를 분석하는데는 적용할 수 없다. 예를 들어 자용로에서 황동광의 점화는 단일 입자의 고유 산화속도와 열과 물질전달에 의해 좌우된다. 산화의 고유 반응속도에 관한 자료가 있으면 다른 어떤 반응로에서도 그 자료를 그 반응로의 열과 물질전달을 서술하는 식과 결합하여 전체반응속도를 구할 수 있다.

이를 고려하여 Chaubal and Sohn [1986]이 열과 물질전달의 영향이 제거된 조건하에서 황동광 정광의 고유 산화속도를 온도, 산소분압 그리고 입도의 함수로 측정하였으며 산화속도에 미치는 황 (sulfur) 기화의 중요성도 분석했다. 실험은 입자와 가스의 온도가 시간에 따라 직선적으로 증가하는 비등온 조건에서 실행했으며 엑스선회절(XRD)에 의한 상분석과 안정 구역도(phase stability diagram)를 적용하여 산화공정에서 생성된 중간상들도 밝혔다.

고체와 기체간의 고유반응속도는 다음의 일반식으로 표시할 수 있다.

$$\frac{dX}{dt} = k \cdot f_1(p_A) \cdot f_2(X) \cdot f_3(d) \tag{5.50}$$

함수 $f_1(p_A)$는 반응속도의 기상반응물에 대한 의존도를 나타내고, $f_2(X)$는 고체의 반응률에의 의존도를 표시하며, $f_3(d)$는 입도에 대한 의존도를 가르킨다. k는 반응속도 상수로 반응속도에 대한 온도의 영향을 대표한다.

$$k = k_o \ exp\ (-E/RT) \tag{5.51}$$

여기에 E는 반응의 활성화 에너지(activation energy)다.

식 (5.50)을 등온하에서 적분하면 다음 식이 나온다.

$$\int_0^X \frac{dX}{f_2(X)} = g(X) = \int_0^t k \cdot f_1(p_A) \cdot f_3(d)dt = k \cdot f_1(p_A) \cdot f_3(d)t \tag{5.52}$$

함수 $g(X)$는 일반적으로 제4장에서 논의한 바와 같이 반응의 진행에 따라 일어나는 기하학적 구조의 변화를 대표한다. 고유반응속도의 직접 측정을 위해서는 충분한 기체유량을 사용하여 외부열과 물질전달의 영향을 제거할 필요가 있다.

비등온 방법에서는 [Sohn, 2020] 고체와 반응가스를 접촉시키고 온도를 시간에 따라 직선적으로 증가시킨다. 따라서

$$T = T_o + at \tag{5.53}$$

그러므로

$$dT = a\ dt \tag{5.54}$$

식 (5.51)과 (5.54)을 식 (5.50)에 대입하고 정리하여 다음 식을 구한다.

$$Ln\left[\frac{dX}{dt} \cdot g'(X)\right] = Ln\left[\frac{k_o f_1(p_A) f_3(d)}{a}\right] - \frac{E}{RT} \tag{5.55}$$

따라서 좌변과 $1/T$의 관계는 직선적이다. 경사(따라서 활성에너지)와 지수앞 인자 k_o는 마땅한 $g(X)$의 형태가 정해지면 구할 수 있다. 여기서 X는 제거된 황(sulfur)의 부분이다.

위의 고려에 기초하여 Chaubal and Sohn [1986]이 비등온의 고정층 반응로를 사용하였다. 반응은 황 증기(sulfur vapor)를 생성하는 황동광의 분해를 포함하여 복잡한데 관심있는 독자는 원래의 논문에서 자세한 정보를 구할 수 있다.

B. 황동광 정광 입자의 점화와 연소

위에 적은 황동광 입자의 고유반응속도를 근거로 Sohn and Chaubal [1993]이 자용용련 공정의 조건 아래에서 황동광 입자의 점화와 연소 과정을 분석하였다. 고유산화반응 속도와 입자와 그 주위사이의 열과 물질전달의 상호작용을 고려하였다. 자용용련 공정의 조건에서 ($Sh = Nu = 2$) 황동광 입자는 약 960 K에서 점화한다. 산소분압, 입도 그리고 가스의 온도같은 여러 인자의 영향도 검토하였다.

자용로 내에서의 열과 물질전달 조건아래 점화가 되는 온도가 점화까지 이르는데 필요한 로의 길이를 결정한다. 입자가 점화하기 전에는 반응이 거의 진행되지 않으므로 반응로의 크기를 줄이기 위하여는 점화까지의 길이를 단축하는 것이 매우 중요하다. 예열된 공기를 쓰는 것이 한 방법이다. Sohn and co-workers [Seo and Sohn, 1991; Hahn and Sohn, 1990a, 1990b; Perez-Tello et al., 2001]들이 입자-가스 난류의 유체역학, 열과 물질전달 현상 (벽과 입자간의 복사현상을 포함한) 그리고 화학반응을 포함한 포괄적인 자용공정의 수치모형을 개발했다. 그 공정에서의 점화현상은 이러한 포괄적 모형의 일부로서 서술할 수 있으나 이 모형의 계산은 매우 복잡하다. 점화공정의 간단한 처리가 답을 빨리 가져올 뿐 아니라 이 문제에 대한 더 깊은 이해를 가능하게 한다. 자용공정에서 점화의 중요성을 인식하여 Jorgensen [1981a, 1981b, 1983] 그리고 Otsuka and Soma [1980]가 자용공정 조건 아래서 황화물의 점화과정을 검토했다. 실험은 가스와 입자를 층류(laminar flow)로 아래로 흐르게 만든 층류로(laminar-flow furnace)를 써서 실행했다. 층류로 안의 흐름은 자용로 안의 난류 성격과 매우 다르지만 비슷한 계에서의 즉 미분탄 연소기에 관한 연구에 의하면 난류 소용돌이(turbulent eddy)의 최소 규모가 입자의 크기보다 10 배 내지 100 배가 된다고 제시됐다 [Jorgensen, 1981a]. 따라서 이러한 규모하에 기체의 흐름은 난류성이 아니라고 가정할 수 있으며 층류로에서 구한 자료는 점화과정을 결정하는 인자를 분석하는데 적용할 수 있다. 그 전의 수식계산에서 [Jorgensen, 1981a, 1983] 외부물질전달이 전체 반응속도를 제어한다고 가정하여 용융입자의 초기 온도를 1300 K로 하여 계산하였다. 그러나 이 절차는 점화전에 화학반응속도가 중요한 과도주기는 다루지 않는다. 그 이유중의 하나는 열과 물질전달의 영향이 제거된 조건에서 개별 입자의 화학반응 속도에 관한 자료가 없었기 때문이다. 또한 점화가 일어나는 온도는 물질의 고유한 성질이 아니라 입자의 고유 반응속도와 입자와 주위의 열과 물질전달의 상호 관련에 의한 결과 현상이라는 것을 인식할 필요가 있다 [Sohn, 2020]. Sohn and Chaubal [1993]의 연구결과로 층류로에서 황동광 입자의 반응에 열과 물질전달 현상과 고유 화학반응 속도를 결합한 수식모형이 개발되었다

C. 구리matte 전환공정에서의 미량원소 휘발속도

Sohn et al. [2004]이 $Ar\text{-}O_2$ 가스혼합물을 취입하여 구리matte을 산화하는 공정에서 기상으로 미량원소를 제거하는 속도를 측정하고 이를 설명하는 수학모형을 제시했다.

5.1.10 화학반응과 유체흐름의 종합 모형과 컴퓨터 모사

공정이 연속화되고 단위 기구당의 생산량이 크게 증가함에 따라 더욱 포괄적인 구리용융제련의 공정모형이 필요하게 되었다. 이는 예전과 달리 공정효율이나 생산성의 작은 증가라도 많은 이익을 가져오기 때문이다. 동시에 크고 빠른 컴퓨터가 개발되어 매우 복잡한 모형식도 적당한 계산시간내에 풀이할 수 있게되었다. 신뢰성 있는 수학적 공정모델은 매우 저렴한 비용으로 개선된 설계 및 조업과 공정제어의 근거를 제공할 수 있으며 실로 파일롯 플랜트(pilot plant)나 실제 공장에서의 실험은 물론이고 실험실에서 실험하는 것 보다도 훨씬 적은 비용으로 목적 달성을 가능하게 한다.

근래에 개발된 황화물 용융제련계의 수학적 모형에 관한 연구는 다음에 열거한 예를 포함한다 [Sohn and Ramachandran, 1998].

(1) 자용로와 자용전로에서 반응 모델

(2) QSL형 채널 반응기 모델

(3) 열역학적 평형 모델

(4) 미량원소 거동 모델

위 예들의 분석에 사용된 원리들은 공정형태에 따라 다르다. 자용로와 자용전로는 수직반응통로에서 동시에 일어나는 난류현상, 불균질상 반응속도, 그리고 열과 물질전달 같은 속도과정에 의해 제어되며 반면에 욕조 용융제련 공정은 대부분 상내의 평형과 상간의 물질전달에 의해 제어된다. 이런 공정의 수학적 모형에 쓰는 근본 관계식은 잘 선택하여야 하고, 이러한 모델은 실험결과에 의해 실증한 뒤에 큰 규모의 조업의 설계, 최적화, 그리고 규모상승에 적용할 수 있다.

고온금속제련 공정은 그 규모가 커지고 연속화되고 그 단위기구당의 물질처리 양이 매우 크게 증가하고 있는 살정이다. 거의 평형상태에서 회분식(batchwise)으로 조업하던 예전 공정과 달리 새로운 공정들에는 물질의 연속적인 흐름이 관여되고 있어 이런 공정들의 모델은 열역학적 지식에 추가하여 유체역학, 열과 물질전달현상론 그리고 화학반응 속도론의 포함이 필요하다. 이러한 속도공정론이 전체공정의 수학적 모형의 구성요소를 이룬다.

5.2 니켈제련 원리

황화광물로부터의 니켈 생산은 여러모로 구리의 생산과 비슷하나 세부적으로는 몇 가지 다른 점이 있다. 제일 큰 차이점은 니켈 황화광물의 matte용련과 전로공정은 니켈의 함량이 높은 황화물 matte을 생산하며 구리황화물 용융제련과 달리 니켈금속을 직접 생산하지 않는 것이다. 조동 생산시나 ($Cu_2S + 2\ Cu_2O = 6\ Cu + SO_2$) 아래에 적은 납 생산시에 ($PbS + 2\ PbO = 3\ Pb + SO_2$) 일어나는 황화물과 산화물의 상호 작용으로 금속을 형성하는 반응은 니켈의 경우에는 일어나지 않는데 이는 ($Ni_3S_2 + 4\ NiO = 7\ Ni + 2\ SO_2$) 반응의 자유에너지가 양수(positive)이기 때문이다 ($\Delta G^o = 21$ kJ at 1200°C) [Saddington et al., 1966; Queneau et al., 1969].

니켈matte은 대부분 습식방법으로 처리하여 금속니켈을 생산한다. 오랫동안 전로에서 구리 matte으로부터 조동을 생산하는 것처럼 니켈matte에 기체를 불어넣어 니켈을 생산하는 것을 원했다. 이것이 가능하지 않은데는 몇 가지 이유가 있으나 주요 이유는 니켈matte에 산소를 함유한 가스를 취입할 때에 융점이 1900°C보다 높은 산화니켈 NiO가 대량 형성되기 때문이다. 더욱이 NiO는 융점이 높은 규산화물, 알루미늄 산화물, 스피넬 그리고 NiO-MgO와 같은 고용체를 형성한다.

추가로, 니켈생산의 약 40%는 자연에 형성된 산화적 광물인 laterite 광석에 의존하는데 이 중에는 지구표면에 가까이 존재하는 니켈함유 goethite (Fe[Ni,Co]OOH) 광물과 더 깊은 구역에 존재하는 니켈함유 garnierite ($(Mg[Ni,Co])_6Si_4O_{10}(OH)_8$) 광물이 포함된다 [Harris and Magee, 2003].

5.2.1 matte용련

니켈황화물 용융제련의 약 75%는 자용용련에 의한다 [Makinen and Ahokainen, 2009]. 니켈황화물의 자용용련은 구리황화광물의 자용용련과 매우 비슷하지만 그 주요 목적은 정광에 포함된 황과 철의 대부분을 제거하여 니켈(그리고 다른 금속, 주로 구리)의 함량이 높은 용융matte을 만드는 것이다. 주요 반응은 다음과 같다.

$$\left(\begin{array}{c}\text{Ni, Cu, Fe, S 등의}\\ \text{여러가지 광물을}\\ \text{함유하고 있는 정광}\end{array}\right) + O_2 \rightarrow (Ni_3S_2,\ Cu_2S,\ FeS\text{를 함유하고 있는 Matte}) + FeO + SO_2 \tag{5.56}$$

그리고

$$2FeO + SiO_2 = 2FeO \cdot SiO_2;\quad Fayalite\ slag\ \text{(철감람석 slag)} \tag{5.57}$$

우선적으로 철이 주로 FeO로 산화되어 정광의 다른 산화맥석들과 함께 slag에 흡수된다. 용제(flux)는 구리 용융제련과 같이 철감람석 slag을 형성하는 규사다. 생성된 matte은 니켈과 철의 황화물을 함유하고 시작원료에 따라 Cu와 Co의 황화물을 함유한다.

5.2.2 전로(혹은 전환)공정

matte용련 단계에서 생산된 matte은 구리의 전로공정에 쓰이는 것과 동일한 Peirce–Smith 전로에서 공기나 산소함량을 증가시킨 공기를 불어 넣어 계속 산화시키는데 구리의 전환공정에서와는 달리 금속이 아니라 고급 matte으로 전환한다 (그림 5.14). 이 단계에서의 철과 황의 산화반응은 앞에 서술한 바있는 구리의 matte용련이나 전로공정 때와 같다.

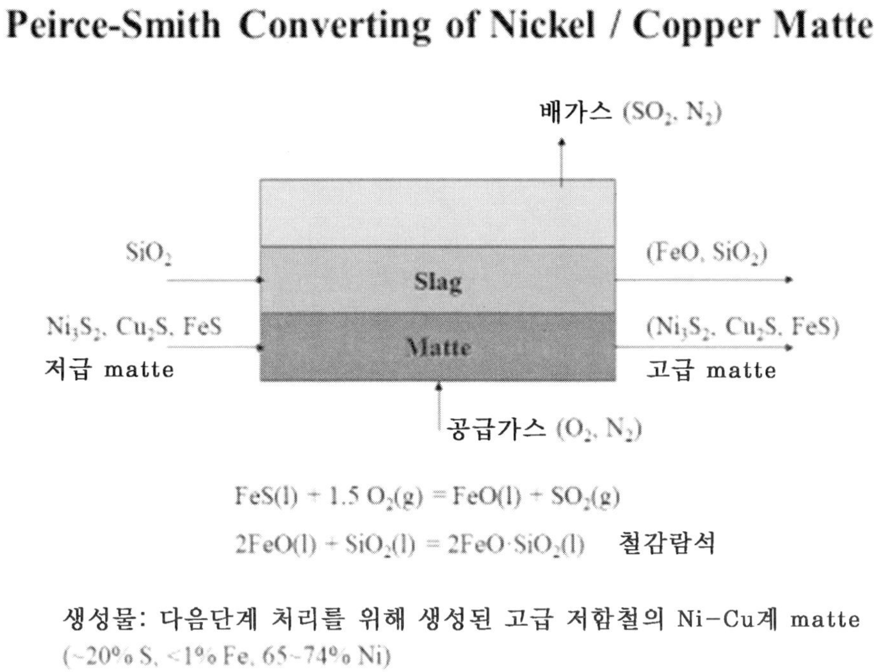

그림 5.14. Ni/Cu matte의 Peirce-Smith 전로공정.

5.2.3 니켈생산

Peirce–Smith 전로에서 생산된 고급 니켈matte은 몇 가지 다른 처리방법을 거쳐 니켈금속을 제조한다.

A. Ni/Cu matte으로부터

matte이 적지 않은 구리황화물을 함유하고 있으면 그림 5.15에 보이는 것과 같이 니켈황화물과 구리황화물로 분리한다. 니켈황화물은 습식방법을 써서 니켈을 생산하거나 NiO로 산화하고 탄소나 일산화탄소로 환원하여 미정제 니켈을 만든다. 그리고 사후에 이 니켈은 주로 제6장에 서술한 카보닐공정을 이용하여 정제한다.

B. matte의 전기정련

어떤 공장에서는 ~75% Ni, ~20% S와 구리같은 약간의 다른 금속으로 구성된 matte을 양극으로 주조하여 ~250 A/m^2의 전류밀도 아래 전해정련 한다 [Boldt and Queneau, 1967; Oliver and Wrana, 2009]. 이런 경우에 쓰는 matte은 주로 니켈황화광물을 배소하고 전기로에서 용련한 후 전로공정을 거쳐 얻는다.

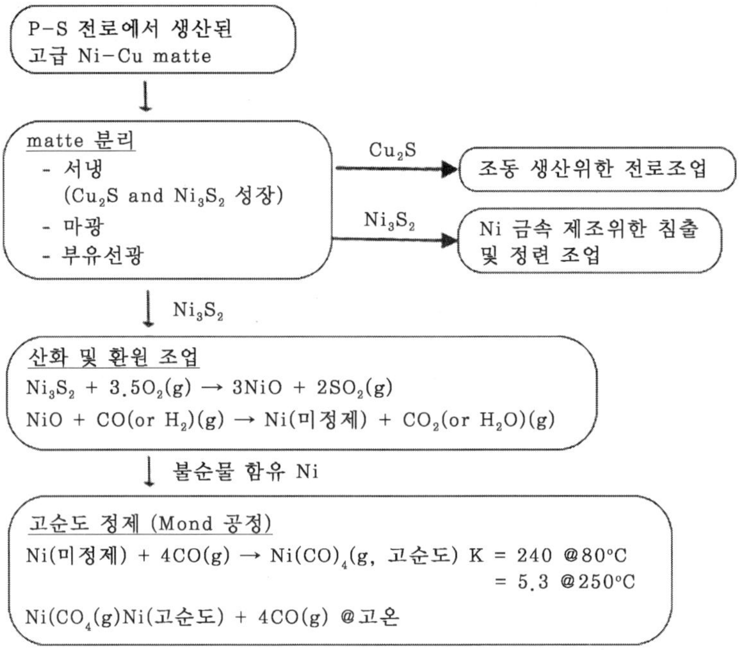

그림 5.15. 자용용련과 P-S 전로공정을 기초로한 Cu 함유 니켈황화물 광석에서 니켈을 생산하는 공정흐름도.

5.3 납제련 원리

자연에 존재하는 단 하나의 주요 납광물은 방연광(galena, PbS)이다. 이 광물은 보통 아연 같은 다른 금속의 광물과 같이 나타나는 이유로 납의 생산과정은 아연의 생산과 밀접한 관계가 있다. 납광물은 은, 구리, 금, 안티모니, 주석, 비소 그리고 비스머스 같은 여러가지 불순물을 함유하고 있는데 가치가 더 높은 은이 납생산의 주요 부산물이다. 실제로 세계 은생산의 약 70%가 납정광의 처리에서 나온다. 납광석은 분쇄와 미분쇄를 거쳐 포말 부유 선광(froth flotation)에 의해 정선된다.

1차납은 주로 황화물 정광을 소결과 동시에 배소하여 용광로에서 용융제련하여 생산된다 [Sinclair, 2009]. 미정제 납은 고온정련공정을 거쳐 은, 금 그리고 비스머스 같은 불순물을 회수하거나 제거해야 한다. 용광로는 자본투자비와 운전비가 높고 환경문제와 기술문제가 많아 황화물의 직접 용융환원에 의거한 대체 용융공정이 개발되었다. 이러한 직접 용융환원 공정들은 황화물의 산화열을 이용하여 산화와 환원 단계를 하나의 반응로 내에서 통합 진행한다. 다른 직접 용융환원 공정에서는 황화물의 산화를 부유상태나 (flash smelting의 경우) 용융액조(QSL의 경우)에서 용련한 후에 산화납의 함량이 높은 slag을 환원한다. Imperial Smelting Process(ISP)는 생산된 납의 단위중량당의 에너지 소비를 최소로 하여 납과 아연을 동시에 생산한다 [Willis, 1980].

2차 납은 주로 폐전지를 재활용하여 생산한다. 금속, 플라스틱과 폐전해액에서 분리된 산화납과 황산화납의 혼합물은 탄소를 써서 환원하여 납과 slag을 생산하는 용융공정을 거쳐 처리한다.

5.3.1 물리화학

그림 5.1에서 볼 수 있는 바와 같이 산소가 황화물로부터 황을 경제적으로 제거할 수 있는 유일한 물질이다. 납을 그 황화물(방연석)에서 추출하는데 관련된 화학평형은 몇 연구자에 의해 깊히 연구된 Pb-S-O계의 평형이다 [Derriche and Perrot, 1976; Kellogg and Basu, 1960; Rosenqvist, 1978; Yazawa and Gubcova, 1967; Yazawa and Nakazawa, 1998]. 그림 5.16에 1100 K(827°C)에서의 안정구역도를 보였다. 이 온도에서 대부분의 배소 조건아래 황산화 납($PbSO_4$)과 옥시황산납이 안정한 것을 볼 수 있다. 일정한 101.3 kPa(1 atm)의 SO_2분압하에 온도를 변수로 한 Pb-S-O 계의 안정구역도가 그림 5.17에 주어졌다. 옥시황산납($PbO \cdot PbSO_4$: lead oxysulfate)의 형성을 피하려면 온도가 충분히 높아야 (> 1373 K) 하는 것을 알 수 있다.

그림 5.16과 5.17의 안정구역도는 기체와 표준상태의 고체사이의 평형을 고려한 것이다. 용융제련공정에서는 금속과 slag의 용융상은 높은 온도에서 형성되어 반응계에 참여하는 성분들은 어느 정도의 상호용해성이 있어 그 활동도가 1보다 낮다. 납생산의 대표적인 온도에서 황은 용융납에 상당한 용해도가 있다. 더구나 용제를 첨가하여 생성된 납에서 불분물을 제거하기 위해 slag을 형성하는데 일산화 납도 slag에 흡수된다. 뒤에 논의하겠지만 이 열역학적인 사실이 황화납(PbS)의 산화로 금속납(Pb)을 한 단계로 생산하지 못하는 원인이다.

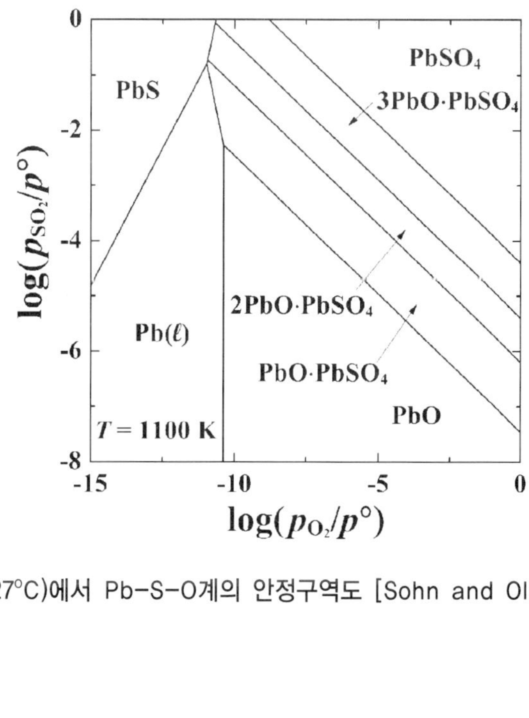

그림 5.16. 1100 K(827°C)에서 Pb-S-O계의 안정구역도 [Sohn and Olivas-Martinez, 2014].

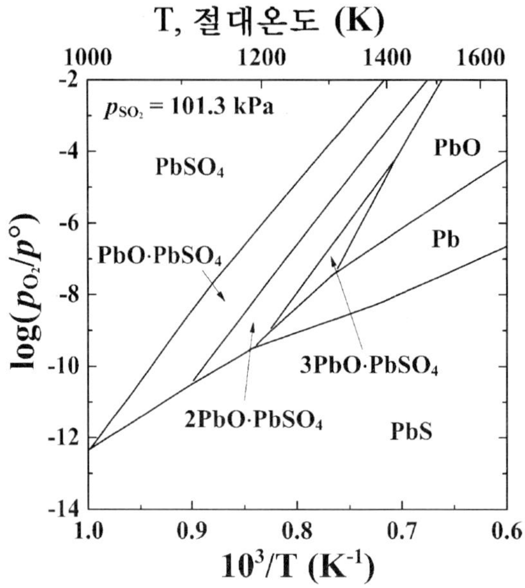

그림 5.17. 101.3 kPa(1 atm)의 SO_2 압력하에 온도를 변수로 한 Pb-S-O계의 안정구역도 [Sohn and Olivas-Martinez, 2014].

납생산에 관련된 화학평형과 상평형은 다음 반응으로 대표할 수 있다 [Willis, 1980].

$$2PbO(slag) + [S]_{in\ molten\ lead} = 2Pb(l) + SO_2 \tag{5.58}$$

이 반응의 평형상수는 다음과 같다.

$$K = \frac{a_{Pb}^2 p_{SO_2}}{a_{PbO}^2 a_{[S]}} \tag{5.59}$$

여기에 a는 Raoultian 활동도며 p는 atm을 단위로 한 분압이다.

식 (5.59)로부터 납의 황함량을 낮추려면 slag의 납함량이 높아져야만 한다는 것을 알 수 있다. 따라서 황화납을 산화하여 직접 금속납을 얻는 것이 어렵다. 그러나 예외로 아래에 설명한 바와 같이 고급 납정광에서 배소에 의해 금속납을 생산하는 경우가 있다. 대부분의 경우에는 납은 산화에 의해 황을 제거하고 생성된 산화납을 탄소나 일산화탄소로 환원하는 두 단계를 거쳐 생산한다. Willis [1980]가 소결-환원 공정과 직접용융환원공정에 의해 납을 추출할 때 일어나는 반응의 물리화학을 자세히 제시했다.

5.3.2 방연광으로부터 일차납까지의 과정

납금속은 황화납(PbS)으로부터 산화-환원 공정이나 금속으로의 직접산화 즉 배소반응을 거쳐 추출할 수 있다. 산화-환원 공정은 소결-용광로 공정과 직접용융환원 공정을 포함한다.

소결(燒結)-용광로(熔鑛爐)

이 방법에서는 우선 황을 제거하기 위해 납황화물을 고체상태에서 산화하여 PbO를 만들고 이 소결공정에서 생산된 PbO는 코크스가 장입된 용광로에서 환원한다. 용제도 첨가하여 slag을 만들어 산화철을 제거한다 [Sinclair, 2009].

이러한 소결-용광로 방법의 주요 문제점은 미분상 납과 온실가스의 방출, 소결중 생성되는 산화열의 낭비 그리고 금속제련용 코크스의 필요 등이다.

직접 용융환원

이 방법은 충분히 높은 온도(>1473 K)에서 일어나므로 산화생성물은 용융된다. 산화와 환원이 같은 반응로에서 일어나므로 황화물산화에서 생성되는 열을 공정에서 직접 이용할 수 있다. 이 방법이 KIVCET, QSL, Isasmelt/Ausmelt, 그리고 Outotec 같은 대부분의 현대적 직접용융제련 공정의 기초를 이룬다.

5.3.3 납용융제련의 화학반응

납용융제련에서 일어나는 주요 화학반응은 산화, 환원, 분해와 배소반응으로 분류할 수 있다.

산화

$$PbS + 3/2O_2 = PbO + SO_2 \qquad (5.60)$$

$$ZnS + 3/2O_2 = ZnO + SO_2 \qquad (5.61)$$

$$FeS + 3/2O_2 = FeO + SO_2 \qquad (5.62)$$

$$PbS + 2O_2 = PbSO_4 \qquad (5.63)$$

$$2PbS + 7/2O_2 = PbO \cdot PbSO_4 + SO_2 \qquad (5.64)$$

$$PbS + O_2 = Pb(l) + SO_2 \qquad (5.65)$$

$$C + O_2 = CO_2 \qquad (5.66)$$

$$C + CO_2 = 2CO \qquad (5.67)$$

환원

$$PbO + C \rightarrow Pb + CO$$

$$PbO + CO = Pb(l) + CO_2 \qquad (5.68)$$

$$ZnO + CO = Zn(g) + CO_2 \qquad (5.69)$$

$$3Fe_2O_3 + CO = 2Fe_3O_4 + CO_2 \qquad (5.70)$$

$$Fe_3O_4 + CO = 3FeO + CO_2 \qquad (5.71)$$

$$FeO + CO = Fe + CO_2 \qquad (5.72)$$

$$PbO + Zn(g) = Pb(l) + ZnO \qquad (5.73)$$

$$PbS + Zn(g) = Pb(l) + ZnS \tag{5.74}$$

열분해

$$PbSO_4 = PbO + SO_2 + 1/2O_2 \tag{5.75}$$

$$ZnSO_4 = ZnO + SO_2 + 1/2O_2 \tag{5.76}$$

배소반응

$$PbS + 2PbO = 3Pb(l) + SO_2 \tag{5.77}$$

$$PbS + PbSO_4 = 2Pb(l) + 2SO_2 \tag{5.78}$$

반응 (5.60) - (5.62)가 소결장치와 직접용융환원공정의 산화 단계에서 일어나는 주요 산화 반응이다. CO에 의한 산화납의 환원(Eq. 5.68)이 발열반응임을 ($\Delta H^o_{1473\ K} = -95.8$ kJ) 지적한다. 용광로 안에서는 생성된 아연증기가 PbO의 환원에 (Eq. 5.73) 기여한다. 반응 (5.77)과 (5.78)이 납을 직접 생성하는 소위 "배소반응"이다.

5.3.4 납생산에 쓰이는 slag

다른 비철용융제련 기술에서 처럼 일차와 이차 납의 생산에도 납보다 용이하게 산화되는 미량원소를 포집하고 제거하기 위해 slag을 이용한다. slag의 구성이 용융제련 조업에서 조절해야 하는 중요한 인자의 하나이며 slag의 융점을 조정하여 조업온도에서 slag이 유동성이 커서 쉽게 흘려낼 수 있게 한다. slag은 CaO와 SiO_2의 비율에 따라 산성과 염기성으로 구분할 수 있는데 산성 slag은 점성이 높고 염기성 slag은 점성은 낮으나 부식성이 높다. 결과로 납 용융제련에 쓰는 slag의 선택은 유동성과 부식성 사이의 교환을 고려해야 한다. 또한 비철생산에 쓰이는 slag의 성질에 대한 추가논의는 구리의 용융제련을 취급하는 절에서 찾을 수 있다.

납 용융제련에 쓰이는 대부분의 slag은 CaO-FeO-SiO_2계로 구성되었다. 표 1에 여러 납용융제련 기술에 쓰이는 slag의 성분을 보인다. 직접용융환원의 slag구성은 용광로 slag에 가까운 것을 알 수 있다.

표 1. 납 용융제련에 쓰는 slag의 대표적 구성

공정	성분, wt. %			참고 문헌
	CaO	FeO	SiO_2	
용광로	16	30	22	[Sinclair, 2009]
Kivcet	23	26	25	[Perillo et al., 1989]
QSL	22	27	22	[Sinclair, 2009]
ISP	19	42	20	[Sinclair, 2009]

5.3.5 2차 납생산

2차 납은 주로 폐전지의 재활용으로 생산되는데 중국을 제외한 세계 전체 납생산량(~4 million tons)의 약 75%를 차지한다 [Hassall and Roberts, 2010]. 이 재활용물은 용광로나 QSL 공정을 쓰는 일차 용융제련소나 짧은 회전로나 반사로를 사용하는 이차 용융제련소에서 처리한다. 수집된 폐전지는 먼저 금속성분(Pb), 플라스틱, 폐전해액, 그리고 황산화납($PbSO_4$)과 산화납(PbO and PbO_2)을 포함한 혼합물로 분리한다. 1차 용융제련소에서는 이 혼합물을 황화물 정광에 섞는다. 폐전지를 처리하는 목표로 설계된 2차 용융제련소에서는 이 혼합물을 탄소를 사용하여 금속으로 환원한다.

5.4 아연제련 원리

이 절에서는 고온공정을 통하여 아연을 생산하는 Imperial Smelting Process (ISP) 같은 방법의 기초원리와 기술에 대해 서술한다.

대부분의 아연 생산은 황화광물에서 시작된다. 납과 아연의 광물은 함께 존재하여 납이 아연생산에 상당한 영향을 준다. 섬아연광이 제일 중요한 원료이며 1차 아연은 주로 습식공법이나 배소-침출-전해제련으로 생산되며 2008년에는 이 방법이 세계 아연생산의 약 86%를 차지했다. Imperial Smelting Process(ISP)는 아연과 납을 동시에 생산하며 2008년에 세계 아연생산의 10%를 차지했다 [Ruonala, 2010].

아연의 고온생산에 중요한 원리는 고-기체반응의 물리화학과 관련된다. 황화광(섬아연광)에서 아연을 추출하는데 관련된 화학평형은 Zn-S-O계의 평형인데 이는 몇 연구자에 의해 검토되었다 [Bale, 1990; Yazawa, 1979; Ingraham and Kellogg, 1963]. 그림 5.18이 1000 K(727°C)에서 Zn-S-O계의 안정구역도를 나타내고 있다. 이 온도에서 아연금속은 극도로 낮은 산소분압($< 10^{-23}$ kPa)에서나 형성되므로 이 온도에서는 아연을 생산할 수 없다. 이 도표는 또한 황화아연을 배소할 수 있는 조건을 제시한다 [Sohn and Goel, 1979]. 배소가 습식방법이나 Imperial Smelting Process (ISP)로 아연을 생산하는 첫 단계다.

ISP 공정에서는 황화아연을 먼저 소결공장에서 1223 K(950°C) 이상의 온도에서 산화(배소)하고 생성된 ZnO를 수직 용광로에 장입하고 일산화탄소를 사용하여 아연증기로 환원한다. ZnO-CO 반응(식 5.69)은 평형의 제한을 받는다 ($\Delta G^{\circ}_{1273\ K} = +46.3$ kJ). 그림 5.19에 아연분압이 1.013 kPa(0.01 atm)일 때 ZnO의 CO환원반응에 있어서 온도와 평형 CO/CO_2 비와의 관계를 나타내고 있다. 이 그림에서 분압비율은 1보다 낮고 온도는 1200 K(927°C)보다 높아야 환원이 가능한 것을 알 수 있다.

아연증기는 반응기의 배출가스와 함께 반응기 밖으로 배출되어 응축기에서 용융납과 접촉하여 응축된다. 비정제 아연은 최종적으로 99.995% 순도의 아연으로 다음과 같이 정제된다.

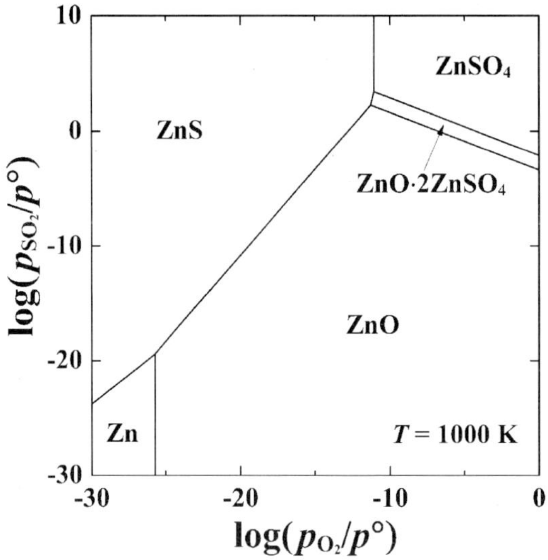

그림 5.18. 1000 K(727°C)에서 Zn-S-O계의 안정구역도 [Sohn and Olivas-Martinez, 2014].

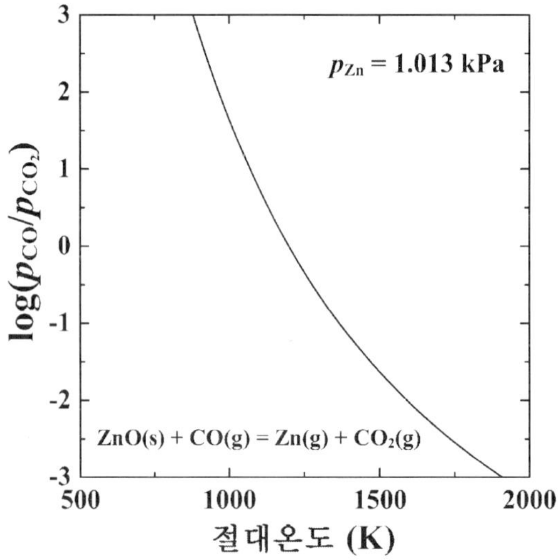

그림 5.19. 1.013 kPa(0.01 atm) 아연 분압에서 ZnO-CO 반응의 평형 CO/CO_2 비율 [Sohn and Olivas-Martinez, 2014].

미정제 아연은 적은 양의 Pb, Fe, Cd와 As 같은 다른 불순물을 함유하므로 정련공정을 거쳐야 한다. 비등점이 낮으므로 (1180 K) 아연은 증류로 정제한다 [Graf, 1997]. 이 공정은 두 단계로 시행하는데 첫째 탑에서는 1373 K(1100°C)에서 용융된 미정제 아연이 아연과 Cd으로 구성된 기체와 잔재 아연액체로 분리되고 아연과 Cd는 두번째 탑에서 1223 K(950°C)에서 분별증류에 의해 분리된다. Cd는 탑의 꼭대기에서 미분체로 수집되고 아연은 탑의 맨 아래에서 99.995% 순도의 액체로 회수된다.

Pb와 Fe를 함유한 잔재 아연은 액화하여 Cd 함량이 낮은 아연, 경질아연 그리고 불순한 납을 생산한다 [Sinclair, 2005]. 경질아연은 약 20% Pb과 2% Fe을 함유하는데, 이 단계에서 얻은 아연과 경질 아연은 보통 공정안에서 재활용된다. 2%의 아연을 함유한 불순 납은 제련소에서 생산된 납과 함께 정제한다.

연습문제

1. 자용로에서 황동광 정광($CuFeS_2$)이 75% 산소와 25% 질소를 함유한 공정가스에 의해 산화된다. 생성물은 75% Cu를 함유한 matte, slag에 흡수된 FeO 그리고 아황산가스다. 1 톤의 황동광을 용련하는데 필요한 공정가스의 몰 수를 계산하라. 산소는 다만 Fe와 S를 산화하는 데만 쓰인다고 가정하고 산소의 평형분압은 매우 낮다.

   [원자량: Cu = 63.5, Fe = 55.9, S = 32.1, O = 16, N = 14]

2. 10 g의 황과 90 g의 구리를 혼합하고 1200°C로 가열하면 평형상태에서 어떠한 상들이 형성되는가? 황의 휘발은 무시하고 당신의 답에 대한 근거를 서술하라.

3. 1차 matte용련과 Peirce-Smith 전로공정에서 용제로 첨가되는 규사의 주 역할은 무엇인가? Kennecott-Outokumpu 자용전로 공정과 Mitsubishi 공정에서는 왜 석회석($CaCO_3$)을 쓰는가? 나중 두 공정에서는 규사를 쓸 수는 없는가? Peirce-Smith 전로공정에서는 왜 규사를 쓰는 것이 가능한가?

4. 1200°C에서 평형상태 아래 진행되는 구리matte용련 조업을 고려하자. matte의 조성에 의하면 $a_{Cu2S} = 2a_{FeS}$이 된다. FeO와 SiO_2는 철감람석 (fayalite) slag으로 존재한다. slag에서 Cu_2O의 함량은 매우 적고 FeO와 Cu_2O의 Raoultian 활동도계수는 각각 0.45와 1이라 가정하면 1톤이 FeO당 slag으로 화학적 용해에 의해 손실되는 구리의 양은 얼마인가? slag에 Cu_2O의 함량이 매우 적다는 가정은 합당한가?

5. 아래 그림 5.20에 주어진 3성분계 상태도(ternary phase diagram)를 이용하여 다음과 같은 혼합물에서 시작하여 1200°C의 평형상태에서 존재하는 상들의 성분과 중량을 예측하라. 혼합물의 총 중량은 200 kg이다.
   (a) 100 kg의 FeO, 20 kg의 SiO_2, 그리고 나머지는 FeS.
   (b) 170 kg의 FeO, 20 kg의 SiO_2, 그리고 나머지는 FeS.

   도표에 답을 구한 경과를 자세히 보여라.

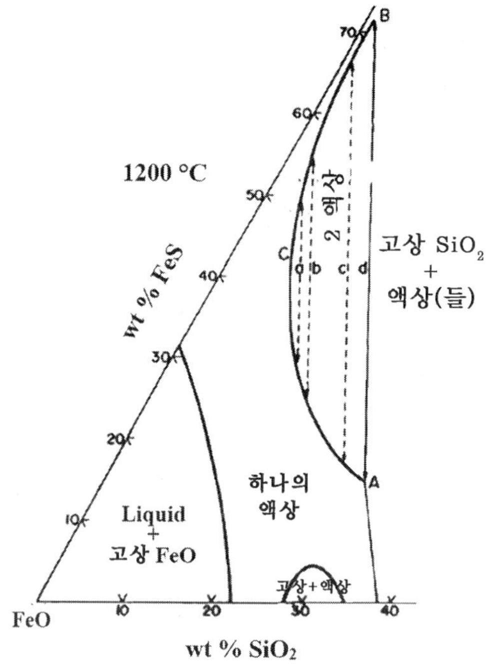

그림 5.20. FeO−FeS−SiO_2 계의 상태도 도표의 일부분. (Toguri et al. [1964]에 의거하여 다시 그린 그림).

6. 위 문제에 주어진 FeO-FeS-SiO_2 3성분계 상태도 이용하여 다음 실문의 답을 구하라. 100 g의 상 A, 100 g의 상 B, 그리고 200 g의 상 C를 (C는 하나의 상) 혼합하면 1200°C의 평형상태에서 존재하는 상들의 성분과 중량을 예측하라.

7. 고온공정으로 황동광 정광에서부터의 조동생산은 matte용련과 전환공정의 두 단계를 거친다.
   a. 두 단계를 사용하는 주요 이유는 무엇인가?
   b. 고정이 두 단계를 거치는 과정에서 산소의 평형분압은 대략 얼마에서 얼마로 변화하나?
   c. 이러한 산소분압의 변화가 초래하는 주요 영향은 무엇인가?

8. 다음 반응은 비철산업에서 매우 중요하다.

$$SO_2(g) + \tfrac{1}{2}\ O_2(g) = SO_3(g);\ K(\text{평형상수}) = 1 \text{ at } 1050\text{ K}$$

   14% SO_2, 40% O_2, 그리고 나머지는 N_2로 시작하여 1050 K에서 고정부피로 평형상태에 도달하면 가스의 구성은 어떻게 변하나?

9. matte이 Cu_2S와 FeS의 혼합물이라 가정하고 matte등급(wt %Cu)으로부터 철과 황의 중량 %를 계산하는 식을 유도하라.

10. Peirce-Smith 전환공정 중의 구리형성 단계에서 일어나는 다음 반응을 고려하자.

$$Cu_2S\ (l) + O_2\ (g) = 2\ Cu\ (l) + SO_2\ (g);\ \Delta G \text{ at } 1200°C = -40{,}200 \text{ cal}$$

전체압력 1 기압의 공기를 사용할 때 계의 평형산소 분압을 계산하라. 계산중 적용한 가정을 논의하라.

11. 어느 조동이 0.3%의 황을 함유한다. 계가 0.5 atm의 SO_2와 1300°C에서 평형상태에 있을 때 구리의 산소함량을 계산하라.

12. 구리의 용융제련 공정 중 matte용련 단계에서 일어나는 다음 반응을 고려하자.

$$FeS\ (matte) + 1.5\ O_2\ (g) = FeO\ (slag) + SO_2\ (g);\ \Delta G \text{ at } 1300°C = -81{,}782 \text{ cal}$$

SO_2의 분압은 0.2 atm이고 slag에서 FeO의 Raoultian 활동도는 0.35이다. matte이 FeS and $CuS_{0.5}$의 이상용액(ideal solution)이라 가정하고 matte등급이 65%일 때의 평형산소분압을 계산하라. matte이 FeS and Cu_2S의 이상용액이라 가정하면?

[원자량: Cu = 63.54; Fe = 55.85; O = 16; S = 32]

13. 등급 70%의 matte이 1200°C에서 35 mol% FeO를 함유한 slag과 평형상태에 있다. matte과 slag이 각각 이상용액(ideal solution)이라 가정하고 다음을 계산하라.
a) slag의 Cu_2O mol%.
b) SO_2의 분압이 0.7 atm일 때의 산소평형분압.

14. 용융구리에 함유된 황을 순수한 산소로 1200°C에서 산화하여 제거한다. 구리가 산소포화에 달했을 때의 산소함량은 얼마인가?

자료: $2Cu + 0.5O_2 = Cu_2O;\ \Delta G^o = -195.2 - 0.0164\ T \log T + 0.142\ T$ (kJ)
$0.5S_2 + O_2 = SO_2;\ \Delta G^o = -362 + 0.0724\ T$ (kJ)
$0.5O_2 = \underline{O}$(liq. Cu); $\Delta G^o = -85.3 + 0.0185\ T$ (kJ)
$0.5S_2 = \underline{S}$(liq. Cu); $\Delta G^o = -120 + 0.0252\ T$ (kJ); $R = 8.314$ J/mol-K

15. 1200°C에서 용융구리로부터 황을 공기를 써서 제거한다. 구리가 산소로 포화된 상태에서 구리의 산소함량은 0.7%다. 이 상태에서 구리의 황함량은 얼마인가? 구리 위의 기체는 전체 압력 1 atm으로 질소가 79% 그리고 나머지는 SO_2라 가정하라. 이 지점에서 구리에 용해된 산소의 양이 남아있는 황을 충분히 산화할 수 있는데 더 이상의 산소를 가하지 않는다면 구리의 최종 산소함량은 얼마인가

Data: $2Cu + 0.5O_2 = Cu_2O;\ \Delta G^o = -195.2 - 0.0164\ T \log T + 0.142\ T$ (kJ)
$0.5S_2 + O_2 = SO_2;\ \Delta G^o = -362 + 0.0724\ T$ (kJ)
$0.5O_2 = \underline{O};\ \Delta G^o = -85.3 + 0.0185\ T$ (kJ)
$0.5S_2 = \underline{S};\ \Delta G^o = -120 + 0.0252\ T$ (kJ)

참고문헌

Acuna, C. and Yazawa, A., 1986, Trans. Jap. Inst. Metals, 27(11), 881.

Bale, C. W., 1990, Can. Metall. Q., 29, 263.

Biswas, A. K. and Davenport, W. G., 1976 *Extractive Metallurgy of Copper*, 1st ed., 81, Pergamon, Oxford.

Boldt, J. R. and Queneau, P., 1967, The Winning of Nickel, Methuen, London, 426.

Chaubal, P. C., 1986, The reaction of chalcopyrite concentrate particles in a flash furnace shaft, Ph.D. dissertation, University of Utah, Salt Lake City, Utah, U.S.A.

Chaubal, P. C. and Nagamori, M., 1988, Metall. Trans. B, 19B, 547.

Chaubal, P. C., Nagamori, M. and Sohn, H. Y., 1984, Can. Metall. Quart., 23, 405.

Chaubal, P. C. and Sohn H, Y., 1986, Metall. Trans. B, 17B, 51.

Derriche, Z. and Perrot, P., 1976, Rev. Chim. Miner., 13, 310.

Grant, R. M., 2001, In Encyclopedia of Materials - Science and Technology, vol. 5, K.H. Buschow et al., eds., pp. 4439-4442, Elsevier, Oxford, UK.

Graf, G. G., 1997, In Handbook of Extractive Metallurgy, vol. 2, F. Habashi, ed., pp. 649-650, 652, WILEY-VCH, Weinheim, Germany.

Hahn, Y. B. and Sohn, H.Y., 1990a, *Metall. Trans. B,* 21B, 945.

Hahn, Y. B. and Sohn, H.Y., 1990b, *Metall. Trans. B,* 21B, 959.

Harris, B. and Magee, J., 2003, Hydrometallurgy 2003, Fifth International Conference in Honor of Professor Ian Ritchie, The Minerals, Metals, and Materials Society (TMS), Warrendale, PA, p. 502.

Hassall, C. and Roberts, H., 2010, In Lead-Zinc 2010, A. Siegmund, et al., eds., pp. 17-25, John Wiley & Sons, Inc., Hoboken, NJ.

Healy, G. W., 1983, *Class Notes*, University of Utah, Salt Lake City, Utah, U.S.A.

Ingraham, T.R. and Kellogg, H.H., 1963, Trans. Metall. Soc. AIME, 227, 1419.

Itagaki, K. and Yazawa, A., 1983, In Advances in sulfide smelting, vol. 1, Basic principles, H. Y. Sohn, D. B. George, and A. D. Zunkel, eds., pp. 119, TMS-AIME, Warrendale, PA.

Itagaki, K., Sohn, H. Y. and Perez-Tello, M., 2002, In Sulfide Smelting 2002, ed. by R. L. Stephens and H. Y. Sohn, pp. 15, TMS, Warrendale, Pennsylvania.

Jorgensen, F. R. A., 1981a, Trans. Inst. Min. Metall. C, 90, C1.

Jorgensen, F. R. A., 1981b, Trans. Inst. Min. Metall. C, 90, C10.

Jorgensen, F. R. A., 1983, Proc. Australas. Inst, Min. Metall., 288, 37.

Kellogg, H. H., 1956, Trans. AIME, 206, 1105.

Kellogg, H. H., 1967, Trans. TMS-AIME, 239, 1439.

Kellogg, H. H. and Basu, S.K., 1960, Trans. TMS-AIME, 218, 70.

Kim, H. G. and Sohn, H. Y., 1996, Trans. Inst. Mining Metall. Sec. C, 105, C151.

Kim, H. G. and Sohn, H. Y., 1998, Trans. Inst. Mining Metall. Sec. C, 107, C43.

Kojo, I. V. and Storch, H., 2006, Copper production with Outokumpu flash smelting an update, In International Symposium on Sulfide Smelting, Vol. 8 (Sohn International Symposium) ed. F. Kongoli and R. G. Reddy, (Warrendale, PA:TMS), p 225.

Krivsky, W. A. and Schuhmann, R., 1957, JOM 9, 981. https://doi.org/10.1007/BF03397951

Levin, E. M., Robbins, C. R. and McMurdie, H. F., 1964, Phase Diagrams for Ceramists, Vol. 1, American

Ceramic Society, Columbus, Ohio.
Leung, L. S., 1975, Metall. Trans. B, 6B, 341.
Makinen, T. and Ahokainen, T., 2009, Pyrometallurgy of Nickel and Cobalt 2009, Metallurgical Society of CIM, Montreal, Canada, p. 209.
Margulis, E. V. and Ponomarev, V. D., 1962, Zh. Prikl. Khim., 35, 970.
Maurel, C., 1964, Bull. Soc. Franc. Min. Crist., 87, 377.
Nagamori, M. and Chaubal, P. C., 1982, Metall. Trans. B, 13B, 319.
Nagamori, M. and Mackey, P. J., 1978a, Metall. Trans. B, 9B, 255.
Nagamori, M. and Mackey, P. J., 1978b, Metall. Trans. B, 9B, 567.
Oliver, B. and Wrana D., 2009, Hydrometallurgy of Nickel and Cobalt 2009, Metallurgical Society of CIM, Montreal, p. 601.
Opie, W. R., Rajcevic, H. J. and Querijero, E. R., 1979, *J. Metals*, 31(7), 17.
Otsuka, K. and Soma, T., 1980, Australia-Japan Metall. Symp., pp. 233, The Australian IMM, Sydney.
Park, S.-S., 2008, *Penetration Behavior of an Annular Gas-Solid Jet Impinging on a Liquid Bath*, M.S. Thesis, University of Utah, Salt Lake City, Utah, U.S.A.
Perez-Tello, M., Sohn, H. Y. and Smith, P. J., 2001, *Metall Mater Trans B*, 32B, 869.
Perillo, A., Carlini, G. and Ibba, R., 1989, In Proceedings of the International Symposium on Primary and Secondary Lead Processing, M.L. Jaeck, ed., pp. 15-26, Pergamon Press, Elmsford, NY.
Queneau, P. E., O'Neill, C.E., Illis, A. and Warner, J. S., 1969, JOM, 21(7), 35.
Razouk, R. I., Kolta, G.A. and Mikhail, R. Sh., 1965, J. Appl. Chem. (London), 15, 191.
Rosenqvist, T., 1978, Metall. Trans. B, 9B, 337.
Ruonala, M., 2010, In Lead-Zinc 2010, A. Siegmund, ed., pp. 29-45, Wiley, Hoboken, NJ.
Saddington, R., Curlook, W. and Queneau, P. E., 1966, JOM, 18(4), 440.
Seo, K. W. and Sohn, H. Y., 1991, Metall. Trans. B, 22B, 791.
Sinclair, R.J., 2005, Extractive Metallurgy of Zinc, pp. 201, 211, The Australasian Institute of Mining and Metallurgy, Carlton Victoria, Australia.
Sinclair, R.J., 2009, Extractive Metallurgy of Lead, pp. 11, 47, 55, 77, 99, 161, 188, The Australasian Inst. of Mining and Metallurgy, Carlton. Victoria, Australia.
Sinha, S. N., Sohn, H. Y. and Nagamori, M., 1984a, Metall. Trans. B, 15B, 441.
Sinha, S. N., Sohn, H. Y. and Nagamori, M., 1984b, Metall. Trans. B, 15B, 595.
Sinha, S. N., Sohn, H. Y. and Nagamori, M., 1985, Metall. Trans. B, 16B, 53.
Sohn, H. Y., 2007, *Class Notes*, University of Utah, Salt Lake City, Utah, U.S.A.
Sohn, H. Y., 2014, "Principles of Copper Production," Treatise on Process Metallurgy, Volume 3 Industrial Processes Part A, Section 2.1.1, pp. 534-591, Elsevier, Oxford, UK and Waltham, MA, USA,
Sohn, H. Y., 2020, Fluid–Solid Reactions, Elsevier, Cambridge, MA 02139, 536 pp.
Sohn, H. Y. and Chaubal, P. C., 1993, Metall. Trans. B, 24B, 975.
Sohn, H. Y. and Goel, R.P., 1979, Miner. Sci. Eng., 11, 137.
Sohn, H. Y. and Olivas-Martinez, M., 2014, "Lead Production," Treatise on Process Metallurgy, Volume 3 Industrial Processes Part A, Section 2.3.1, pp. 671-693, Elsevier, Oxford, UK and Waltham, MA, USA.
Sohn, H. Y. and Ramachandran, V., 1998, In Sulfide Smelting '98, Current and Future Practices, edited by J. A. Asteljoki and R. L. Stephens, pp. 3, TMS, Warrendale, Pennsylvania.
Sohn, H.-S., Fukunaka, Y., Oishi, T., Asaki, Z. and Sohn, H. Y., 2004, Metall. Mater. Trans. B, 35B, 651.

Sohn, H. Y., Kang, S. and Chang, J., 2005, *Minerals and Metallurgical Processing*, 22, 65.

Takeda, Y., Ishiwata, S. and Yazawa, A., 1983, Trans. Jap. lnst. Metals, 24(7), 518.

Thornhill, P. G. and Pidgeon, L.M., 1957, Trans. AIME, 209, 989.

Toguri, J. M., Themelis, N. J. and Jennings, P. H., 1964, Can. Met. Quart. 3, 197.

Willis, G.M., 1980, In Lead-Zinc-Tin'80: TMS-AIME World Symposium on Metallurgy and Environmental Control, J.M. Cigan, T.S. Mackey, and T.J. O'Keefe, eds., pp. 457-476, TMS-AIME, Warrendale, PA.

Yazawa, A., 1974, Can. Metall. Q. 13(3), 443.

Yazawa, A., 1979, Thermodynamic evaluations of extractive metallurgical processes. Metall Mater Trans B, 10B, 307. https://doi.org/10.1007/BF02652501

Yazawa, A. and Gubcova, A., 1967, Trans. Metall. Soc. AIME, 239, 2004.

Yazawa, A., Nakazawa, S. and Takeda, Y., 1983, In Advances in sulfide smelting, vol. 1, Basic principles, H. Y. Sohn, D. B. George, and A. D. Zunkel, eds, pp. 99, TMS-AIME, Warrendale.

Yazawa, A. and Nakazawa, S., 1998, In Sulfide Smelting '98: Current and Future Practices, Proceedings of the Symposium held at the TMS Annual Meeting, J.A. Asteljoki and R.L. Stephens, eds., pp. 39-48, TMS-AIME, Warrendale, PA.

제 6 장

고온 정련(Pyro Refining) 원리

모든 금속의 생산은 우선 순수한 금속을 제조하는 것을 목표로 하는데 제조 과정에서 금속은 광석이나 잔사에 포함된 불순물을 흡수하거나 또는 용제(flux)나 연료에 섞인 불순물로 오염된다. 이러한 불순물은 금속의 물리적, 화학적 그리고 기계적 성질에 좋지 않은 영향을 주기 때문에 이를 가능한 한 전부 제거하는 정련 과정이 금속생산 공정에 중요한 단계다. 금속의 질을 향상하는 목적 이외에 정련은 가끔 금이나 은과 같은 귀금속을 부산물로 회수하는데도 필요한 공정이다. 하나의 불순물이 어느 특정한 성질에는 영향을 주지 않을 수도 있지만 그와 다른 성질에는 큰 영향을 줄 수도 있다. 예를 들어 미량의 산소가 구리의 밀도에는 별로 영향을 주지 않지만 전기전도율은 크게 감소시킨다. Zr은 중성자 흡수단면이 원자당 0.15 barn으로 낮아 원자로 연료통을 만드는데 필수적 재료인데 작은 양(200 ppm 이상)의 Hf만 포함하면 중성자 흡수단면이 원자당 115 barn으로 증가하여 원자로용으로서 쓸모가 없게 된다.

구리, 납, 아연, 니켈 또는 주석과 같은 범용금속의 정련에는 금속과 불순물의 물리적 및 화학적 성질의 차이가 이용된다. U, Th, Ti과 Zr 같은 활성금속은 광석에 섞인 불순물을 처음에 바로 제거한다. 이러한 처리과정의 예로서 침출액을 화학침전, 이온교환, 용매추출 등의 화학적 분리 공정을 거쳐 정제하는 방법을 들 수 있다. 강철은 slag 처리로 황이나 인을 제거하고 용해된 성분들은 여러가지 화학적이나 물리적인 방법으로 제거한다. 또한 여러가지 비철금속은 전해공정을 이용하여 정련하는데 이 방법은 이 책의 범위 밖이므로 본 장의 서술은 고온에서의 비철금속 정련에 국한한다.

6.1 원리

순수한 상은 열역학적으로 불안정하기 때문에 불순물을 흡수하여 그 자유에너지를 낮춘다. 더욱 순수한 상일수록 불순물을 쉽게 흡수하므로 불순물의 농도가 낮을수록 순수화가 더 어려워진다. 따라서 불순한 금속은 slag과 접촉하거나 진공 하에서 낮은 화학포텐셜을 가진 불순물을 제거하여 정련한다. 그러나 불순물의 화학포텐셜은 농도가 낮을수록 낮아지므로 100%의 순도를 얻는 것은 불가능하다. 모든 정련기술에서는 금속과 불순물의 활동도에 대한 지식이 필요한 물리화학적 원리를 이용하여 유리한 조건을 최적화 할 수 있다.

대부분의 정련공정에서 금속과 불순물의 물리적 및 화학적 성질의 차이를 잘 이용해야 한다. 이 장에서는 금속-slag과 금속-기상 간의 반응을 이용하는 주요한 두 분류의 정련공정을 서술한다.

6.2 금속-slag계

이 공정에서는 금속보다 산소, 황, 그리고 염소와 더 큰 친화도를 가진 불순물을 산화시켜 slag이나 기상으로 제거한다. 이 방법을 불 정련(fire refining)이라 일컫는다. 조동(blister copper)에 함유된 철과 황은 그림 6.1에 보인 양극로(陽極爐, anode furnace)에서 산화시켜 제거한다. 저순도 납, Bi와 주석은 황과 함께 처리하여 구리를 제거하고 납에 함유된 아연, Bi에 함유된 구리와

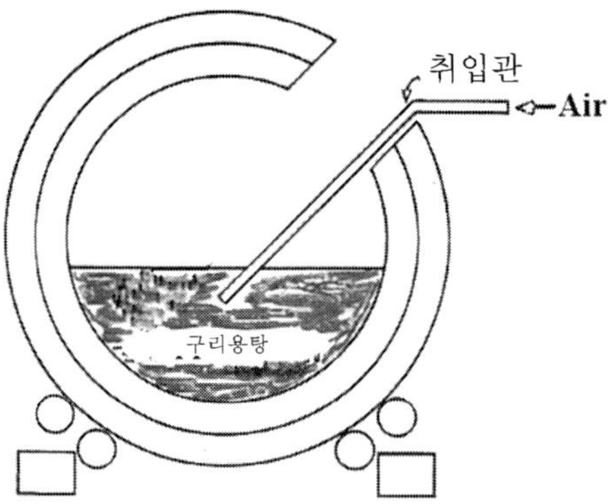

그림 6.1. 양극로 (anode furnace).

납, 주석과 은에 함유된 납, 그리고 금에 함유된 구리와 아연은 염화에 의해 제거한다. 때로 산화반응은 정제되는 금속의 산화물을 첨가하여 촉진시킨다.

정련의 최적화를 위해서는 금속에 용해된 원소와 slag에 섞인 산화물의 활동도에 대한 지식이 매우 필수적이다.

6.2.1 구리의 불 정련 (Fire Refining of Copper)

전환공정(converting)에서 얻은 구리 안의 황과 산소의 함량은 사용된 공정에 따라 다른데 연속 전환공정에서 생산된 구리에 황과 산소는 각각 0.7-1 wt %와 0.2-0.4 wt %이고 Peirce-Smith 전로에서 생산된 구리에는 0.01-0.05 wt %의 황과 0.2 0.5 wt %의 산소가 함유되어 있다 [Davenport et al., 2002]. 구리의 응고 시 용해된 황과 산소가 반응하여 생성된 아황산가스(SO_2) 기포가 생긴다. 1083°C에서 응고된 구리에 0.01 wt %의 S과 0.01 wt %의 O가 용해되어 있다면 매 cm^3의 구리 당 2 cm^3의 아황산가스가 생성될 것으로 예측된다. 따라서 상용으로 사용되는 조동은 고온산화 정련을 거쳐야 한다. 그리고 고순도의 구리는 고온산화 정련된 구리를 전해정련을 통해 생산된다.

불 정련 과정에서는 1150-1200°C로 유지된 양극로(anode furnace)에 장입된 용융 조동에 파이프를 통해 공기를 불어넣는다. 그 양이 많으므로 구리가 먼저 산화되어 다음 반응에 의해 산화동을 생성하고 그 산화동이 구리 안으로 퍼진다.

$$4Cu + O_2 \rightarrow 2Cu_2O \quad (6.1)$$

그리고 산화동이 구리보다 산소와 친화성이 높은 불순물을 산화한다.

$$Cu_2O + M \rightarrow 2Cu + MO \quad (6.2)$$

산화동 이외에도 산소와의 친화성에 따라 어떤 불순물의 산화물이 다른 불순물을 산화할 수도 있다. 예를 들어 다음 식에서 볼 수있는 바와 같이 산화성이 큰 금속 M_1이 그보다 산화성이 낮은 금속 M_2의 산화물과 반응하여 M_1O로서 제거될 수 있다.

$$\mathrm{M_1 + M_2O \rightarrow M_1O + M_2} \tag{6.3}$$

불순물의 산화물로 이루어진 slag은 불순물 산화물의 화학포텐셜을 낮추어 정련을 촉진시킨다. 산소에 대한 친화성이 큰 것에서부터 낮은 것까지 순서에 따라 용융된 구리에서 제거되는 차례는 Al, Si, Mn, Zn, Sn, Fe, Ni, As, Sb, Pb, 그리고 Bi다.

구리보다 산소와의 친화성이 낮은 니켈은 1250°C에서 $Cu_2O + Ni \rightarrow NiO + 2Cu$ 반응의 Gibbs 자유에너지가 음으로 되는 조건을 형성하여 조동으로부터 제거될 수 있다. Cu_2O의 표준생성 Gibbs 자유에너지가 NiO보다 낮기 때문에 구리가 더 쉽게 산화되어 slag으로 손실될 가능성이 높다. 그러나 다음 식에 있는 비표준상태에서의 자유에너지 변화에 의하면 slag의 조성을 조정하여 NiO의 활동도를 낮추어 이 반응의 ΔG를 음으로 만들 수 있다. 금과 은은 산화성이 매우 낮아 fire 정련 과정에서 제거할 수 없다.

$$\Delta G = \Delta G^o + RT\ln\left(\frac{a_{NiO}}{a_{Cu_2O} \cdot a_{Ni}}\right) \tag{6.4}$$

불 정련에서는 공기를 불어넣어 황의 함량을 약 0.002%로 낮추는 대신 상당량의 산소가 구리에 흡수된다. 구리 내에서의 [S]-[O] 용해평형은 다음과 같이 표현된다.

$$[S] + 2\,[O] = SO_2(g) \quad K = \frac{p_{SO_2}}{[\%S].[\%O]^2} = 10^6 \ \text{at } 1200^oC \ \text{[Davenport et al., 2002]} \tag{6.5}$$

이 반응의 큰 평형상수 값으로부터 $p_{O_2} \sim 0.2$ atm이고 $p_{SO_2} > 1$ atm 인 조건에서 황의 농도가 0.002%로 낮아져도 그 제거가 계속됨을 알 수 있다.

정제의 마지막 단계에서 용융 구리 내의 황 함량은 약 0.001 wt %로 감소되나 산소의 함량이 약 0.6 wt %로 증가한다. 응고과정에서 고체 구리 내의 산소 용해도가 낮아지므로 모든 산소는 고형 Cu_2O로 석출되어 약 6 wt %의 산화물 개재물(oxide inclusion)을 이룬다. 산소의 존재가 구리의 전기적 또는 기계적 성질을 악화하기 때문에 용융 구리는 slag을 분리해 낸 후에 탄화수소(hydrocarbon) 같은 환원성 가스를 써서 탈산(脫酸, deoxidation)한다. 산소의 대부분은 다음과 같은 반응에 의해 제거된다.

$$C\,(s) + [O] = CO\,(g) \tag{6.6}$$

$$CO\,(g) + [O] = CO_2\,(g) \tag{6.7}$$

그리고

$$H_2\,(g) + [O] = H_2O\,(g) \tag{6.8}$$

산소의 함량이 0.15%가 될 때 탄화수소의 취입을 중단한다. 이러한 방식으로 구리 산화물의 석출을 최소화하나 탄화수소 가스에서 생성된 수소가 구리에 소량 흡수된다. 고온산화 정련된 구리는 ~0.002 wt% *S*, 0.15 wt% O과 2×10^{-5} wt% H를 함유하며 이를 양극으로 주조하여 전해정련을 통해 순도 99.99%로 정련되는데 이때 금과 은이 회수된다.

6.2.2 납의 고온정련

납은 융점이 606.6 K로 낮아 여러 금속의 용매가 된다. 납 광물에 함유된 Ag, Au, Cu, Sb, Sn, As, Bi 같은 원소들이 생산된 납에 용해된다. 실제로 은이 1차 납 생산의 주요 부산물이다. 반대로 여러 미량금속은 납의 성질을 저하하기 때문에 제거되어야 한다. 예를 들어 Sb는 납을 매우 경화시킨다. 따라서 일차 제련된 납은 정련공정을 거쳐야 한다.

납의 정련은 몇가지 단계를 거쳐 은과 금을 회수하고 0.1-1.5 wt %의 범위로 함유된 Cu, Zn, As, Sb, Sn, Bi, S등의 불순물을 제거한다. 그림 6.2는 1차 납의 대표적인 고온정련 공정도를 나타낸다. 2차 납도 어느 정도의 정련이 필요하나 이는 재활용된 납의 출처에 크게 의존된다.

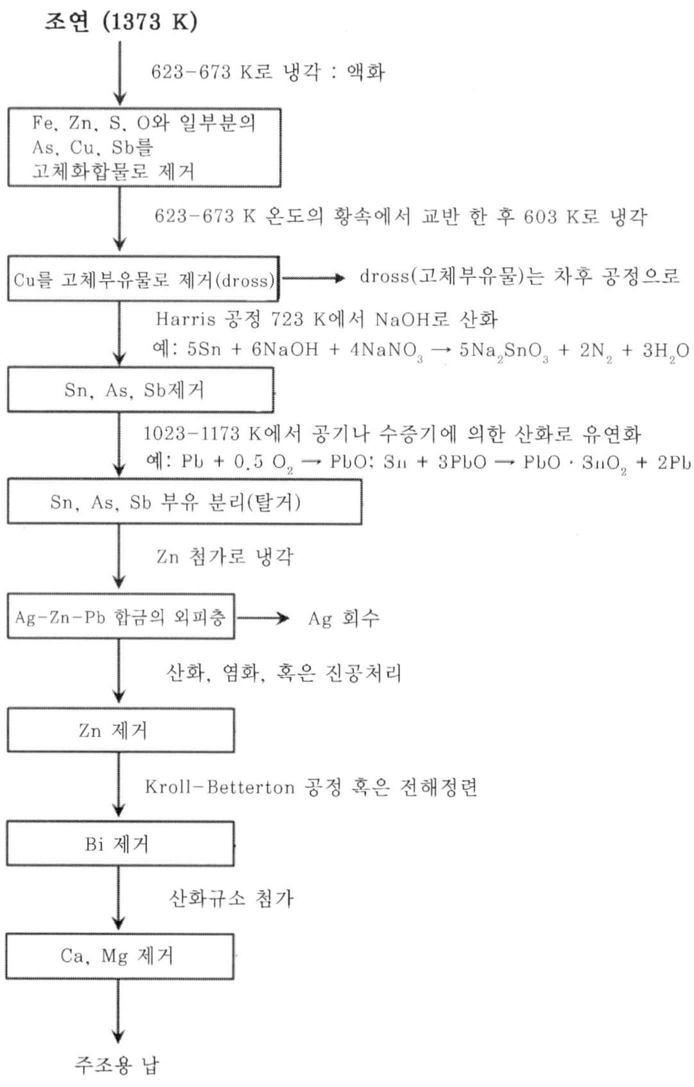

그림 6.2. 납의 고온정련 공정도 (Davey[1979]의 자료에 의거하여 다시 그린 그림).

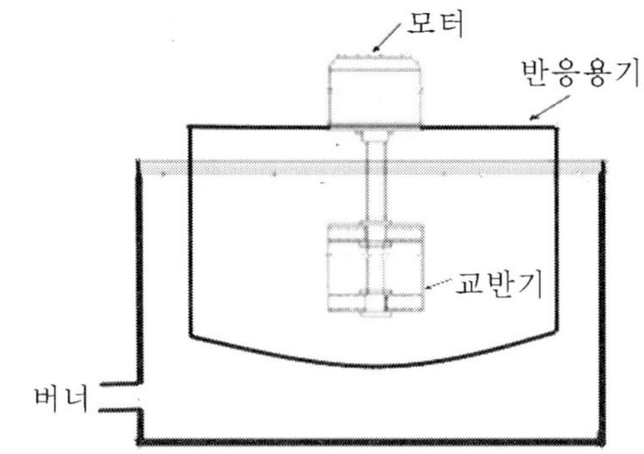

그림 6.3. 납 정련 반응기 (Lead refining kettle).

구리는 330-350°C에서 그림 6.3에 보이는 반응기에 담은 용융납에 황을 첨가하고 교반하여 제거한다. 생성된 PbS가 용융납에 용해되고 황과 친화성이 더 높은 구리와 반응하여 Cu_2S를 생성한다.

$$[PbS] + 2\,[Cu] \rightarrow Pb\,(l) + Cu_2S\,(s) \qquad (6.9)$$

납에 용해된 황의 농도가 높을수록 잔류 구리의 함량이 낮아진다.

$$[\%Cu] = \frac{1}{\sqrt{K[\%S]}} \qquad (6.10)$$

Cu_2S는 가볍고 구리에 용해되지 않으므로 dross(고체부유물)로 납의 표면에 뜨게 된다. 이 dross는 주로 Cu_2S와 기계적으로 포집된 납으로 구성되며 PbS의 양은 매우 적다. 납의 손실은 dross를 분리하기 전에 반응기의 온도를 370°C로 높여 최소화 한다. 95% Pb과 3% Cu를 함유한 dross는 재활용한다.

다음 단계에서는 350°C로 유지된 반사로에서 용융납을 공기와 산화납(litharge, PbO)을 사용하여 납보다 산화성이 높은 Zn, As, Sb와 Sn을 산화시켜 제거한다. 생성된 산화물 ZnO, As_2O_3, Sb_2O_3와 SnO_2는 양쪽성(amphoteric)이며 납에 용해되지 않아 각각 PbO와 결합하여 zincate(PbO·ZnO), arsenate($3PbO \cdot As_2O_3$), antimonate($PbO \cdot Sb_2O_3$) 및 stannate($PbO \cdot SnO_2$)를 생성하여 용융납 위에 부유하여 분리된다. 산화는 공기를 취입하여 촉진시킨다. 위의 불순물이 제거된 납은 그 연성(ductility)이 높아지기 때문에 이 공정은 "softening"이라고 불리운다. 은과 금은 산화는 되지 않지만 용융납의 방울들과 함께 dross로 가는 것이 납 고온산화 정련의 최대 단점이다.

은과 금을 회수하기 위해서는 일부 정련된 납을 450°C에서 아연과 혼합하여 처리한다 (Parkes 공정). 잉여 아연은 390°C에서 염화시켜 제거한다 (Betterton 공정). Bi는 Ca-Mg합금을 첨가하여 고체 금속간화합물을 형성하여 제거한다.

6.3 금속-기체계

이 범주의 주요 예로는 증류, 진공처리, 카보닐(carbonyl) 분해, 불균화 공정(disproportionation process)과 요오드화물의 분해가 있다. 특히 이 방법들은 극도로 순수한 활성금속의 제조에 있어 중요한 역할을 한다.

6.3.1 증류

증류기술은 금속과 불순물의 비점의 차이를 분리와 정련에 적용하는 것이다. 이 기술은 또한 금속염의 분리와 정련에도 유용하다. 한 예로, Ti 광물의 염화 반응에 의해 생성된 기체에서 고순도 $TiCl_4$(99.98%)을 제조하는 것이다. 다만 조업 상의 문제로 이 방법은 비점이 1000°C 이하인 금속의 정련에 제한된다. 예를 들어 비점이 각각 357°C, 765°C, 892°C와 907°C인 Hg, Cd, Na와 Zn는 상압에서 증류법으로 정련할 수 있다. 509°C, 608°C, 803°C, 877°C 그리고 953°C에서 증기압이 10^{-3} atm인 Te(boiling point 990°C), Mg(1105°C), Ca(1487°C), Sb(1635°C)와 Pb(1740°C)는 1000°C에서 10^{-3} atm 정도의 진공 하에서 증류할 수 있다. 그러나 이 공정은 소량으로 존재하는 불순물들 간의 반응 때문에 분리의 정도에 한계가 있다.

Langmuir가 평형조건 하에 금속 표면에서 성분 i의 증발 속도에 대해 다음과 같은 식을 유도했다.

$$\text{증발 속도, } r_i = p_i\left(\frac{M_i}{2\pi RT}\right)^{1/2} \tag{6.11}$$

여기서 R은 기체상수며 M_i와 p_i는 각각 분자량과 용융액에서의 성분 i의 증기압을 나타낸다. 증발 속도의 단위는 오른쪽 항에 있는 변수의 단위에 따르며 일반적으로 단위 시간과 단위 면적당 증벌하는 질량이다. 증발의 최고 속도는 표면을 떠나는 분자의 수가 응축하는 수와 평형상태 일 때다. 비이상상태를 고려해서 위 식에 성분 i의 활동도를 도입하여 다음과 같이 변경한다.

$$r_i = p_i^o \cdot a_i\left(\frac{M_i}{2\pi RT}\right)^{1/2} \tag{6.12}$$

여기에 p_i^o는 순수한 액체 i의 증기압이다. 식 (6.12)는 용액의 성분이 용융액으로부터 증발하는 속도를 나타내므로 특정온도에서 용질성분 i와 용매 M간의 증발 속도의 비율은 다음과 같다.

$$\frac{r_i}{r_M} = \frac{p_i^o a_i}{p_M^o a_M}\left(\frac{M_i}{M_M}\right)^{\frac{1}{2}} \tag{6.13}$$

여기에 r_M, p_M^o와 a_M은 각각 금속 M의 증발속도, 순수한 M의 증기압, 그리고 M의 활동도를 표시한다. 비율 $\frac{r_i}{r_M}$ 이 용질 i의 증발 속도 증가에 따라 증가하므로 식 (6.13)은 증류를 이용한 정련의 토대를 제공한다. 따라서 알맞은 증류 온도를 선택하여 용매 금속은 대부분 남기고 상대적으로 높은 휘발성의 불순물을 제거할 수 있다. 이와 반대로 용융물 전체를 증발시켜 적당한 온도 하에 분별 응축을 통해 해당 기체로부터 특정 성분을 분리할 수도 있는데 이 방법은 Ti 광물을 염화시켜 얻은 생성물로부터 $TiCl_4$와 $ZrCl_4$를 분리하는데 제일 성공적으로 응용되었다.

상기의 논의에 의하면 증기압의 차이가 큰 금속-불순물계는 일단계의 증류로 분리할 수 있다는 결론을 얻을 수 있고 반면에 증기압의 차이가 적은 경우에는 정류(精溜, rectification)라고 불리는 특수한 방법이 필요하다. 예를 들어 용광로에서 생산된 2-3 wt % Pb(비점 1740°C)과 0.3-0.5 wt % Cd(비점 765°C)을 함유한 조아연(粗亞鉛, crude zinc, 비점 907°C)은 800-1200°C에서 30-40개의 tray로 이루어진 정류탑을 사용해서 정제한다. Cd은 아연보다 증기압이 매우 크고 납은 매우 적으므로 아연과 Cd은 모두 증발하고 납은 액체로 남는다. 그리고 증발된 기체에서 아연을 먼저 응축시키고 Cd은 증기상으로 남긴다. 더 고순도의 제품을 만들려면 증류를 몇 번 반복해야 하나 회수율은 낮아진다.

6.3.2 카보닐 공정 (Carbonyl Process)

Mond의 카보닐 공정은 순수한 니켈을 생산하는데 성공적으로 적용되고 있다. 니켈의 생산은 약 1-3%의 니켈과 얼마간의 Co, Cu와 Fe을 함유한 황화광물을 다단계 공정을 거쳐 용융제련하여 우선 황화니켈을 제조하는 것으로 시작한다 [Shamsuddin and Sohn, 2018]. 황화니켈(Ni_3S_2)은 완전배소하여 산화니켈을 만들고 탄소나 수소로 400°C에서 환원하여 조니켈(crude nickel)을 생산한다. 15-20%의 철과 얼마간의 구리와 코발트를 함유한 조니켈은 휘발장치(volatilizer, carbonyl 실) 안에서 일산화탄소와 반응하여 $Ni(CO)_4$를 형성하는데 50°C와 상압에서 처리하면 기체상이 생산되고 50°C와 20기압, 때로는 70기압에서, 처리하여 액상 카보닐을 생산하기도 한다 [Wiseman et al., 1988; Donald and Scholey, 2005; Mroczynski, 2009]. 모든 경우에 얼마간의 $Fe(CO)_5$가 동시에 형성되며 소량의 $Co_2(CO)_8$도 같이 생기는데 조니켈에 포함된 구리나 귀금속은 이 조건에서는 카보닐을 형성하지 않는다.

$$Ni\,(s) + 4CO\,(g) \rightleftarrows Ni\,(CO)_4\,(g) \tag{6.14}$$

50°C에서 이 반응의 평형상수는

$$K = \frac{p_{Ni(CO)_4}}{p_{CO}^4} \approx 4 \times 10^4 \tag{6.15}$$

여기에 p는 atm 단위를 갖는다.

$$Fe\,(s) + 5CO\,(g) \rightleftarrows Fe\,(CO)_5\,(g) \tag{6.16}$$

$Ni(CO)_4$와 $Fe(CO)_5$의 비등점은 각각 43°C와 105°C이기 때문에 50°C의 용기에 장입한 조니켈 위로 건조한 CO 가스를 흘리면 대부분의 니켈과 소량의 철이 카보닐로 휘발하고 다른 불순물은 고형 잔사로 남는다. 반응(6.14)는 4몰의 CO 가스로부터 단지 1몰의 $Ni(CO)_4$ 가스를 생성함에 따라 매우 큰 엔트로피의 감소를 동반한다. 또한 이 반응은 미소한 흡열반응이므로 자유에너지 변화는 엔트로피의 변화에 의존하여 100°C보다 높은 온도에서는 역방향으로 진행된다. 따라서 $Ni(CO)_4$와 $Fe(CO)_5$를 함유한 생성 가스를 다른 실(분해실)로 옮겨 160-180°C로 가열하면 전자는 순수한 니켈과 CO 가스로 분해되고 후자는 분해 온도가 더 높기 때문에 기체로 남는다. $Ni(CO)_4$의 분해는 미세 니켈 분말을 응고핵으로 분해실에 넣어 촉진시킨다. 연속된 증착을 통해 순도 99.99%, 직경 6 mm의 니켈 구슬로 키운다. 주로 CO로 구성된 가스는 $Fe(CO)_5$를 액화하여 제거한 뒤에 다시 휘발 장치로 돌려 재활용 한다.

반응 속도는 온도가 높아질수록 빨라지므로 50°C 이상의 온도에서 형성된 카보닐 가스는 불순물로 오염될 가능성이 높다. Le Chatelier의 원칙에 의하면 반응(6.14)과 (6.16)은 압력의 증가에 따라 정방향으로 더욱 진행되지만 두 카보닐의 분해 온도도 높아진다. $Fe(CO)_5$는 생성 반응에서 $Ni(CO)_4$ 보다 엔트로피의 감소가 크기 때문에 더 높은 온도에서 분해한다. 공업적 규모에서는 조니켈과 CO 가스를 50°C와 20 atm 하에서 반응시켜 $Ni(CO)_4$ 액체를 만들고 기화하여 205-250°C에서 열분해하여 그에 함유된 $Fe(CO)_5$를 기체상에 남겨 분리하면 순수한 니켈이 생산된다. 참고로 $Ni(CO)_4$와 CO 가스는 둘 다 매우 독성이 높다.

6.3.3 요오드화물의 분해

Van Arkel과 de Boer [1925]가 금속과 요오드 사이의 가역반응을 기초로 한 요오드화물 분해기술을 개발했다.

$$M\,(crude) + 2\,I_2\,(g) = MI_4\,(g) \tag{6.17}$$

$$MI_4\,(g) = M\,(pure) + 2\,I_2\,(g) \tag{6.18}$$

이 방법은 화학증착을 이용한 정제의 대표적인 방법이고 현재 고순도 희소금속의 생산에 많이 적용되고 있다. 이 방법에서는 낮은 온도(즉 bulb 온도)에서 형성된 요오드화 금속을 높은 온도(filament 온도)에서 분해시킨다. 분해에서 재생된 요오드는 다시 요오드화물 형성에 재활용한다. Le Chatelier의 원칙에 의하면 요오드화물 형성은 높은 압력에서 분해는 낮은 압력에서 유리하다. 금속 생산으로 이어지는 분해 반응은 낮은 압력에서 유리하지만 어떤 수준 아래로 압력을 낮출 수는 없는데 이는 filament 온도에서 금속의 증발 속도가 증착 속도와 같아지는 압력이다. 실제로는 10^{-3}-10^{-4} atm 정도의 압력이 적당하다. 요오드화물 분해공정의 열역학과 반응속도론에 의거하여 Shelton[1968a, 1968b]은 Zr의 증착속도가 요오드의 확산속도에 의해 좌우되며 원료의 반응성과 반응기의 형상이 증착속도에 중요한 역할을 한다고 결론지었다.

일반적으로 요오드화물 공정에는 전기로 가열하는 백열 필라멘트(incandescent filament)가 설치된 유리 또는 석영 반응기를 이용한다. 그러나 고순도 Ti이나 Zr의 대량 생산에는 Inconel

로 만든 반응로를 사용한다 [Jamrack, 1963]. 요오드화물의 분해에서 방출된 금속은 약 2.5 마이크론 직경의 W 혹은 Mo 필라멘트에 증착된다. 고순도 Ti, Zr, Hf, Th의 생산에서는 bulb와 filament의 온도를 각각 200-525°C와 1100-1600°C로 유지한다.

한 주기에서의 회수율은 반응로에 장입한 원료의 약 20%다. 불순물의 함량은 한 주기에 5000 ppm에서부터 1000 ppm으로 낮출 수 있고 반복 처리로 200 ppm 이하까지 낮출 수 있다. 그러나 요오드화물 공정은 반응기의 잔류 기체에 의해 금속이 오염되고 또한 반응기로부터 금속 불순물이 요오드 증기에 의해 필라멘트로 옮겨질 수 있는 단점이 있다.

6.3.4 불균화 공정 (Disproportionation Process, 不均化 工程)

동일한 금속의 할로겐화물의 다른 원자가(valence)를 이용하여 다른 온도에서 할로겐화물을 형성하고 분해하는 것을 불균화(disproportionation) 반응이라 한다. 이 공정은 고순도의 Al, Be, Ti, Zr, Nb을 제조하는데 성공적으로 적용되었다. 예를 들어 $AlCl_3$ 가스를 불순한 용융 Al에 1000°C에서 불어넣어 다음 반응과 같이 AlCl의 형태로 증발하게 한다.

$$AlCl_3(g) + 2Al(l, \text{impure}) \xrightarrow{1000^\circ C} 3AlCl(g) \quad (6.19)$$

위 반응은 낮은 온도에서 역방향으로 진행되어 정제된 고체나 액체의 aluminum을 회수한다.

$$3AlCl(g) \xrightarrow[600-700^\circ C]{\text{cooling}} 2Al(s/l, \text{pure}) + AlCl_3(g) \quad (6.20)$$

재생된 $AlCl_3$ 가스는 다시 불순한 Al과 반응시키는데 사용된다. 그러나 이 방법은 순도가 99.999%인 Al의 생산에는 낮은 함량의 Ca, Ti, Mn, Mg, Zn와 Cu를 함유한 Al만 정제할 수 있다.

극도로 순수한 Be의 제조에서는 첫 단계에서 불순한 Be을 NaCl과 약 1200°C에서 반응시켜 $BeCl_2$와 Na 증기를 제조한다. 두번째 단계에서는 이 생성물을 약 900°C로 냉각하여 다음 반응과 같이 순수한 Be를 생산한다.

$$Be(s, \text{impure}) + 2NaCl(g) \xrightarrow{1200^\circ C} BeCl_2(g) + 2Na(g) \quad (6.21)$$

$$BeCl_2(g) + 2Na(g) \xrightarrow{900^\circ C} Be(s, \text{pure}) + 2NaCl(l) \quad (6.22)$$

관련된 다른 예는 다음과 같다.

$$5NbCl_3(s) \rightarrow 2Nb(s, \text{pure}) + 3NbCl_5(g) \quad (6.23)$$

$$4TiI_3(g) \rightarrow Ti(s, \text{pure}) + 3TiI_4(g) \quad (6.24)$$

$$4ZrI_3(g) \rightarrow Zr(s, \text{pure}) + 3ZrI_4(g) \quad (6.25)$$

6.4 기타 정련 방법

여기 서술한 정련 방법들은 주로 첫단계에서 환원으로 회수된 희토류 금속으로부터 미량의 slag 성분, 전해액, 미환원성분 또는 내화물 등을 제거하여 고순도의 희토류금속을 제조하는데 사용된다.

진공용융방법에는 고주파수 유도가열, 아크용융, 전자빔 용융 등이 있으며 이 방법으로 slag을 통해 들어온 산소를 분리하거나 증기압이 높은 Ca, Mg 등을 증발에 의해 제거한다.

Sm, Eu, Tm, Yb는 증기압이 높은 것을 이용하여 증류로 정제하고 Sc, Y나 다른 원소도 텅스텐 도가니를 써서 증류한다.

Electrotransport 방법은 Verhoeven 등[Verhoeven, 1966; Jordan and Jones, 1973]에 의해 개발되었는데 이 방법은 극도로 순수한 희토류 금속의 제조에 쓰인다. 예를 들어 전자빔으로 정제한 희토류 금속을 직경 3-6 mm와 길이 100 mm의 봉으로 만들어 양극을 물로 냉각한 전극에 연결하고 약 1010 Pa의 극도진공하에서 수백 암페아의 전류를 통한다. 금속봉의 온도는 융점보다 100°C 아래로 수백 시간 유지하면 이온화된 불순물들은 양극이나 음극으로 이동하고 가스원소는 휘발하여 금속의 순도가 증가한다.

구역정제(區域精製, zone melting, zone refining)는 반도체의 정제에 쓰이나 희토류에도 적용된다 [Fort et al., 1981]. 희토류금속을 보트에 장입하고 고순도 아르곤 분위기하에 유도코일을 써서 한쪽 끝부터 녹이기 시작하여 녹은 구역을 서서히 다른 끝을 향해 움직인다. 이 과정을 몇 번 되풀이한다. 불순물의 고상과 액상간의 분배는 원소에 따라 다르며 움직이는 방향도 다르다. Al, Fe, W는 녹는 방향으로 이동하며 쉽게 제거되는데 기상의 원소는 제거하기가 용이치 않다.

Electrotransport 방법과 구역정제법은 금속원소를 제거하는데 매우 유효하지만 [Hirota et al., 1999] 산소와 같이 용해된 기체원소를 제거하는 능력은 낮다 [Peterson and Schmidt, 1972]. 더구나 고진공을 유지해야 하고 정제되는 금속의 형상이 한정되고 정제전의 산소함량에 의존되는 등의 단점이 있다. 이 단점들 극복하기 위해 Okabe 등[Okabe et al., 2001]이 희토류 금속을 용융 $CaCl_2$에 장입하여 전해정련하는 탈산소법을 개발했다.

참고문헌

Davenport, W. G., King, M., Schlesinger, M. and Biswas, A. K., 2002, *Extractive Metallurgy of Copper,* 4th ed. (Oxford, UK: Elsevier Science Ltd.) (Chapters 5-10).

Davey, T. R. A., 1979, The physical chemistry of lead refining, in J.M. Cigan, T.S. Mackey, T.J. O'Keefe (Eds.), Lead-Zinc-Tin '80, Metallurgical Society of AIME, Warrendale, PA, USA, pp. 477-506.

Donald, J. and Scholey, K., 2005, Nickel and Cobalt 2005: Challenges in Extraction and Production, Metallurgical Society of CIM, Montreal, p. 457.

Fort, D., Jones, D. W., Beaudry, B. J. and Gschneidner K.A., Jr., 1981, *J. Less-Common Met.* 81, 273.

Hirota, K., Okabe, T. H., Saito, F., Waseda, Y. and Jacob, K.T., 1999, *J. Alloys Compd.* 282, 101.

Jamrack, W. D., 1963, *Rare Metal Extraction by Chemical Engineering Techniques*, (New York, NY: Mac-Millan) (Chapter 8).

Jordan, R. G. and Jones, D. W., 1973, *J. Less Common Met.* 21, 125.

Mroczynski, S., 2009, Pyrometallurgy of Nickel and Cobalt 2009, Metallurgical Society of CIM, Montreal, p. 293.

Okabe, T. H., Jacob, K. T. and Waseda, Y., 2001, in Y. Waseda, M. Isshiki (Eds.), Purification Process and Characterization of Ultra High Purity Metals, Springer, New York, p. 3.

Peterson, D. T. and Schmidt, F. A., 1972, *J. Less-Common Met.* 29, 321.

Shamsuddin, M. and Sohn, H. Y., 2019, *JOM*, 71(9), 3253.

Shelton, R. A. J., 1968a, *Trans. Inst. Min. Metall.,* 77, C32.

Shelton, R. A. J., 1968b, *Trans. Inst. Min. Metall.* 77, C113.

Van Arkel, A. E. and de Boer, J. H., 1925, *Z. Anorg. Chem.*, 148, 345.

Verhoeven, J. D., 1966, *J. Metals*. 18, 26.

Wiseman, L., Bale, R., Chapman, E. and Martin, B., 1988, Extractive Metallurgy of Nickel and Cobalt, TMS, Warrendale, p. 373.

제 7 장

용융염 전해 원리

7.1 서론

전기화학공정은 용융염에 용해된 화합물로부터 전기에너지를 사용하여 Al과 같은 활성금속을 생산하는 공정이다. 용융염은 NaCl에서 Na 금속을 생산하는 경우처럼 회수하려는 금속의 순수한 염으로 구성되거나 용융 빙정석(氷晶石, cryolite, Na_3AlF_6)에 용해된 Al_2O_3에서 Al 금속을 생산하는 경우처럼 생산하려는 금속보다 활성이 더 큰 금속의 화합물로 구성된다. 이 경우에는 보통 몇가지 염의 혼합물을 사용한다.

전해제련에서는 목적하는 금속이 불용성(insoluble) 또는 불활성(inert) 양극을 사용하는 전해조 내에 있는 용융염으로부터 음극에서 적절한 환원반응에 의해 석출된다. 양극 반응은 전해액이나 양극의 조성에 따라 다르다. 예를 들면 용융염으로부터 Mg을 전해제련 할 때에 양극에서는 염소 가스가 생성되고 Al_2O_3를 함유한 용융 빙정석에서 Al을 생산할 때는 양극에서 CO와 CO_2 가스가 생성된다.

7.2 원리

전해공정의 원리는 간단히 말해 전기를 흘릴 때 액체의 분해에 의해 생성되는 이온과 전자가 참여하는 전기화학반응에 의거한다. 이와 같은 공정에는 전자가 생성되고 소모되는 양극과 음극을 포함한 적절한 전해조가 필요하다.

7.2.1 전해조 전위 (Cell Potential)

전해에서의 이론적 전압은 양극과 음극의 가역 전극전위(電極電位)에 따른다. E_{cell}는 전위서열(electrochemical series)과 Nernst 식을 이용하거나 표준 Gibbs 자유에너지 값으로부터 추정할 수 있다($\Delta G^o = -nFE_{cell}$). 전해조를 작동하는데 필요한 전압은 다음의 합이다. (1) 화학반응의 기전력(起電力, emf, E_{cell}), (2) 양극과 음극에서의 분극화(分極化, polarization)에 의한 기전력(각각 η_a과 η_c) 그리고 (3) 전해액의 옴(ohm) 저항과 전극과 모선(母線, busbar) 사이의 접촉 저항을 극복하는데 필요한 기전력(E_{res}). 이들 각각의 역할은 다음과 같다.

i) 화학반응 (Chemical reaction): 화학반응에 의한 기전력(E_{cell})은 다음의 Nernst식으로부터 추정할 수 있다.

$$E = E^o + \frac{RT}{nF} \ln \frac{(\text{산화 상태에 있는 화학종의 활성도})}{(\text{환원 상태에 있는 화학종의 활성도})}$$

여기에 F는 Faraday 상수

ii) 양극과 음극에서의 분극화 [anode(η_a) and cathode(η_c) polarization]: 양극에서의 기포 핵생성에 대한 저항이 양극 분극화의 원인이다. 음극 표면 근처에서 발생하는 음극 분극화는 전해액에서 소모되어 생기는 금속이온 농도 구배 때문이다.

iii) 전해액의 옴 저항 (Ohmic resistance of the electrolyte): 전해액의 옴 저항과 전극과 모선(busbar) 사이의 접촉저항을 극복하는데 필요한 기전력(E_{res})을 저항 전압 강하(Ohmic drop)라고 한다. 전해액이 높은 농도의 이온을 함유하고 또한 전해조 구조가 전기의 통로를 넓고 짧게 만들면 저항 전압 강하는 낮아진다.

위의 설명에 따라 전해조의 작동에 필요한 전체 전압은 다음과 같이 구해진다.

$$E = E_{cell} + \eta_a + \eta_c + E_{res} \tag{7.1}$$

일반적으로, 공장 조업데이터에 의하면 E는 E_{cell}의 두배 내지 세배 정도 크다. 용융염 전해액의 경우에는 전해조의 온도를 높게 유지하기 위해 열(I^2R) 발생을 위한 큰 저항이 바람직하기 때문에 전해조 작동에 높은 전압이 요구된다. 예를 들어, Al 용융염 제련 시 화학반응에 필요한 E_{cell}은 1.2 V에 불과하나 용융 빙정석에 용해된 Al_2O_3로부터 Al을 석출하는데 필요한 전체 전압은 4.2 V 이상이다 ($E_a \simeq 0.3$ V, $E_c \simeq 0.4$ V, $E_{res} \simeq 1.55$ V, $E_{cell} \simeq 1.2$ V, 기타) [Tabereaux and Peterson, 2014].

7.2.2 전류효율과 에너지효율 (Current and Energy Efficiency)

음극에 석출된 금속의 양 m은 Faraday의 전해법칙에 의해 계산되는데 $m = zct$이며 여기에서 z, c와 t는 각각 금속의 전기화학적 당량, 전류와 시간이다. 전해액으로부터 금속을 석출하는데 소모되는 전류는 항상 이론치보다 크기 때문에 "전류 효율"이라는 항목을 정의한다. 실제로 석출되는 금속의 양과 Faraday법칙에 따라 이론적으로 석출되어야 하는 양의 비율이 전류효율이며 보통 %로 표시한다. 에너지 소모량은 일반적으로 1 kg의 금속을 생산하는데 필요한 전력을 kWh kg^{-1}으로 사용한다. 에너지 효율은 전류 효율로부터 다음과 같이 계산한다.

$$\text{에너지 효율 (\%)} = \text{전류 효율 (\%)} \times \frac{\text{이론적으로 필요한 전압}}{\text{실제 인가 전압}} \tag{7.2}$$

1 kg의 금속 생산량당 에너지 소모량은 다음과 같이 계산된다.

$$\text{에너지 소모량 (kWh} \cdot \text{kg}^{-1}) = \frac{E \cdot F}{(M/z) \times 3600 \times 0.01(CE)} \tag{7.3}$$

여기에서 E는 볼트 단위의 인가 전압, F는 Faraday 상수, M은 금속의 원자량, 그리고 CE는 %로 표시된 전류효율이다.

7.3 용융염 전해액으로부터의 전해제련 (Electrowinning from Fused Salt Electrolytes)

Ca, Na, Mg, Be, Al, Ti, Th 그리고 Nb은 비교적 높은 온도에서 용융염 전해액으로부터 석출한다. 활성금속과 큰 전자음성적 금속의 생산에는 첫째로 적합한 염의 생산과 정제 그리고 금속 회수를 위해 적절한 혼합염에 용해된 해당 염이나 화합물의 전해의 두 단계를 거친다. 용융염 전해액은 열역학적으로 안정하여 전해제련할 때 분해되지 않는 활성금속염의 혼합액에 목표금속의 순수한 염이나 화합물을 용해하여 만든다. 이러한 염이나 화합물의 분해는 도가니에 들어있는 용융염으로 직류전력을 통하여 진행한다.

7.3.1 Aluminum의 전해제련

1차 Al의 추출을 위한 용융염 전해제련공정은 1886년에 미국의 Charles Martin Hall과 프랑스의 Paul L. T. Heroult이 독자적으로 개발했다. 이 공정에 사용되는 Hall-Heroult 전해조가 그림 7.1에 보였다.

첫 단계에서 기상이나 입상의 불화물의 포집 장치(scrubbing chamber)에서 Bayer 공정에 의해 bauxite으로부터 생산된 순수 Al_2O_3를 불화물과 접촉시킨다. 이를 전해조에 들어있는 용융액에 장입하면 Al_2O_3에 흡착된 수분과 불화물이 반응하여 기체를 생성함으로써 전해액을 교반시켜 Al_2O_3가 전해액에 용해하는 것을 돕는다. 전해액은 용융된 인조 빙정석(Na_3AlF_6)에 3-6%의 Al_2O_3가 용해된 것이다. Al_2O_3는 oxyfluoride aluminate의 복합음이온을 형성하여 빙정석에 용해된다 [Tabereaux and Peterson, 2014]. 융점이 1012°C인 빙정석은 AlF_3와 CaF_2의 첨가로 낮은 온도에서 용융되며 따라서 전해조업은 960°C에서 행해진다. Al_2O_3의 용해도는 전해액의 AlF_3 함량과 온도에 따라 크게 변한다. Al_2O_3의 포화농도는 960°C에서 6%이고 1000°C에서는 13%이나 [Tabereaux and Peterson, 2014], 현대 전해조는 일반적으로 전해액에 Al_2O_3의 함량이 2-4%에서 조업한다. 근래의 조업 조건에 의하면 대표적인 전해액은 9-11%

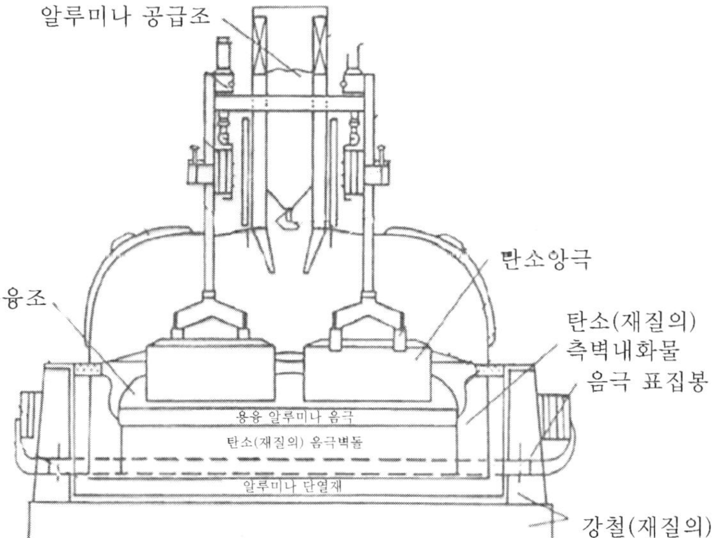

그림 7.1. Hall-Heroultaluminum 전해조.

AlF_3, 4-6% CaF_2 그리고 1.5-4% Al_2O_3를 함유한다 [Tabereaux and Peterson, 2014]. 945-950°C 범위의 융점을 지닌 전해액은 Hall-Heroult 전해조에서 955-965°C의 온도범위에서 전해된다. 전해조는 Al_2O_3의 분말을 용해하는데 5-10°C의 과열(조업 온도와 융점의 차이)을 필요로 한다. 음극 근처에 존재하는 Al pool의 온도는 Al의 융점인 660°C보다 거의 300°C가 높다.

매우 높은 부식성을 가진 불화물을 함유한 용융염은 음극으로 사용되는 탄소로 라이닝(lining)된 철 용기에 담겨진다. 전해액에 담겨진 탄소 양극은 CO_2로 산화되어 소모된다. 전해로 소모되는 원료인 Al_2O_3는 계속 첨가하여 보충한다. 원료나 양극에 함유되어 있는 철이나 규소와 같이 Al보다 활성이 낮은 금속은 Al과 함께 음극에 석출되므로 Al_2O_3와 양극은 가능한 한계내에 순도가 높아야 한다.

Hall-Heroult 공정이 한 세기 이상 사용되었으며 아직도 공업적인 1차 Al 생산의 유일한 기술임에도 불구하고 전해조에서 일어나는 반응들은 아직도 잘 이해되지 않고 있다. Tabereaux and Peterson[2014]에 의하면 Al_2O_3가 oxyfluoroaluminate($Al_2OF_6^{4-}$와 $Al_2O_2F_6^{2-}$) 음이온을 형성하여 전해액에 용해되지만 에너지 소모 계산을 위하여는 이 저자들도 다음과 같은 간소화된 전해 반응들을 사용하였다.

1. 전해액에서의 Al_2O_3 분해: $2Al_2O_3 \rightarrow 2AlO_2^- + Al^{3+}$
2. 음극반응: $Al^{3+} + 3e \rightarrow Al$
3. 양극반응: $3AlO_2^- \rightarrow 3Al + 3O_2 + 3e$

또한 양극으로 사용된 탄소와 반응하기 때문에 $3C\,(electrode) + 3O_2\,(g) = 3CO_2\,(g)$.

전체반응은 $Al^{3+} + 3AlO_2^- + 3C\,(s) \rightarrow 4Al\,(l) + 3CO_2\,(g)$

혹은 더 간단히 $2Al_2O_3\,(s) + 3C\,(s) \rightarrow 4Al\,(l) + 3CO_2\,(g), \quad \Delta G^o_{1273} = +332\text{ kcal}$ (7.4)

따라서 1000°C에서 이론적인 표준분해전압은 (표준조건, $a_C = a_{Al} = 1$ 그리고 $p_{CO_2} = 1$ atm

$$E^o_{1273} = -\frac{\Delta G^o}{nF} = -\frac{332000}{3 \times 4 \times 23066} = -1.20\text{ V.}$$

그러나 실제의 분해전압은 전해액내에서의 Al_2O_3의 활동도에 의존된다. 조업온도 1000°C에서 전해액의 Al_2O_3 포화한계는 6%다. 즉 이 농도에서 $a_{Al_2O_3} = 1$. 그러나 전해 중에 Al_2O_3의 농도가 이 보다 낮으므로 $a_{Al_2O_3}$가 낮아지고 따라서 분해전압이 증가한다. 예를 들어 $a_{Al_2O_3} = 0.1$이면,

$$E_{1273} = E^o_{1273} + \frac{RT}{nF}\ln(a_{Al_2O_3})^2 = -1.2 + \frac{1.987 \times 1273}{3 \times 23066}\ln(0.1)^2 = -1.37\text{ V.}$$

표준상태에서 이론적인 분해전압이 약 1.2 V이지만 실제로는 전해액의 IR 저하, 농도분극, 전하전달 그리고 기포핵생성들을 극복하려면 최소 4.2 V의 전압이 필요하다. 이는 95%의 전류효율하에 350 kA로 동작되는 전해조의 전력소비량이 약 13.2 kWh kg^{-1}가 되는 높은 전력소모의 결과를 가져온다 [Tabereaux and Peterson, 2014]. 이 전력외에 1톤의 Al 생산에는 1920 kg

의 Al_2O_3, 16 kg의 AlF_3, 그리고 420 kg의 탄소가 필요하다. 이론적인 탄소 요구량은 단지 333 kg이지만 대기에 노출된 뜨거운 양극의 산화 때문에 추가적 소모가 발생된다.

질이 높은 탄소로 만든 양극을 사용하는 새로운 전해조에 의한 현대적 Al 전해 공장의 전류효율은 1990년의 82%로부터 2000년에는 96%로 개량됐다 [Tabereaux and Peterson, 2014].

조업 도중에 Al_2O_3의 농도가 1% 이하로 감소하면 Hall-Heroult 전해조 전반에 걸친 전압이 4.2 V에서 >30 V로 급증하며 이에 따라 전류량이 감소한다. “양극현상(anode effect)”이라고 알려진 이 현상은 이렇게 낮은 Al_2O_3의 농도에서는 전해액이 전극과 긴밀하게 접촉하지 못하여 양극과 전해액 사이에 가스 층이 형성되기 때문이다. 이 때 생성되는 과불화탄소(perfluorocarbon) 가스는 주로 4불화탄소(CF_4)와 소량의 dicarbon hexafluoride (C_2F_6)인데 [Thonstad et al., 2001; Marks, 1998; Leber, Jr. et al., 1998; Bouzat et al., 1996; Roberts and Ramsey, 1994] 이 가스들은 전해액이 전극을 적시는 것을 방지하는 성질이 강하여 양극현상을 악화시킨다. 전해조를 정상 조업 상태로 복구시키려면 새로운 Al_2O_3를 전해액에 첨가하고 충분히 교반하여 필요한 농도를 달성해야 한다.

7.3.2 Magnesium의 전해제련

Mg의 전해제련은 철로 만든 용기에 담은 25% $MgCl_2$, 15% $CaCl_2$ 그리고 60% NaCl의 혼합 용융염 전해액을 750°C에서 전해하여 행한다 [Mantell, 1960]. Mg은 강철 음극에 석출되며 탄소 양극에서는 염소 가스가 방출된다. 전해액에 존재하는 MgO 때문에 탄소가 다소 소모된다. 음극에서 석출된 Mg은 비중이 낮아 전해액 표면 위로 부상하며 양극에서 생성된 염소로부터 Mg을 보호하기 위해 음극과 양극을 전해조에 설치한 도자기 벽으로 분리한다. 회수된 Mg은 용융된 황이나 염화물 융제를 사용하여 대기에 의한 산화를 막는다. 양극에서 배출된 염소는 회수하여 염산 제조에 사용한다. 순수한 $MgCl_2$의 이론적 분해전압은 2.5 V이지만 분극을 극복하고 75-90%의 전류효율 하에 적당한 생산성을 달성하기 위해 실제로는 거의 6-7 V의 전압이 필요하다. 그리고 1 kg의 Mg을 생산하는데 약 18 kWh의 전력이 소모된다.

7.3.3 알칼리 금속과 활성금속의 전해제련

Na은 Castner 전해조에서 가성소다로부터 전해되거나 Downs 전해조에서 $CaCl_2$에 용해된 NaCl로부터 전해되어 생성된다 [Mantell, 1960]. 염화물을 사용하는 전해공정에서는 염소가스가 부산물로 얻어진다. Ca은 철 음극과 흑연 양극을 사용하는 흑연 용기에 담겨진 $CaCl_2$-10% CaF_2 용융 혼합염을 전해하여 생산한다. 리튬은 주철로 된 음극과 탄소 양극을 사용하여 LiCl-48% KCl 용융혼합염을 400-420°C에서 전해하여 생산하는데 전해조는 전압 6-9 V에서 조업하며 음극 전류밀도는 0.4-2 A cm^{-2}이고 전류효율은 85-90%이고 전력소비량은 34-40 kWh kg^{-1} Li이다 [Takedas et al., 2014].

7.3.4 희소금속의 전해제련

희소금속의 전해제련은 희소금속의 염화물이나 불화물의 분해전압이 알칼리나 알칼리토 금속염들의 분해전압보다 낮은 것을 이용한다. 전해공정은 순수한 금속을 생산하며 Ca, Mg, 또는 Na을 이용한 금속열환원보다 저렴할 수 있다. 전해액은 알칼리나 알칼리토 금속의 혼합염에 희소금속의 염화물이나 불화물을 용해하여 만든다. 지지 전해질(supporting electrolyte)의 분해전위는 단위 활동도에서 전해되는 염보다 높아야 한다. 이는 전해 중에 염의 활동도가 낮아질 때 안전한 조업을 하는데 필요한 여유를 가지려면 두 분해전압 사이에 충분한 차이가 있어야 하기 때문이다. 지지 전해질의 융점이 낮으면 조업의 유지보수 비용이 낮아지나 융점이 높은 금속은 분말이나 수지상(dendritic) 결정 같은 고체로 석출된다. 석출된 금속을 액상으로 얻으려면 높은 융점을 가진 전해염을 사용해야 한다. 작은 전해조는 단일 블록(block)의 흑연, Al_2O_3 또는 실리카(silica)로 만들 수 있고 [Jamrack, 1963] 대량 생산의 경우에는 용융염이 침투할 수 없고 반응하지 않는 내화벽돌을 적합한 시멘트로 연결하여 만든다.

용융염전해로 희소금속을 생산할 때 다음과 같은 어려운 점이 있다. (1) 전해질에 희소금속 할로겐화물의 용해도가 낮은 것, (2) 높은 융점의 금속이 고체상으로 석출되는 것, (3) 여러가지 원자가를 지닌 이온들의 형성 (Ti와 같이 다수의 원자가를 가진 금속들). 이러한 어려움에도 불구하고 용융염전해에 의한 희소금속의 생산이 시도되고 있다. 예를 들어 40.4% LiCl-53.2% KCl-6.4% NaCl의 공융액(共融液, eutectic melt, 융점 362°C)에 용해된 $BeCl_2$를 낮은 온도에서 전해하여 얇은 판상의 Be 금속 조각을 만들 수 있으며, NaCl-KCl의 공융액에 $ThCl_4$를 용해한 전해액을 700-800°C에서 전해하여 Th금속분말을 제조할 수 있다 [Jamrack, 1963]. 용융 NaCl에 용해된 K_2ZrF_6를 850°C에서 전해하면 음극에서 수지상(dendritic)의 Zr 금속분말이 석출된다.

불화물 용융액에 희토류산화물의 낮은 용해도를 극복하기 위해 Abbasalizadeh et al.[2017]은 LiF-Nd_2O_3계에서 AlF_3, ZnF_2, FeF_3, and Na_3AlF_6를 불화제로 사용하여 산화 희토류를 불화물로 전환하는 실험을 시행했다. 생성된 불화 네오디움을 같은 반응기에서 전해하여 음극에서 네오디움을 석출하였고 같은 방법을 활용하여 다른 희토류 금속의 제조에 성공하였다

지난 수십년간 Ti의 생산비를 저하하기 위해 전기화학적 원리를 이용하는 새 공정을 개발하려는 많은 노력이 있었다. Ti은 산화성이 강하고 융점이 높아 (1670°C) 그 생산이 어렵다. 현재로는 Kroll 법이 유일한 공업용 공정인데 다단계 공정이라 다음과 같은 단점이 있다. (1) 장비와 인건비가 높다, (2) 생성된 Ti 스폰지는 진공 용융을 거쳐야 한다. (3) 이 공정은 Al이나 강철보다 환경에 나쁜 영향을 초래한다 [Fray, 2008]. 또한 이 공정은 에너지 소모량이 크고 공정 시간이 길어 생산비가 크기 때문에 경량, 높은 강도, 부식에 대한 저항, 그리고 생체적합성 등의 장점이 있음에도 불구하고 그 용도가 특수한 경우로만 제한되고 있다 [Fang et al., 2018]. Ti 생산을 위해 개발 중인 전기화학공정에 사용되는 전해조에는 Ti이 다음 세 가지의 형태로 존재한다. (1) 전해액에 용해된 Ti 화합물, (2) 양극으로 사용되는 Ti 함유물, 그리고 (3) 음극으로 사용되는 Ti 함유물이다.

***용해된 Ti 화합물에 기반된 전해방법* (*Electrolytic methods based on dissolved titanium compounds*)** 1950 년대에는 355°C의 LiCl-KCl 공융염 또는 650°C의 NaCl-KCl 공융염에 용해된 $TiCl_3$를 전해하여 Ti을 생산했다. $TiCl_3$는 $TiCl_4$를 수소로 환원하여 만들었다. 15%의 $TiCl_3$를 함유한 전해액이 담긴 전해조는 전류밀도 250 A dm^{-2}에서 30-40%의 전류효율을 달성했다 [Jamrack, 1963]. 50-60%의 더 높은 전류효율을 얻기 위해서는 양극액과 음극액 사이에 sillimanite 막을 설치했다 [Jamrack, 1963]. 낮은 전류효율의 원인은 양극과 음극에서 각각 반복되는 Ti^{2+}, Ti^{3+}, 그리고 Ti^{4+} 이온들의 산화와 환원이다. 더구나 355-650°C의 낮은 온도에서는 표면적이 크고 겉보기 밀도가 낮은 고체 Ti가 전해석출되므로 음극에 Ti을 계속 석출하려면 석출된 고체 Ti을 간헐적으로 제거해야 한다.

전해액에 다전자가(multivalent)의 Ti 이온이 존재하는 문제를 극복하기 위해 Ginata[2000; 2003]는 용융 불화물과 염화물의 혼합물에 $TiCl_4$를 용해하여 1700°C에서 전해했다. 혼합 용융염에 $TiCl_4$가 용해하는 것은 다음과 같은 반응으로 표시할 수 있다.

$$3CaF_2(l) + KCl(l) + TiCl_4(\text{in soln}) = TiKCaF_6(l) + 2CaCl_2(l) + \tfrac{1}{2}Cl_2(g) \qquad (7.5)$$

음극에서의 Ti 석출은 다음과 같은 반응에 의해서 일어난다고 생각된다 [Fray, 2008]:

$$TiKCaF_6(l) + 2CaCl_2(l) = Ti(l) + 3CaF_2(l) + KCl(l) + 3/2Cl_2(g) \qquad (7.6)$$

1가의 알칼리 금속이 2가의 알칼리토 금속과 함께 존재하여 Ti을 3가의 상태로 유지한다 [Ginata, 2003].

위의 전해 조업은 비싼 $TiCl_4$을 필요로 하므로 생산된 Ti은 Kroll법으로 생산되는 것보다 저렴하지 않다. 또한 부식성이 높은 용융 Ti과 높은 온도에 저항할 수 있는 특별한 내화물을 필요로 한다.

산화물이 할로겐화물보다 취급하기 쉽고, 더욱이 비싸며 시간을 소모하는 탄소염화(carbochlorination)의 이용 단계를 회피할 수 있는 TiO_2의 환원이 더 간단하게 생각되나 Al 생산에 사용되는 Hall-Heroult 조와 유사한 Ti의 생산을 위한 전해조 개발은 아직 달성되지 못했다. 이는 효율성 있게 전해하도록 적당한 양의 TiO_2를 용해할 수 있는 염이 없기 때문이다. Avanti 공정은 TiO_2를 함유한 용융산화물의 전해로 Ti을 생산한다 [Fray, 2008]. 전해조는 1700°C에서 작동하며 용융액에 탄소가 흡수되어 오염되는 것을 방지하기 위해 Ir과 같은 비싼 금속을 불활성 양극으로 사용한다. 그럼에도 불구하고 전해조 하부에 석출된 액체 Ti이 TiO_2를 함유한 전해액과 접촉하므로 허용 가능한 낮은 산소 함량(< 0.2%)의 Ti 금속을 생산하기는 어렵다.

QIT 공정에서는 용융된 CaF_2 전해액이 TiO_2를 함유하고 있는 슬래그 위에 떠있고 전해 중에 전기음성도가 높은 원소인 Fe, Cr, Mn과 V이 환원되어 전해조 밑에 가라 앉으며 Ti은 음극에서 석출된다 [Fray, 2008]. 다시 말하지만 용융금속이 슬래그의 산소와 접촉하고 있어 허용 가능한 산소 함량을 지닌 Ti 금속을 얻는 것은 어렵다. 더구나 용융Ti에 의한 내화물의 부식 가능성이 매우 높다.

***Ti 함유물로 된 양극을 쓰는 전해방법* (Electrolytic methods based on anodes containing Ti-bearing materials).** 앞선 설명으로부터 용융염화물의 전해나 용융산화물에 용해된 TiO_2로부터 Ti을 저렴하게 생산하는데 성공하지 못한 것은 명백하다. 염화물의 전해는 $TiCl_4$의 높은 가격과 Ti의 전자가가 여럿인 것에 기인하는 낮은 전류효율 때문에 비경제적이다. 반면 산화물의 전해는 허용한도 내의 산소함량(< 0.2%)을 지닌 Ti을 생산하지 못한다. 이런 문제들이 낮은 전자가의 Ti 함유물을 양극으로 사용하는 전해 방법을 개발하게 된 원인이 되었다. 여기에서 주목할만한 공정은 전기전도성을 가진 titanium oxycarbide(TiO-TiC solid solutions)을 소모성 양극으로 사용한 공정이다. Oxycarbide 양극은 TiO_2와 탄소의 혼합물을 불활성 분위기와 높은 온도에서 가열하여 만든다. 압착하고 소결한 후에 그 생성물은 알칼리나 알칼리토 금속의 불화물과 염화물의 혼합 용융염 전해액이 담긴 Fe, Mo 또는 스테인레스강으로 된 고온 전해조의 양극으로 사용된다 [Withers et al., 2007; Jiao and Zhu, 2006a; 2006b; Tang et al., 2013; Wang et al., 2014].

Jiao and Zhu[2006b]는 Ti_2OC 양극을 사용하여 NaCl-KCl 용융액에서 Ti을 전해하는 실험을했다. Kjos et al.[2010]은 Ti_2OC 양극과 액체금속의 음극을 사용하고 NaCl-Na_3AlF_6이나 NaCl-KCl의 용융 전해액에서 전해하는 방법으로 Ti을 회수하였다.

단일상이고 소모성인 titanium oxycarbonitride($TiC_{0.25}O_{0.25}N_{0.5}$) 양극을 TiO, TiC와 TiN(1:1:2의 몰비)의 혼합물로부터 1873 K에서 spark plasma 소결로 제조하였다 [Wang et al., 2014]. 이 양극 용해공정은 전기화학적으로 용해시 NaCl-KCl 용융염에 Ti^{2+}를 생성하며 CO와 N_2를 동시에 방출한다. 순수한 Ti이 음극에서 석출하여 $TiO_{0.25}C_{0.25}N_{0.5}$가 적합한 소모성 양극임을 보였다.

다른 한 방법에서는 TiO_2 또는 Ti 슬래그의 탄소열환원으로 TiO, Ti_2O_3, Ti_3O_5와 Ti_4O_7의 혼합물을 만들었는데 이 중 TiO가 제일 적당한 아산화물이다. 이 산화물들을 탄소와 혼합하여 압착하고 1100-1300°C에서 소결하여 복합 양극을 만든다 [Zhang et al., 2017].

또 다른 방법에서는 [Zhang et al., 2017], 불순물이 섞인 TiO_2를 TiC나 탄소와 함께 가열하여 titanium oxycarbide(Ti_2OC)의 소모성 양극을 만든다. Ti_2OC의 용해에 의해 용융염 내에 생성된 Ti 이온이 음극에 석출되어 Ti을 생산한다. 570-900°C에서 행해지는 전해에서 양극에 존재하는 모든 불순물(Al, Ca, Cr, Fe와 Si)은 전해액에 용해된다. 따라서 상당히 순수한 Ti을 생산하려면 조업 중에 전해액을 정제하는 것이 좋다.

Jewell et al.[2012]은 불순물이 섞인 원료로부터 순수한 결정성 Ti 스폰지나 1-30 μm 입도의 분말을 만드는 전기환원과 정련의 조합을 제시했다. 이 기술은 titanium oxycarbide의 양극용해와 973-1173 K에서 NaCl-KCl 공융 용융염에서 Ti의 음극 석출에 의거한다.

***Ti 함유물로 된 음극을 사용하는 전해방법* (Electrolytic methods based on cathodes containing Ti-bearing materials).** Ca과 Mg에 의한 TiO_2의 환원은 열역학적으로는 실현 가능하지만 환원반응의 생성물인 CaO(또는 MgO)가 반응물 TiO_2를 둘러싸기 때문에 반응속도가 늦다. 더욱이 반응계가 평형상태일 때 환원된 Ti이 CaO(또는 MgO)로부터 상당량의 산소를 흡수한다.

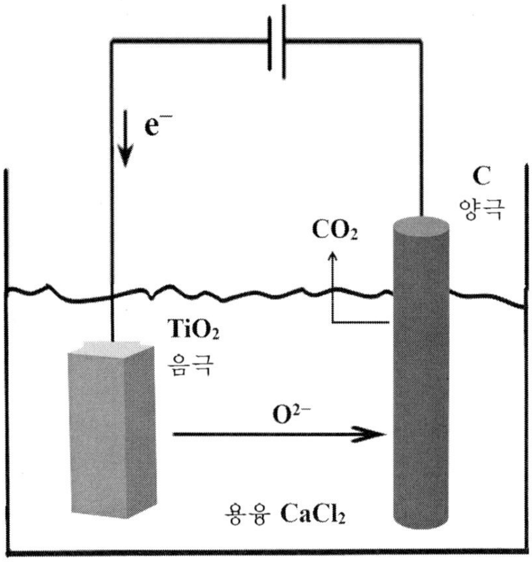

그림 7.2. FFC-Cambridge 공정의 전해조 (Fray and Schwandt[2017]의 자료에 따라 다시 그린 그림).

흡수된 산소는 Ti 금속의 기계적 성질을 악화한다. 따라서 TiO_2을 $CaCl_2$ 용융액에서 환원시켜 생성된 CaO가 $CaCl_2$에 용해된다. 용해된 CaO의 농도를 포화한계 아래로 유지하여 환원공정을 연속화 할 수 있다. 이와 같이 CaO의 활동도를 <1로 저하시켜 Ti의 산소 오염을 줄인다. $MgCl_2$는 MgO을 거의 용해하지 않으므로 Mg에 의한 환원은 실제로 사용되지 않는다.

Okabe et al.[1993]은 앞서 기술한 원리를 적용하여 $CaCl_2$ 용융염에서 탄소를 양극으로 하고 음극으로 사용한 Ti으로부터 산소를 제거하였다. $CaCl_2$는 전기화학반응에 의해 탈산제인 Ca를 만들고 부산물인 CaO의 활동도를 낮춘다. 음극의 Ti은 생성된 Ca에 의해 탈산(deoxidation)되고 그 결과로 생긴 O^{2-} 이온은 탄소 양극과 반응하여 $CO+CO_2$ 가스를 생성한다. 그 결과 Ti의 산소 함량은 1400 ppm에서 <100 ppm으로 감소했으나 약 50 ppm의 탄소가 오염되었다. 이 원리는 TiO_2를 음극으로 사용하여 금속 Ti을 제조하는 여러가지 전기화학적 방법을 개발하는 기초가 되었다 [Chen et al., 2000; 2001; Suzuki et al., 2003; Schwandt et al., 2009; Park et al., 2005; Krishnan et al., 2005; Suput et al., 2008]. 위에 제시된 것처럼 $CaCl_2$ 용융염 내에서 산화 Ti을 Ca로 직접 환원하는 개념은 실험적으로 시도되었다 [Suzuki et al., 2003]. 그 실험에 사용된 전해조를 그림 7.2에 예시했다.

7.3.5 희토류 합금의 전해제련

Han et al.[2011]은 La_2O_3를 함유한 LiCl-KCl-$MgCl_2$-KF 용융액을 전해하여 Mg-Li-Al-La 합금을 제조하는데 성공하였다. Al과 텅스텐을 각각 양극과 음극으로 사용하였다. XRD에 의해 Al_2La, $La_{12}Mg_{17}$, LiMg/Li_3Mg_7 상의 존재를 확인하였고 scanning electron microscopy (SEM)

과 energy dispersive spectrometry(EDS)에 의해 Mg, Al과 La이 합금에 균일하게 분포된 것도 보였다. Abbasalizadeh et al.[2019]은 소모성 철 양극을 사용하여 산화 Nd을 함유한 불화Nd 용융염으로부터 Nd-Fe 합금을 전해 석출하였다. 철의 용해는 양극에서 과불화(perfluoro) 탄소 가스(CF_4 and C_2F_6)의 생성을 방지할 뿐만 아니라 불화제가 되는 불화철을 생성하기도 한다. 전해조 내에서 계속 생성되는 FeF_3가 산화 Nd을 불화 네오디엄으로 계속 전환시킨다. 용융 전해액에 존재하는 NdF_3와 FeF_3가 음극에서 Nd-Fe 합금을 생성한다. 이 합금은 Nd-Fe-B 자석을 제조하는데 사용되는 모합금이다.

7.4 용융염을 사용하는 전해정련 (Electrorefining in Fused Salts)

비교적 높은 온도에서 행해지는 용융염 전해에 의존하는 정련공정은 비싸고 어려움이 많기 때문에 다른 정련방법이 없을 때 국한하여 사용된다. 따라서 몇 가지 금속의 정련을 목적으로 고온 전해정련법이 개발되었으나 상업적인 적용은 Al 정련에 제한되고 있다[Hart and Hill, 1971]. Hall-Heroult 공정으로 생산된 Al을 용융염 전해액을 사용하는 Hoopes의 삼층공정(three-layer process)으로 정련하여 고순도 Al을 만들 수 있다. 그러나 Hall-Heroult 공정에서 생산되는 Al의 순도가 상당히(99.9% 정도) 개량되어 이 정련방법은 널리 사용되지 않는다.

7.5 결언

제7장에서는 전해조 작동에 필요한 전압에 영향을 주는 음극과 양극 반응, 화학반응의 기여, 분극화, 전해액의 Ohm 저항 그리고 접촉전위에 대해 설명하였다. 금속의 생산과 정련에 있어 자유에너지와 활동도와 더불어 전기화학 원리가 얼마나 중요한가를 설명하였다. 전기화학 원리를 엄격히 적용하면 1차금속의 순도를 충분히 높일 수 있기 때문에 더 이상 정련할 필요가 없어질 수 있다. 그 예로 Hall-Heroult 공정에서 생산된 Al은 추가적으로 정련할 필요가 없다. 여러가지 다른 금속을 생산하는 새롭고 저렴한 공정 개발에 대해서도 서술하였다.

참고문헌

Abbasalizadeh, A., Malfliet, A., Seetharaman, S., Sietsma, J. and Yang, Y., 2017, *J. Sustainable Metallurgy*, 3(4), 627.

Abbasalizadeh, A., Seetharaman, S., Venkatesan, P., Sietsma, J. and Yang, Y., 2019, *Electrochemica Acta*, 310, 146. (10.1016/j. electacta.2019.03.161)

Bouzat, G., Carraz, J. C. and Meyer, M., 1996, *Light Metals*, 413.

Chen, G. Z., Fray, D. J. and Farthing, T. W., 2000, *Nature*, 407, 361. https://doi.org/10.1038/35030069

Chen, G. Z., Fray D. J. and Farthing, T. W., 2001, *Metall. Mater. Trans. B*, 32, 1041.

Fang, Z. Z., Paramore, J. D., Sun, P., Ravichandran, K. S., Zhang, Y., Xia, Y., Cao, F., Koopman, M. and Free, M., 2018, *Int. Mater. Rev.*, 63, 407.

Fray, D. J., 2008, *Int. Mater. Rev.*, 53, 317.

Fray, D. and Schwandt, C., 2017, *Mater. Trans.*, 58(3), 306.

Ginata, M. V., 2000, *JOM*, 52(5), 18.

Ginata, M. V., 2003, Titanium electrowinning, In International Symposium on Ionic Liquids, Cary ie Rouet, France, June 27-28, 2003, pp 1-15.

Han, W., Chen, Q., Sun, Y. and Jiang, T., 2011, *Metall. Mater. Trans. B*, 42B, 1367.

Hart, P. F. and Hill, A. W. D., 1971, Electrorefining in molten salts, In Industrial Electrochemical Processes, Kuhn, A. T. (Ed), Elsevier, Oxford, 245-254.

Jamrack, W. D., 1963, Rare Metal Extraction by Chemical Engineering Techniques, MacMillan, New York, NY, (Chapter 7).

Jewell, D., Jiao, S. Q., Kurtanjek, M. and Fray, D. J., 2012, Titanium metal production via oxycarbide electrorefining, International Titanium Association.

Jiao, S. Q. and Zhu, H. M., 2006a, *J. Mater. Res.*, 21(9), 2172.

Jiao, S. Q. and Zhu, H. M., 2006b, *J. Alloy Compd.*, 438, 243.

Kjos, O. S., Haarberg, G. M. and Martinez, A. M., 2010, *Key Eng. Mater.*, 436, 93.

Krishnan, A., Pal, U. B. and Lu, X. G., 2005, *Metall. Mater. Trans.* B, 36, 463.

Leber, Jr., B. P., Tabereaux, A. T., Marks, J., Lamb, H., Howard, T., Kantamaneni, R., Gibbs, M., Bakshi, V. and Dolin, E. J., 1998, *Light Metals*, 277.

Mantell, C. L., 1960, Electrochemical Engineering, McGraw-Hill, New York, (Chapter 5).

Marks, J., 1998, *Light Metals*, 287.

Okabe, T. H., Nakamura, M., Oishi, T. and Ono, K., 1993, *Metall. Mater. Trans. B*, 24, 449.

Park, I., Abiko, T. and Okabe, T. H., 2005, *J. Phys. Chem. Solids*, 66(nos.2-4) 410.

Roberts, R. A. and Ramsey, P. J., 1994, *Light Metals*, 31, 388.

Schwandt, C., Alexander, D. T. L. and Fray, D. J., 2009, *Electrochimica Acta*, 54, 3819.

Suput, M., Delucas, R. Pati, S., Ye, G., Pal, A. and Powell, A. C., 2008, *Miner. Process. Extr. Metall. Rev.*, 117, C118.

Suzuki, R. O., Ono, K. and Teranuma, K., 2003, *Metall. Mater. Trans. B*, 34, 287.

Tabereaux, A. T. and Peterson, R. D., 2014, Aluminum production, In Treatise of Process Metallurgy, (Ed) Seetharaman, S.; Vol 3, Chapter 2 Non Ferrous Process Principles and Production Technologies, (Ed) Sohn, H. Y., Elsevier, Oxford, 839-917.

Takeda, O., Uda, T. and Okabe, T. H., 2014, Rare earth, titanium group metal, and reactive metal production, In Treatise of Process Metallurgy, (Ed) Seetharaman, S.; Vol 3, Chapter 2 Non Ferrous Process Principles and Production Technologies, (Ed) Sohn, H. Y., Elsevier, Oxford, pp. 995-1069.

Tang, D., Xiao, W., Tian, L. and Wang D., 2013, *J. Electrochem. Soc.*, 160, F1192.

Thonstad, J., Fellner, P., Haarberg, G. M., Hives, J., Kvande, H. and Sterten, A., 2001, Aluminium Electrolysis, 3rd Aluminium Verlag, Markting & Kommunikation GmbH (Chapter 7).

Wang, Q. Y., Song, J., Wu, J., Jiao, S. Q., Hou, J. and Zhu, H. M., 2014, *Phys. Chem. Chem. Phys.*, 16, 8086.

Withers, J. C., Loutfy, R. O. and Laughtin, P., 2007, *Mater. Technol.*, 22, 66.

Zhang, Y., Fang, Z. Z., Sun, P., Zheng, S., Xia, Y. and Free, M., 2017, *JOM*, 69(10), 1861.

제 8 장

환원반응

8.1 서론

Pb, Zn, Cr, U, Th, Be과 Zr 같은 여러 비철금속은 광물의 선광이나 황화물정광의 배소에 의해 얻은 산화물을 환원하여 생산한다. 산화철을 환원하여 선철을 거쳐 강철을 만드는 것이 산업적으로 제일 큰 금속제련 공정이고 금속이온을 수용액에서 환원하여 금속을 생산하기도 하는데 제선/제강 공정과 습식제련은 다른 책에서 취급되므로 이 책에서는 서술하지 않는다.

환원제의 선택은 융점, 비등점, 금속의 증기압 그리고 불순물 금속의 산화물이나 맥석광물에 비한 생산하고자 하는 금속의 산화물의 안정성 같은 물리적 성질에 따른다. 탄소, 일산화탄소 그리고 수소가 납이나 아연같은 흔한 비철금속의 추출에 중요한 환원제이며 Mg, Ca, Na 등과 같이 산소나 할로겐에 대한 친화성이 높은 금속이 U, Th, Be 등과 같은 활성이 극히 높은 금속을 그 산화물로부터 환원하여 생산하는데 사용된다.

금속환원의 물리화학적 원리와 산화물의 기체환원에 있어 CO/CO_2와 H_2/H_2O 비율의 역할은 금속추출과 정련의 이해에 유용하다 [Shamsuddin and Sohn, 2019; Turkdogan, 1980].

8.2 탄소를 동반하거나 동반하지 않는 조건에서 일산화탄소에 의한 금속산화물의 환원

다음과 같은 일산화탄소에 의한 금속산화물 MO의 환원을 고려하자

$$MO(s) + CO(g) = M(s,\ l,\ g) + CO_2(g), \tag{8.1}$$

위 반응의 평형상수 K'는 M과 MO가 순수한 상태로 존재하는 경우에 (즉 $a_M = a_{MO} = 1$) $K' = p_{CO_2}/p_{CO}$로 주어진다. 이 비율은 Cu_2O가 Cu로 환원되는 경우에 약 10^5이고 MnO와 SiO_2의 환원에서는 10^{-4}보다 작으며 Al_2O_3와 MgO 환원의 경우에는 이 보다도 더 작다 [Rosenqvist, 1974]. 그러나 탄소가 공존할 때는 Boudouard 반응으로 알려진 다음의 반응을 함께 고려해야 한다

$$C(s) + CO_2(g) = 2CO(g),\ K = p_{CO}^2/p_{CO_2} \tag{8.2}$$

이 반응에서 기체분자의 수가 늘어나는 것이 그 평형을 복잡하게 만든다. 따라서 C와 CO가 동시에 환원반응에 참여하는 경우에 비율 $\dfrac{p_{CO_2}}{p_{CO}}\left(-\dfrac{p_{CO}}{K}\right)$는 p_{CO}와 전체압력($p_{CO_2}+p_{CO}$)의 함수가 된다. 탄소가 없는 경우에는 $\dfrac{p_{CO_2}}{p_{CO}}$의 비율이 관련된 금속과 금속산화물의 평형상태일 때의 값보다 낮으면 환원반응이 진행된다. Cu_2O, PbO, NiO 등은 매우 낮은 농도의 CO에 의해 환원되므로 순수한 CO로 환원을 시작하면 실질적으로 CO의 거의 전부가 CO_2로 전환된다. 이와 반대로 Cr_2O_3, MnO, SnO_2 등의 환원반응은 미량의 CO_2가 생성되어도 (즉 매우 낮은 비율의 $\dfrac{p_{CO_2}}{p_{CO}} \approx 10^{-5}$) 중단된다. 따라서 이 산화물들의 CO에 의한 환원은 실제로 불가능하다.

ZnO의 환원은 예외인데 그 이유는 온도에 따라 액체나 기체의 아연이 생성되기 때문이다. 액체아연이 생성될 때는 기체의 성분은 온도만의 함수이나 더 높은 온도에서 기체아연이 생성되면

평형관계가 다음과 같이 달라진다.

$$ZnO(s) + CO(g) = Zn(g) + CO_2(g) \tag{8.3}$$

이 반응의 CO_2/CO 비율은 $\frac{p_{CO_2}}{p_{CO}} = \frac{K}{p_{Zn}}$가 된다. 반응 (8.2)와 (8.3)은 가역반응이어서 Zn, CO와 CO_2를 함유한 생성가스 혼합물은 냉각 시에 ZnO를 형성할 수도 있다. 냉각 시에 각 50%의 Zn와 CO를 함유한 가스에 1% 정도의 낮은 CO_2양만 있어도 약 2%의 아연이 재산화된다. 그러나 높은 온도에서 과잉의 탄소를 첨가하여 CO_2의 농도를 0.1%로 낮추면 다만 0.2%의 아연만이 재산화된다. 아연 액적 표면에 얇은 ZnO층이 생겨 응축을 방해한다.

다음과 같은 산화아연과 탄소의 환원반응은 많은 양의 열을 흡수하기 때문에 반응물에 많은 열을 공급해야 하는 문제가 중요하다.

$$ZnO(s) + C(s) = Zn(g) + CO(g),\ \ \Delta H^o = 57\ \text{kcal}\ \ (238.5\ \text{kJ}) \tag{8.4}$$

Retort 공정에서는 외부의 연소실에서 생성된 열을 Retort의 벽을 통하여 전도로써 반응물에 전달해야 한다. 이 방식은 생산율을 제한할 뿐 아니라 배기가스의 냉각과 응축시에 아연의 1 kg 당 방출되는 약 400 kcal (1674 kJ)의 많은 양의 열을 제거해야 하는 문제가 있다. Imperial Smelting 공정에서는 아연 증기의 산화를 피하고 응축하는 문제를 특별히 설계한 splash 응축기(凝縮器, condenser)를 개발하여 해결했다. 이 공정에서는 또한 ZnO-PbO의 혼합 소결물을 용융제련하는 용광로를 사용한다.

방연석(galena) 정광과 섬아연석(sphalerite) 정광을 배소하여 얻은 ZnO-PbO의 혼합 소결물을 용광로에서 용융제련할 때 반응 (8.2)-(8.4)에 추가하여 다음과 같은 CO와 C에 의한 PbO의 환원반응들을 분석해야 한다.

$$PbO(s) + CO(g) = Pb(l) + CO_2(g),\ \ \Delta G^o_{773} = -147\ \text{kJ} \tag{8.5}$$

$$PbO(s) + C(s) = Pb(l) + CO(g),\ \ \Delta G^o_{773} = -76\ \text{kJ} \tag{8.6}$$

자유에너지 변화로 볼 때 위 반응들은 500°C에서 CO에 의한 PbO의 환원이 탄소에 의한 환원보다 더 큰 구동력(driving force)을 가지는 것을 알 수 있다. 더구나 반응 (8.5)는 기체와 고체사이의 반응이므로 고체와 고체간 반응인 (8.6)보다 속도가 빠르다. 추가하여 다음 사항에 주시해야 한다. (i) 1000°C에서 ZnO와 C (coke)간에 일어나는 반응 (8.4)는 −29 kJ의 자유에너지 변화로써 아연증기를 생성한다 그리고 (ii) 1000°C에서 ZnO와 CO간의 반응 (8.3)은 자유에너지 변화가 +76 kJ이기 때문에 CO의 분압이 높아야지만 진행된다 (p_{CO_2}/p_{CO}<0.02). 이 반응에 의해 생성된 아연증기는 냉각시에 온도가 950°C보다 낮아지면 ZnO가 CO_2보다 더 안정하므로 재산화된다.

예 8−1: 아연생산시 1200°C에서 일어나는 다음 반응을 고려하자.

$$ZnO(s) + CO(g) = Zn(g) + CO_2(g)$$

$$ZnO(s)\text{의 } \Delta G_f^o = -115{,}420 - 10.35\ T\ \log\ T + 82.38\ T\ \text{(cal/mol)}$$
$$(1170 < T \text{ in K} < 2000)$$

$$CO(g)\text{의 } \Delta G_f^\circ = -26{,}700 - 20.95\ T\ \text{(cal/mol)}$$

$$CO_2(g)\text{의 } \Delta G_f^\circ = -94{,}200 - 0.2\ T\ \text{(cal/mol)}$$

초기 기체부피 1 m^3의 반응로에 70% CO와 30% N_2로 구성된 혼합기체를 전체압력 1 atm으로 채웠다. ZnO가 과잉으로 존재할 때 다음 두 경우에 평형상태에서 생성되는 아연증기의 몰 수를 계산하라.

(a) 고정 압력하의 조업

(b) 고정 부피에서의 조업

풀이:

$$\Sigma\Delta G^o_{1473,\text{ Reaction}} = \Sigma\Delta G^o_{\text{f, 1473, Products}} - \Sigma\Delta G^o_{1473,\text{ Reactants}}$$

$$\therefore \Sigma\Delta G^o_{1473,\text{ Reaction}} = (\Delta G^o_{\text{f, 1473, }CO_2} + 0) - (\Delta G^o_{\text{f, 1473, ZnO}} + \Delta G^o_{\text{f, 1473, CO}})$$

$$\Delta G^o_{1473,\ CO_2} = -94.5\ \text{kcal/mol};\ \Delta G^o_{1473,\text{ CO}} = -57.6\ \text{kcal/mol};\ \Delta G^o_{1473,\text{ ZnO}} = -42.4\ \text{kcal/mol};$$

$$\therefore \Delta G^o_{1473,\text{ Reaction}} = 5.4\ \text{kcal};\ \therefore \Delta G^o_{\text{Reaction}} = -RT\ \ln\ K_{eq};\ \therefore K_{eq} = 0.16$$

$$K_{eq} = \frac{p_{CO_2} \times p_{Zn}}{p_{CO} \times p_{ZnO}}$$

전체압력 1 atm 아래(70% CO + 30% N_2)의 이상혼합기체의 경우,

$$p_{CO} = 0.7 \times 1 = 0.7\ atm;\ p_{N_2} = 0.3 \times 1 = 0.3\ atm$$

$$n_i = \frac{p_i V}{RT};\ V = 1000\ \text{L};\ T = 1473\ \text{K};\ R = 0.082\ \text{atm} \cdot \text{L/(K} \cdot \text{mol)}$$

$$n^i_{CO} = \frac{0.7 \times 1000}{0.082 \times 1473} = 5.8\ mol \text{ 그리고 } n_{N_2} = 2.5\ mol$$

ZnO가 과잉으로 존재하므로, $a_{ZnO} = 1$.

평형상태에서 생성물과 반응물의 분포를 계산하자.

시작하는 양:

$$n^i_{CO} = 5.8\ mol;\ n^i_{N_2} = 2.5\ mol;\ n^i_{ZnO} = 0;\ n^i_{CO_2} = 0$$

반응에 의해 y 몰의 CO가 소모되었다고 가정하면,

$$n_{CO} = n^i_{CO} - y = 5.8 - y;\ n_{N_2} = n^i_{N_2} = 2.5;\ n_{Zn} = n^i_{Zn} + y = y;\ n_{CO_2} = n^i_{CO_2} + y = y$$

평형상태에서

$$n_{T,\,gases} = n_{CO} + n_{Zn} + n_{CO_2} + n_{N_2} = 5.8 - y + y + y + 2.5 = 8.3 + y$$

P_T = 1 atm의 고정압력하의 조업에서 평형상태에 이르면

$$K_{eq} = \frac{p_{CO_2} \times p_{Zn}}{p_{CO}} = \frac{\left(\frac{n_{CO_2}}{n_T}\right)p_T \times \left(\frac{n_{Zn}}{n_T}\right)p_T}{\left(\frac{n_{CO}}{n_T}\right)p_T};\ 0.16 = \frac{\left(\frac{y}{8.3+y}\right) \times \left(\frac{y}{8.3+y}\right)}{\left(\frac{5.8-y}{8.3+y}\right)} = \frac{y^2}{(5.8-y)(8.3+y)}$$

$6.25y^2 = 48.14 - 2.5y - y^2$; $y = 2.41$ mol

$$\therefore n_{Zn} = 2.41\ mol$$

V = 1 m³의 고정부피에서 평형상태에 이르면

$$K_{eq} = \frac{p_{CO_2} \times p_{Zn}}{p_{CO}} = \frac{\left(\frac{n_{CO_2}RT}{V}\right) \times \left(\frac{n_{Zn}RT}{V}\right)}{\left(\frac{n_{CO}RT}{V}\right)} = \frac{n_{CO_2} \times n_{Zn}}{n_{CO}}\left(\frac{RT}{V}\right)$$

$$\therefore 0.16 = \frac{y^2}{5.8-y}\left(\frac{0.082 \times 1473}{1000}\right);\ y = 2.19\ \text{mol}$$

$$\therefore n_{Zn} = 2.19\ mol$$

8.3 수소에 의한 금속산화물의 환원

수소는 가격이 높으므로 특별한 조건에서 사용된다. 또한 산화물을 수소로 환원할 때 반응의 발열성이 낮아 그 적용이 제한된다. 이는 CO와 H_2의 산화열을 비교하면 판별할 수 있다.

$$2CO(g) + O_2(g) = 2CO_2(g),\ \Delta H^o_{298} = -572\ \text{kJ} \tag{8.7}$$

$$2H_2(g) + O_2(g) = 2H_2O(g),\ \Delta H^o_{298} = -486\ \text{kJ} \tag{8.8}$$

위 반응의 산화열들은 수소에 의한 산화물의 환원이 CO에 의한 환원보다 발열성이 낮은 것을 제시한다. CO와 H_2의 혼합물을 환원제로 사용할 때는 다음에 주어진 water-gas 반응의 평형을 고려해야 한다.

$$CO(g) + H_2O(g) = CO_2(g) + H_2(g) \tag{8.9}$$

주로 메탄으로 구성된 천연가스도 산화물의 환원에 쓸 수 있다.

$$4MO(s) + CH_4(g) = 4M(s,\ l) + CO_2(g) + 2H_2O(g) \tag{8.10}$$

메탄은 중요한 환원제이지만 500°C 이상에서 검댕과 수소로 분해하여 직접사용은 문제점이 있다.

제 2 장에 설명한 Ellingham 도표에 있는 선들의 상대적 위치에 의하면 수소가 650°C 이하의 온도에서는 탄소보다 환원력이 크고 일산화탄소 보다는 650°C 이상에서 더 좋은 환원제라는 것을 알 수 있다.

공업적인 규모로 텅스텐(W)과 몰리브데넘(Mo)은 각각 WO_3과 MoO_3를 수소로 환원하여 생산한다 [Shamsuddin and Sohn, 1981]. 회중석(灰重石, sheelite, $CaWO_4$)과 철망간중석[wolframite, $Fe(Mn)WO_4$] 정광에서 텅스텐을 추출할 때 먼저 중간 생산물인 ammonium paratungstate $[(NH_4)_{10}(H_2W_{12}O_{42})\cdot 4H_2O]$를 열분해하여 yellow tungstic oxide (WO_3)를 얻는다. 환원은 다음 단계를 거쳐 일어난다.

$$2WO_3(s) + H_2(g) = W_2O_5(s) + H_2O(g) \tag{8.11}$$

$$W_2O_5(s) + H_2(g) = 2WO_2(s) + H_2O(g) \tag{8.12}$$

$$WO_2(s) + 2H_2(g) = W(s) + 2H_2O(g) \tag{8.13}$$

환원단계가 진행될 수록 더 높은 온도와 수소분압이 필요하다. 조업에서는 전기로 가열된 원통로 안에 있는 직경 50-100 mm의 강철관 안에서 WO_3가 담긴 니켈용기가 순수화된 수소의 흐름과 반대방향으로 이동한다. 반응물은 온도가 증가하고(최고 850-860°C) 수소의 수분함량이 낮은 방향으로 이동하여 물로 냉각된 배출구에 도착한다. 반응은 텅스텐 금속 표면에 흡착하여 분해되는 수소에 의해 촉진되지만 그 촉매 작용은 수분의 존재에 의해 저하된다.

가스의 수분함량은 환원된 분말의 입도에 중요한 역할을 하는데 환원에 의해 생성된 수분을 제거하기 위하여 수소의 유량을 늘이면 더 미세한 입자가 생성된다.

무수 MoO_3를 생산하기 위해서는 고급 휘수연석(輝水鉛石, molybdenite) 정광을 먼저 650°C 이하의 온도에서 배소한다. 하소물을 암모니아 용액에 용해하고 구리와 철을 제거하여 정제된 침출액에서 molybdic acid (H_2MoO_4)를 침전시키고 최종적으로 이를 머플로에서 400-450°C로 가열하여 하소하면 무수 MoO_3가 얻어진다. 수소에 의하여 molybdenum trioxide (MoO_3)를 Mo 금속으로 환원하는 경로는 tungsten oxide의 3단계 환원과 비슷하다. 첫 단계는 약 550°C에서 녹는 일부 환원된 MoO_3가 녹지 않도록 약 450°C에서 진행하고 두번째 단계는 1100°C에서 그리고 마지막 단계는 더 높은 온도와 더 낮은 기체의 수분함량 조건에서 행해야 한다.

8.4 수소에 의한 금속염화물의 환원

사염화탄소(CCl_4)의 생성이 열역학적으로 불리하기 때문에 ($\Delta G^o_{f,\,1200\ K} = +60.5$ kJ) 다음 반응에

의한 금속염화물의 환원은 금속생산에 적당하지 못하다.

$$MCl_x(s, l) + (x/4)C(s) = M(s, l) + (x/4)CCl_4(g) \tag{8.14}$$

반면에 몇 가지의 금속염화물은 수소로 환원할 수 있다. 다음과 같은 염화니켈의 수소환원을 고려하자.

$$NiCl_2(s) + H_2(g) = Ni(s) + 2HCl(g); \ \ \Delta G^o_{800\ K} = -14.1 \text{ kJ} \tag{8.15}$$

이 반응의 표준 Gibbs 자유에너지는 작은 음수이므로 반응 진행중 약간의 수소분압을 기대할 수 있다. 반응에 참여한 고체들이 표준상태에 존재한다고 가정하고 1 atm의 전체압력과 800 K에서 진행되는 환원반응에 필요한 최저 p_{H_2}/p_{HCl} 비율을 계산하자. 압력을 atm 단위로 하여,

$$\Delta G^o = -RT \ \ln \frac{p^2_{HCl}}{p_{H_2}} \tag{8.16}$$

이로부터

$$\frac{p^2_{HCl}}{p_{H_2}} = 8.33 \tag{8.17}$$

1 atm의 전체압력에서는

$$p_{H_2} + p_{HCl} = 1 \tag{8.18}$$

위 두 식을 동시에 풀면

$$p_{HCl} = 0.90 \ \text{ atm} \ ; \ p_{H_2} = 0.10 \ \text{ atm}$$

따라서 $p_{H_2}/p_{HCl} > 1/9$ 의 조건을 유지하면 환원이 진행된다.

몇 가지의 금속간 화합물은 구성금속들의 염화물로 구성된 혼합물을 수소로 환원하여 합성할 수 있다 [Sohn and PalDey, 1998a; 1998b]. 각 구성 염화물의 환원이 열역학적으로 유리하면 그 혼합물에서의 금속간 화합물의 생성도 유리한데 이는 순수금속에서 화합물이 생성될 때의 음수 자유에너지가 추가되기 때문이다 [Sohn and PalDey, 1998b]. 그러나 특히 더 흥미로운 점은 하나의 구성 금속이 그 염화물로부터 수소에 의해 환원되지 않는 경우에도 혼합염화물의 수소환원으로 금속간 화합물을 합성할 수 있는 경우가 몇 가지 있는 것이다. 그 한 예는 Sohn and PalDey [1998a]가 보고한 바 있는 다음 반응에 의한 니켈과 aluminum간의 화합물 합성이다.

$$NiCl_2(g) + xAlCl_3(g) + (1 + 3x/2)H_2(g) = NiAl_x(s) + (2 + 3x)HCl(g) \tag{8.19}$$

대표적인 반응온도인 1000°C 정도에서 $AlCl_3$의 수소환원은 다음 식에서 볼 수 있는 것처럼 열역학적으로 불리하다.

$$AlCl_3(g) + 1.5H_2(g) = Al(l) + 3HCl(g);\ \Delta G^o = +352\text{ kJ at }1000^oC \tag{8.20}$$

그러나 $NiCl_2$의 환원과 $NiAl_x$의 생성에서 오는 음수의 자유에너지가 식 (8.19)에 보인 전체반응을 유리하게 만든다. 추가로 지적하는 점은 $NiAl_x$ 핵형성의 장벽을 극복하기 위해 초기에 작은 양의 aluminum 증기를 첨가해야 하는 것이다 [Sohn and PalDey, 1998a].

8.5 금속에 의한 금속산화물의 환원

8.5.1 원리

금속 R이 금속 M보다 산소에 대한 친화성이 더 크면, 즉 RO가 MO 보다 더 안정하면, 금속 R을 산화물 MO의 환원에 쓸 수 있다. 이 경우에 다음 반응의 자유에너지 변화가 음수다.

$$MO(s,\ l) + R(s,\ l) = M(s,\ l) + RO(s) \tag{8.21}$$

예를 들어 1200°C에서 aluminum에 의한 Fe_2O_3의 환원이 큰 음수의 ΔG^o를 동반하므로 Fe와 Al_2O_3가 생성된다. 이 반응이 철도선로의 수선에 많이 사용되는 aluminum에 의한 적철석 환원의 근거가 된다. 이 반응은 강철용기에 장입한 가열된 적철석과 aluminum의 혼합물에 삽입한 magnesium 띠를 점화하여 시작한다. 반응열이 매우 크므로 생성된 열은 철을 녹이는데 충분하다. Thermite 혹은 Aluminothermic 공정으로 알려진 이 기술은 Mn, Cr 같은 금속이나 ferroniobium, ferrovanadium 같은 합금철의 생산에 널리 적용된다.

여러 산화물의 생성자유에너지가 온도에 따라 변하는 것을 그림으로 표시한 Ellingham 도표는 환원에 적당한 금속을 선택하는데 매우 편리하다 [Ellingham, 1944; Shamsuddin and Sohn, 2019]. 그러한 도표는 간단히 나타내기 위해 금속과 그 산화물의 활동도가 1 임을 가정하여 구성한다. ΔG^o *vs* T를 1 몰 O_2 가스 당의 값으로 표시하는 개념이 편리하여 두 선을 비교하여 같은 온도에서 위쪽 선의 산화물을 아래 선의 산화물을 이루는 금속으로 환원할 때의 자유에너지를 쉽게 구할 수 있다. Ellingham 도표의 유용성을 입증하기 위해 1200 K에서 다음에 주어진 Al에 의한 Nb_2O_5 의 환원을 고려하자.

$$\frac{2}{5}Nb_2O_5(s) + \frac{4}{3}Al(l) = \frac{4}{5}Nb(s) + \frac{2}{3}Al_2O_3(s) \tag{8.22}$$

1200 K에서 윗 반응의 자유에너지 변화는 도표에 주어진 다음 반응의 ΔG^o 값으로부터 계산할 수 있다.

$$\frac{4}{3}Al(l) + O_2(g) = \frac{2}{3}Al_2O_3(s),\ \Delta G^o = -840\ \text{kJ} \tag{8.23}$$

$$\frac{4}{5}Nb(s) + O_2(g) = \frac{2}{5}Nb_2O_5(s),\ \Delta G^o = -535\ \text{kJ} \tag{8.24}$$

여기서 반응 (8.22)의 ΔG^o 값은 반응 (8.23)과 (8.24)의 ΔG^o 값들의 차이로 구할 수 있는 것을 알 수 있다. 따라서 1200 K에서 반응 (8.22)의 ΔG^o 값은 –305 kJ로 계산된다. 비슷한 계산으로 Nb_2O_5에서부터 납을 써서 Nb을 얻지 못하는 이유를 알 수 있는데 이는 [2/5 $Nb_2O_5(s) + 2Pb(l) = 4/5Nb(s) + 2PbO(s)$] 반응의 자유에너지 변화가 양수이기 때문이다.

ΔG^o *vs* T 선의 기울기 $\left[\frac{\partial \Delta G^o}{\partial T} = -\Delta S^o\right]$는 해당반응의 표준 엔트로피 변화다. Ellingham 도표에서 ΔG^o *vs* T 선은 반응물과 생성물의 상변화가 없는 한 실질적으로 직선이다. 산소가스가 고체 산화물을 생성하면 계의 무질서도가 낮아지므로 계의 엔트로피(ΔS^o)를 감소시킨다. 따라서 선의 기울기가 양수가 된다. 액체와 기체는 고체보다 무질서도가 크므로 반응금속의 융점과 비등점에서부터 선의 기울기가 더 큰 양수가 된다.

탄소로부터 CO_2와 CO의 생성에 대응하는 두 선은 차이가 있다.

$$C(s) + O_2(g) = CO_2(g); \ \Delta H^o_{298} = -397 \text{ kJ} \quad (8.25)$$

$$2C(s) + O_2(g) = 2CO(g); \ \Delta H^o_{298} = -222 \text{ kJ} \quad (8.26)$$

반응(8.25)에 대응하는 선은 거의 수평인데 이는 반응에 있어 가스의 몰 수가 변화하지 않아 엔트로피 변화가 매우 적기 때문이다 ($\Delta S^o = 0.8 \text{ J} \cdot \text{K}^{-1}$). 그러나 반응 (8.26)을 대표하는 선은 반응에 의해 가스의 몰 수가 증가하므로 엔트로피가 증가하여 ($\Delta S^o \sim +170 \text{ J} \cdot \text{K}^{-1}$) 그 기울기가 큰 음수가 된다. CO_2와 CO의 형성에 대응한 두 선의 기울기의 상당한 차이는 금속생산에 큰 영향을 가져온다. 720°C에서 두 선의 교차는 이 이상의 온도에서 CO가 CO_2 보다 더 안정할 뿐 아니라 온도가 증가함에 따라 어느 금속산화물보다 더 안정하게 되는 것을 제시한다. CO선과 Al_2O_3, MgO와 TiO_2 같은 안정한 산화물에 대응하는 선들의 교차점들은 이 산화물들이 각각 2000°, 1840°와 1730°C 이상의 온도에서 탄소에 의해 환원될 수 있다는 것을 제시한다. 다만 이 것이 순수한 금속의 생산을 허용하는 것은 아닌데 그 이유는 이런 금속은 안정된 탄화물을 형성하고 또한 내화물로부터 산소를 흡수하기 때문이다. 더구나 이런 높은 온도에서의 용융제련은 연료와 충분한 시간동안 쓸 수있는 내화물에 들어가는 비용이 너무 높게 된다. 이러한 문제들이 aluminum을 용융빙정석에 용해된 Al_2O_3의 전해로 생산하고 magnesium은 용융염화물에 용해된 $MgCl_2$의 전해로 생산하며 magnesium의 액체로 $TiCl_4$ 증기를 환원하여 titanium을 생산하는 공정들을 개발하게 하였다.

규소환원 (Silicothermic reduction, 硅素還元)

Ellingham 도표는 모든 성분이 표준상태에 존재하는 경우를, 즉 반응물과 생성물의 활동도가 1일 때를 대표하므로 사용에 주의와 적절한 이해가 필요하다. 중요한 점은 반응의 열역학적 가능성을 판단할 때는, 특히 반응물과 생성물의 활동도가 1이 아닐 경우에, 즉 표준상태에 있지 않을 때는 ΔG의 부호를 사용해야 하는 것이다. MgO의 규소환원(Pidgeon Process)이 1과 다른 활동도를 취급하는 문제의 좋은 예이다. 다음 반응의 표준자유에너지 변화가 양수이므로 ($\Delta G^o = +280$ kJ, 1200°C) 이 반응은 모든 성분이 표준상태로 존재할 때는 오른쪽 방향으로 진행되지 않는다.

$$2MgO(s) + Si(s) = 2Mg(g) + SiO_2(s) \tag{8.27}$$

그러나 이 반응의 실제 자유에너지 변화는 다음 식으로 주어진다.

$$\Delta G = \Delta G^o + RT \ \ln \left(\frac{p_{Mg}^2 \cdot a_{SiO_2}}{a_{MgO}^2 \cdot a_{Si}} \right) \tag{8.28}$$

이 관계식에 의하면 ΔG^o가 양수인 경우에라도 magnesium의 분압을 낮추거나 SiO_2의 활동도를 저하시키면 ΔG를 음수로 만들 수 있다. 따라서 Pidgeon 공정은 낮은 압력에서 MgO대신 백운석(dolomite, $CaCO_3 \cdot MgCO_3$)을 하소하여 얻은 CaO · MgO를 써서 SiO_2의 활동도를 <0.0001로 낮추어 조업한다. CaO · MgO은 1200°C와 약 10^{-4} atm의 압력하의 반응기에서 규소로 다음 반응에 의해 환원한다.

$$2(CaO \cdot MgO)(s) + Si(s) = 2Mg(g) + 2CaO{\cdot}SiO_2\ (l) \tag{8.29}$$

Pidgeon 공정은 1900°C에서의 탄소에 의한 MgO의 환원(MgO + C = Mg + CO)보다 간단하다. 탄소 열환원공정에서는 magnesium 증기가 냉각시 CO에 의해 재산화된다. 그리고 자연발화성을 지닌 magnesium 미세입자의 형성을 회피하려면 magnesium 증기를 낮은 온도의 수소로 급냉해야 한다.

Pidgeon 공정에서의 회수율은 약 85%이며 응축 수집한 magnesium은 녹여 주괴로 주조하는데 그 순도는 99.95%이다.

Magnetherm 공정

Pidgeon 공정이 작은 반응기를 사용하는 반면에 Magnetherm 공정은 생산량이 높은 환원-증류로를 쓴다. 이 공정의 독특한 점은 백운석과 ferrosilicon에 추가하여 알루미나를 첨가하는 것이다. 알루미나는 생성물의 융점을 낮추어 용융슬랙으로서 제거할 수 있게 한다. 공정은 1500°C와 25 mmHg의 압력하에 진행한다. Zn나 Mn 같은 불순물들은 높은 조업온도 때문에 생성된 magnesium으로 들어가서 그 순도가 약 99.8%로 Pidgeon 공정에서의 제품보다 낮다.

CaO의 금속에 의한 환원

이 공정에서는 먼저 석회석을 하소하여 CaO를 생산하여 aluminum으로 환원한다. MgO가 우선적으로 환원되어 calcium 금속의 반응효율을 낮추므로 그 함량이 낮은 (< 0.5%) 원료가 좋다. 하소물과 환원제를 혼합하여 CaO:Al = 3:2의 몰비율인 펠렛을 만든다. Ferrosilicon에 의한 magnesium의 환원반응처럼 펠렛을 반응기에 넣고 1200°C와 10^{-3} mmHg 조건하에 반응한다. 생성된 calcium 증기는 낮은 온도에서 응축한다.

$$aCaO(s) + bAl(l) = cCa(g) + dCaO \cdot eAl_2O_3(s) \tag{8.30}$$

Uranium 생산에 쓰이는 극도의 고순도 calcium은 증류를 반복하여 생산된다 [McCreary, 1958].

환원-증류법 (Reduction–Distillation Method)

Sm과 Eu는 증기압이 높아 환원-증류를 이용하여 생산할 수 있다. 분리된 희토류산화물을 원료로 La나 희토류 금속합금 (mischmetal) 분말과 혼합한 후 압축하여 반응기에 장입한다. 반응은 진공아래 1200-1300°C에서 진행하고 목표금속의 증기는 장치의 저온도 구역에서 농축한다. Sm을 예로 그 환원반응은 다음과 같다.

$$Sm_2O_3(s) + 2La(l) = 2Sm(g) + La_2O_3(s) \tag{8.31}$$

이 반응의 표준 Gibbs 자유에너지가 1200°C에서 +34 kJ이므로 표준상태에서는 이 반응이 일어나지 않는다. 그러나 Sm은 기체로 증발되어 용기 밖으로 제거하면 반응이 계속된다. 낮은 순도의 산화물에서 고순도 금속을 직접 생산하려면 휘발성의 불순물을 원료에서 먼저 제거해야 한다. 반응에서 생성된 잔재 산화물은 희토류 금속합금(mischmetal)을 얻는 전해용 원료로 재활용한다.

환원-확산 공정 (Reduction-Diffusion Process)

환원-확산 공정은 Sm-Co 자석합금을 만들기 위해 1973년에 Cech이 개발했다 [Cech, 1974]. Sm_2O_3 분말, Co 분말, 그리고 CaH_2 입자를 반응기에 장입하고 흐르는 수소아래 1150°C에서 반응시킨다. 다음 반응에서 보이듯이 환원된 Sm가 동시에 Co로 확산하여 합금을 만든다. 금속 Ca도 환원제로 쓸 수 있다.

$$Sm_2O_3(s) + 3CaH_2(s) + 10Co(s) = 2SmCo_5(s) + 3CaO(s) + 3H_2(g) \tag{8.32}$$

$$Sm_2O_3(s) + 3Ca(s) + 10Co(s) = 2SmCo_5(s) + 3CaO(s) \tag{8.33}$$

반응 후에 CaO는 약산에 용해하여 제거하고 합금분말을 얻는다. 이 공정은 Nd-Fe-B 자석합금을 생산하는데도 응용되었다 [Yamamoto et al., 1984]. 합금분말을 미분쇄하지 않고도 만들 수 있으나 만든 합금이 자주 분리되고 잔재 Ca와 O의 함량을 줄이기가 힘들다.

8.6 할로겐화 중간체의 금속에 의한 환원

가장 광범위하게 쓰이는 환원제인 탄소는 Be, Ca, Mg, Nb, Na, Ta, Th, Ti, U, V와 Zr 같은 희소금속과 활성금속의 내화성 산화물을 환원하는데는 성공하지 못했다. 이런 산화물의 환원은 매우 높은 온도에서 가능하며, 항상 탄화물을 생성하고 생기는 금속은 고체상에서도 많은 양의 산소를 흡수한다. 탄화물의 분해와 그 금속에서의 산소 제거는 매우 힘들고 비경제적이다. 따라서 이러한 내화성 산화물은 산소에 대한 친화성이 아주 높은 calcium같은 금속으로 환원되는데 이 경우에 생기는 고체 CaO를 분리하기가 매우 어렵다.

이러한 문제점을 극복하기 위해 내화성 산화물은 먼저 염화물이나 불화물로 전환한 뒤에 calcium이나 magnesium으로 환원한다. 이러한 경우에 용융된 슬랙과 금속의 섞이지 않는 두 상을 형성하여 금속을 슬랙으로부터 쉽게 분리할 수 있다. 예를 들어 기상의 titanium tetrachloride나 zirconium tetrachloride를 magnesium으로 환원할 때에 고체 titanium과 용융 염화 magnesium이 생성되고 [Sevryukov et al., 1960] calcium으로 uranium tetrafluoride을 환원할 때는 uranium 액체와 불화 calcium이 생긴다 [Harrington and Ruehle, 1959]. 염화물을 magnesium으로 환원하는 대표적인 예는 titanium tetrachloride를 magnesium으로 환원하는 Kroll 공정인데 [Kroll, W., 1940] 그 반응기를 그림 8.1에 나타내었다. 여기에서 일어나는 반응은 다음과 같다.

$$TiCl_4(l,g) + 2Mg(l) = Ti(s) + 2MgCl_2(l) \tag{8.34}$$

할로겐화물로 존재하는 광물은 별로 없으므로 금속을 생산하기 위하여는 희소금속이나 활성금속의 안정성 산화물을 탄소나 수소 같은 환원제의 존재하에 적당한 할로겐화물로 전환한다. 이러한 할로겐화물은 해당 산화물보다 안정성이 낮으므로 magnesium이나 calcium으로 쉽게 환원된다. Bromide나 iodide 보다 염화물이나 불화물이 유리하며 염화물보다는 불화물이 흡습성이 낮아 좋다. TiO_2, ZrO_2와 MgO는 탄소의 존재하에 염화하며 UO_2와 ThO_2는 수소의 존재하에 불화물로 전환한다.

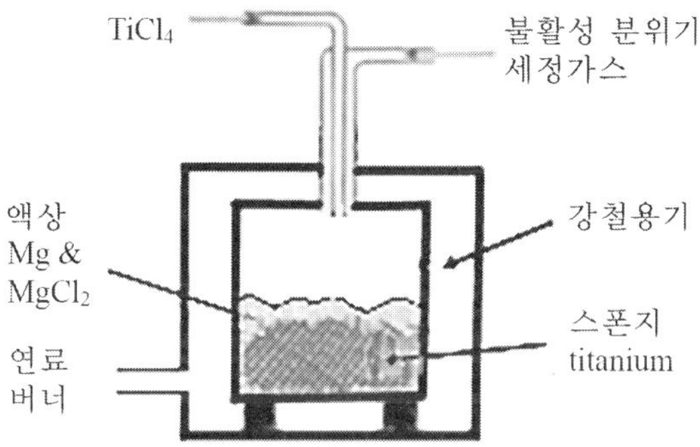

그림 8.1. 금속 titanium을 제조하는데 사용되는 Kroll 반응기.

Sohn과 PalDey [Sohn and PalDey, 1998c; 1998d]가 구성금속의 염화혼합물을 magnesium으로 환원하여 몇 가지 금속간 화합물을 합성하였다. 이 경우에는 대부분의 금속염화물이 단독으로 magnesium으로 환원되는 것이 열역학적으로 유리하므로 위에 서술한 수소환원과 달리 초기에 금속증기의 첨가가 필요하지 않다.

8.7 산화물환원의 반응속도론

MO(s) + A(g) = M(s) + AO(g)으로 표시할 수 있는 기-고체간의 환원반응은 다음의 몇 단계를 거쳐 일어난다.

(i) 외부기체로부터 고체표면까지로 일어나는 A의 전달

(ii) 반응경계면까지 일어나는 A의 확산

(iii) 경계면에서의 화학반응 (반응물의 흡착, 고체표면에서의 화학반응, 그리고 생성물의 탈착)
(iv) 반응 경계면에서부터 외부기체로의 AO 물질전달

반응의 전체속도는 생성고체 M 의 공극율, MO/M 상경계면에서의 화학반응속도, 그리고 고체 생성물(층)을 통한 물질전달 속도등에 의해 결정된다. 이 항목들은 제 4 장과 근래에 출판된 저자의 전공서적[Sohn, 2020]에 자세히 서술되어 있다.

연습문제

1. 순수 Cr과 Cr_2O_3고체가 1900 K에서 공존하는 경우에 산소의 평형분압을 계산하라.

2. 1900 K에서 Cr_2O_3를 환원할 수 있는 최저의 H_2/H_2O 비율을 계산하라.

3. 1300 K에서 SnO_2을 Sn으로 환원할 수 있는 최저의 CO/CO_2비율을 계산하라.

4. 다음의 Boudouard 반응에 대하여

   $C(s) + CO_2(g) = 2CO(g)$: $\Delta G^o = +40,800 - 41.7 \cdot T$ cal

   1200 K와 1 atm 전체압력에서 다른 기체가 없을 때 p_{CO_2}와 p_{CO}의 평형 값을 계산하라. 만약 p_{CO}가 0.01 atm로 변하면 p_{CO_2}의 값은 얼마인가?

5. 750 K와 1 atm에서 다음 반응의 평형 p_{H_2O}/p_{H_2} 비율 계산하라.

   $NiO(s) + H_2(g) = Ni(s) + H_2O(g)$

   전체압력이 2 atm으로 변하면 결과가 어떻게 변하나?

6. 1000 K에서 다음 반응의 평형 p_{CO}/p_{CO_2} 비율은 얼마인가?

   $CoO(s) + CO(g) = Co(s) + CO_2(g)$

7. 다음 반응의 평형상수는 527°C에서 0.071이다.

   $2AgCl(l) + H_2(g) = 2Ag(s) + 2HCl(g)$

   이 온도와 전체압력 1 atm에서 순수한 은과 염화은과 평형상태에 있는 H_2+HCl 혼합가스의 성분구성을 계산하라. 은과 염화은은 서로 용해하지 않는다.

8. 다음에 나타낸 titanium 생산시의 반응을 고려하자.

   $TiCl_4(g) + 2Mg(l) = Ti(s) + 2MgCl_2(l)$; $\Delta G^o = -120700 - 27.2T\log T + 116.4T$ (cal; T in K)

질소를 포함하여 전체압력이 1 atm이고 titanium tetrachloride의 분압이 0.01 atm이면 이 반응이 900°C에서 오른쪽으로 진행할까? 같은 titanium tetrachloride의 분압을 유지하며 전체압력을 10 atm으로 증가시키면 답은 어떻게 변하나? Mg (l)과 $MgCl_2$ (l)는 서로 용해하지 않는다.

9. 반응기에서 탄소로 슬랙에 함유된 ZnO를 환원할 때 전체압력은 1 atm이고 Zn와 $(CO+CO_2)$의 분압은 각각 0.6와 0.4 atm이다. ZnO(in slag) + C(s) = Zn(g) + CO(g) 반응의 $K = 51.2$이고 CO_2(g) + C(s) = 2CO(g) 반응의 $K = 443.5$이면 CO_2의 평형분압은 얼마인가? 슬랙에서의 ZnO의 활동도는 얼마인가?

10. 초기에 1 atm과 1100°C에 있는 1 몰의 CO_2가 과잉양의 흑연과 고정부피와 온도에서 반응한다. [고체 탄소의 부피는 무시하라.] 평형상태에서 기체성분의 몰 수를 계산하라.

$C(s) + 0.5O_2(g) = CO(g);\ \Delta G^o = -26{,}700 - 20.95T$ cal (T in K)

$C(s) + O_2(g) = CO_2(g);\ \Delta G^o = -94{,}200 - 0.2T$ cal (T in K)

참고문헌

Cech, R., 1974, J. Metals 26(2), 32.

Ellingham, H. J. T., 1944, J. Soc. Chem. Ind. Trans., 63, 125.

Harrington, C. D. and Ruehle, A. E., 1959, *Uranium Production Technology,* (New York, NY: D Van Nostrand Co. Inc.) (Chapter 7).

Kroll, W., 1940, Trans. Electrochem. Soc. 78, 35.

McCreary, W. J., 1958, J. Metals 10, 615.

Rosenqvist, T., 1974, *Principles of Extractive Metallurgy*, (New York, NY: McGraw-Hill), (Chapter 8).

Sevryukov, N., Kuzmin, B. and Chelishchev, Y., 1960, (translated: Kuznetsov B.) *General Metallurgy*, (Moscow, Peace Publishers) (Chapter 19 and 20).

Shamsuddin, M. and Sohn, H. Y., 1981, Extractive Metallurgy of Tunsten, Proceedings of the Symposium on Extractive Metallurgy of Refractory Metals (Chicago, AIME, February 22-24, 1981), p 205.

Shamsuddin, M. and Sohn, H. Y., 2019, JOM, 71(9), 3266.

Sohn, H. Y., 2020, *Fluid-Solid Reactions*, Elsevier, Cambridge, MA 02139, 536 pp.

Sohn, H. Y. and PalDey, S., 1998a, J. Mater. Res., 13, 3060.

Sohn, H. Y. and PalDey, S., 1998b, Mater. Sci. Eng. A, 247, 165.

Sohn, H. Y. and PalDey, S., 1998c, Metall. Mater. Trans. B, 29B, 457. http://www.springerlink.com/content/q21120477x317006/fulltext.pdf

Sohn, H. Y. and PalDey, S., 1998d, Metall. Mater. Trans. B, 29B, 465. http://www.springerlink.com/content/13412u8114002g15/fulltext.pdf

Turkdogan, E. T., 1980, *Physical Chemistry of High Temperature Reactions*, (New York, NY: Academic Press) (Chapter 9).

Yamamoto, H., Sagawa, M. and Fujimura, S., 1984, Japanese Patent No. 59-219404.

제 9 장

배소 반응
(Roasting Reactions)

9.1 서론

Sb, Bi, Cd, Co, Cu, Pb, Hg, Mo, Ni 그리고 Zn 같은 금속들은 자연에 황화물로 존재한다. 이러한 광물은 종류에 따라 보통 공기로 배소한다. 구리와 니켈의 황화광물은 용융제련 전에 과잉 유황을 제거하기 위해 배소하기도 하며 혹은 물로 침출하기 전에 황산화물로 전환하기 위해 배소한다. 납과 아연의 광물인 방연석광(galena)과 섬아연광(sphalerite)은 탄소로 환원하기 전에 완전배소하여 각각 PbO와 ZnO로 전환시킨다. 아연 추출의 경우에는 전해제련 전에 부분배소와 소결에 의해 얻어진 산화물과 황산화물의 혼합물을 희석 황산에 용해한다.

배소의 일반적인 정의는 광물의 화학적인 성질을 변화시키기 위해 고체 상태를 유지하며 반응성 또는 중성의 가스와 함께 가열하는 공정이라 할 수 있다. 다음에 배소반응을 종류 별로 열거한다.

1. 산화 배소 (oxidation roasting):

$ZnS + 1.5O_2 = ZnO + SO_2$

$2FeS_2 + 5.5O_2 = Fe_2O_3 + 4SO_2$

$MoS_2 + 3O_2 = MoO_2 + 2SO_2$; 낮은 온도 ~600°C

$MoS_2 + 3.5O_2 = MoO_3 + 2SO_2$; 높은 온도 ~1000°C

2. 황산화 배소 (黃酸化 培燒, sulfation roasting):

$ZnS + 2O_2 = ZnSO_4$

$Cu_2S + SO_2 + 3O_2 = 2CuSO_4$

3. 자기화 배소 (磁氣化 培燒, magnetization roasting):

$3Fe_2O_3 + H_2 = 2Fe_3O_4 + H_2O$ (자기분리용)

4. 염 배소 (鹽培燒, salt roasting):

$V_2O_5 + Na_2O = Na_2V_2O_6$ (수용성으로 전환)

5. 염화 배소 (鹽化培燒, chloridizing roasting):

Cu_2S (in complex ore) $+ 2NaCl + 2O_2 = 2CuCl + Na_2SO_4$

9.2 배소 열화학과 안정구역도

황화물의 배소는 여러 종류의 상이 포함한 반응이 관련되기 때문에 복잡한 점이 있다. 여러 종류의 금속황화물이 광물에 존재하는 경우에는 반응이 더욱 복잡해진다. 정광의 화학적 및 광물학적 성분, 배소 온도, O_2, SO_2 및 SO_3의 분압이 배소 생성물의 성분에 중요한 영향을 끼친다.

어떤 M-S-O계에 존재하는 상의 평형은 제 2 장에서 자세히 설명한 상규칙에 의거하여 설명할 수 있다. 유황의 연소와 생성물 SO_2의 추가적 산화는 아래 나타낸 반응의 평형에 따라 S_2, O_2, SO_2와 SO_3를 함유하는 기체를 조성한다.

$$S_2(g) + 2O_2(g) = 2SO_2(g) \tag{9.1}$$

$$2SO_2(g) + O_2(g) = 2SO_3(g) \tag{9.2}$$

어느 정해진 온도에서 이 중 어느 두 가스 성분의 분압이 혼합가스의 조성을 결정한다. 응축상의 성분은 주어진 가스의 조성에 따라 좌우되므로 일정 온도에서 3원계의 상 관계는 앞선 네 가지 가스 중 어느 두 가지 가스의 분압을 이용한 이차원 도표로 보일 수 있다. 편의상 가스의 조성을 주로 p_{SO_2}와 p_{O_2}로 대표한다. 이러한 도표를 안정구역도 (stability diagram)라 부른다. 여러가지 M-S-O 및 M_1-M_2-S-O 계의 안정구역도를 참고문헌에서 찾을 수 있다 [Shamsuddin and Sohn, 2019; Yazawa, 1979; Sohn and Goel, 1979; Rosenqvist, 1974; Ingraham and Kellogg, 1963].

그림 9.1은 일정 온도에서 M-S-O계의 여러가지 상의 안정 구역을 나타내는데 어느 두 응축상 사이의 평형을 나타내는 선은 다음의 화학반응을 표시한다.

$$M(s) + SO_2(g) = MS(s) + O_2(g); \tag{9.3}$$

$$2M(s) + O_2(g) = 2MO(s); \tag{9.4}$$

$$2MS(s) + 3O_2(g) = 2MO(s) + 2SO_2(g); \tag{9.5}$$

$$2MO(s) + 2SO_2(g) + O_2(g) = 2MSO_4(s); \tag{9.6}$$

$$MS(s) + 2O_2(g) = MSO_4(s) \tag{9.7}$$

중요한 것은 안정구역도를 제작하기 전에 주어진 성분들이 생성하는 열역학적으로 안정한 모든 응축상을 미리 알아야 하는 것이다. 그리고 2개의 응축상이 공존 할 수 있는 경우 즉 2 개의 응축상이 평형을 이룰 수 있는 경우는 해당 2개의 응축상의 구역이 인접하는 경우에만 가능하다는 조건이 있다. 예를 들어 그림 9.1의 경우 M과 MSO_4의 평형은 있을 수 없다.

상기한 평형에 추가하여 더 높은 산화수의 산화물(M_2O_3)이나 더 많이 황화된 황화물(MS_2), 황산화물($M_2(SO_4)_3$) 그리고 염기성 황산화물(鹽基性 黃酸化物, $MO \cdot MSO_4$)을 생성하는 해당 화학반응을 고려해야 한다. 응축물이 표준상태에 존재한다는 가정 하에 식 (9.3)-식 (9.7)의 반응의 평형관계는 $\log p_{O_2}$와 $\log p_{SO_2}$를 써서 다음과 같이 표현할 수 있다.

$$\log p_{SO_2} = \log p_{O_2} - \log K_{(9.3)} \tag{9.8}$$

$$\log p_{O_2} = -\log K_{(9.4)} \tag{9.9}$$

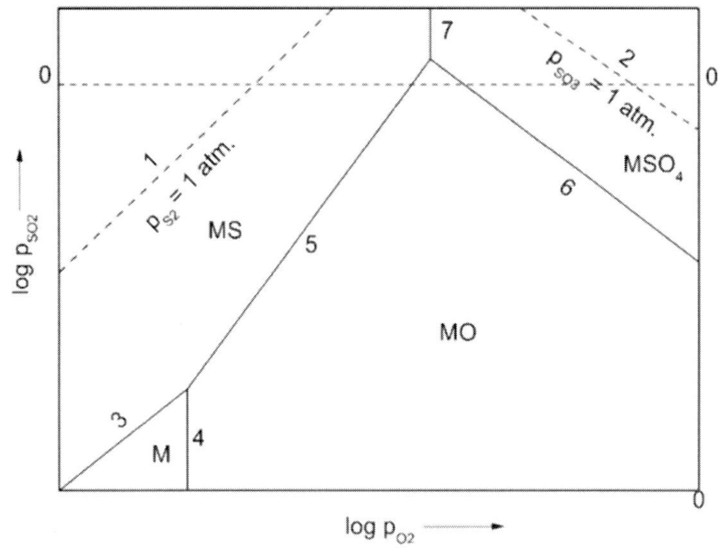

그림 9.1. M-S-O 계의 여러 상들의 안정구역도 (p의 단위는 atm).

$$\log p_{SO_2} = (3/2)\log p_{O_2} + (1/2)\log K_{(9.5)} \quad (9.10)$$

$$\log p_{SO_2} = -(1/2)\log p_{O_2} - (1/2)\log K_{(9.6)} \quad (9.11)$$

$$\log p_{O_2} = -(1/2)\log K_{(9.7)} \quad (9.12)$$

위의 설명으로부터 어느 특정한 종류의 반응은 모든 금속에 있어 평형관계의 표현이 비슷하다고 말할 수도 있다. 다만 해당하는 평형상수의 값이 금속에 따라 다르므로 평형을 대표하는 선들의 위치가 달라지게 되고, 따라서 선들 간의 구역이 다르게 된다. 이 구역들이 상들의 안정구역이다. 이 도표로부터 세가지 중요한 결론이 도출된다. (1) 일정 온도에서 어느 한 응축상이 존재하는 구역에서는 p_{SO_2}와 p_{O_2}를 독립적으로 변화할 수 있으므로 자유도가 2다. (2) 두 응축상 사이의 선에서는 자유도가 1이다. (3) 일정 온도에서 세 응축상이 평형을 이루는 점에서 계의 자유도는 0이다. 식 (9.1)과 식 (9.2)의 반응에 의한 SO_2와 SO_3의 형성 평형은 (그림 9.1에 보인 $p_{S_2} = 1$ atm과 $p_{SO_3} = 1$ atm 경우의 두 선) 다음과 같이 표현된다.

$$\log p_{SO_2} = \log p_{O_2} + (1/2)\log p_{S_2} + (1/2)\log K_1 \quad (9.13)$$

$$\log p_{SO_2} = -(1/2)\log p_{O_2} + \log p_{SO_3} - (1/2)\log K_2 \quad (9.14)$$

A. 일정온도의 안정구역도

많은 양의 열역학 정보를 안정구역도를 이용하면 하나의 도표에 표시할 수 있다 [Sohn and Goel, 1979]. 그림 9.2는 1000 K에서의 Cu-S-O계의 안정구역도다. 먼저 하나의 고체와 기상

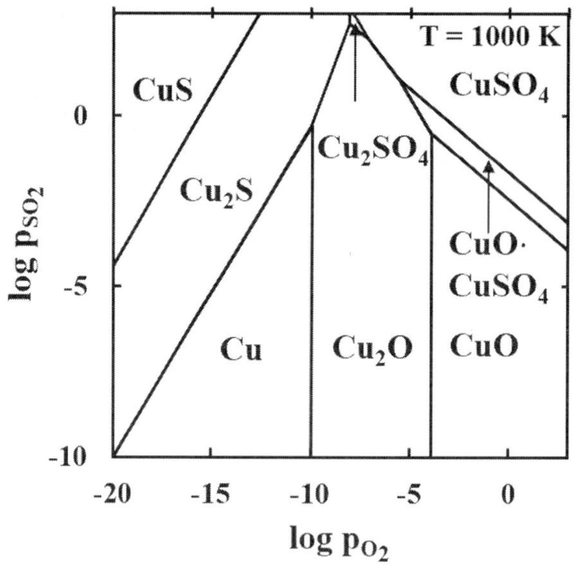

그림 9.2. Cu-S-O계의 1000 K에서의 안정구역도 (p의 단위는 atm).

을 고려하자. 상규칙 P + F = C + 2를 (여기서 P는 상의 숫자, F는 자유도, 그리고 C는 성분의 숫자) 적용하면 P = 2이고 Cu, S와 O의 3 성분이 있기 때문에 자유도 F = 3이 된다. 온도를 고정하면 자유도 하나가 줄어든다. 황화물이 산소와 반응하므로 산소 분압을 남은 자유도 두 개 중 하나로 선택하는 것이 합당하다. 나머지 하나로는 황의 분압을 쓸 수 있으나 산소를 제외하고 SO_2가 압도적으로 중요한 가스이므로 이를 선택하는 것이 편리하다. 평형관계는 활동도의 log와 직선적인 관계를 가지므로 안정구역도는 분압의 단위를 atm으로 선택하여 log p_{O_2}와 log p_{SO_2}를 사용해서 그린다.

1000 K에서 구리는 매우 낮은 p_{O_2}에서만 안정하므로 이 온도에서는 실제로 구리를 생산할 수 없다. 현재에는 안정구역도를 HSC Chemistry [HSC Chemistry, 2002] 같은 열역학 소프트웨어를 사용하여 편리하게 그릴 수 있다. 안정구역도가 무엇을 의미하는 지에 대해서는 다음의 예를 생각해보자. 휘동광(chalcocite, Cu_2S)이 원료로 사용될 경우 그림 9.2에서 보는 바와 같이 1000 K에서 구리의 안정구역이 SO_2 분압이 1.0 기압인 선의 바로 아래까지 연장되므로 휘동광을 산소로 산화하여 구리금속을 만들 수 있을 것이라고 예측할 수 있다. 그러나 산소의 분압이 극히 낮아야 하며 그렇지 않으면 CuO나 Cu_2O가 생성된다. 더구나 동시에 환원되는 불순물을 분리하는 것도 거의 불가능하다.

B. 온도변화 안정구역도

상들의 관계에 있어 온도의 영향을 검토하려면 위의 그림 9.2와 같은 도표가 여럿 필요하다. 그러나 온도를 변수로 하여 주요 관계를 단일 도표에 나타낼 수 있는 것이 바람직하다. 온

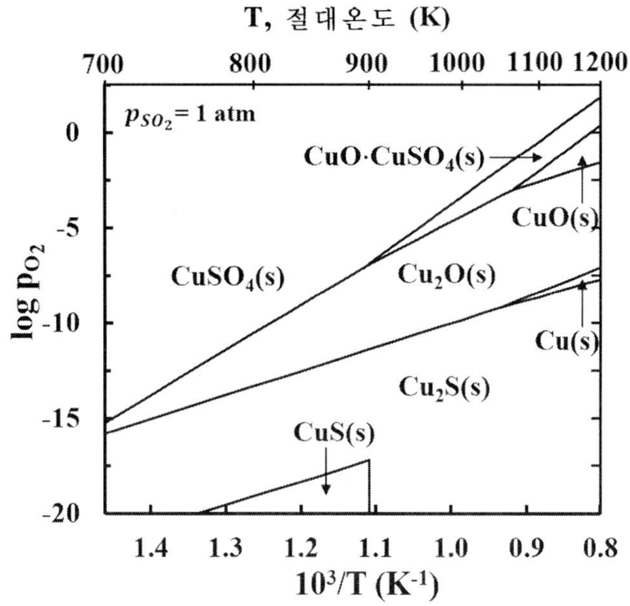

그림 9.3. 온도를 변수로 한 Cu-S-O 계의 안정구역도 (p_{SO_2} 의 단위는 atm).

도가 변수일 경우 자유도가 3이므로 하나의 조건이 고정되어야 2차원 도표에 그릴 수 있다. 황화물의 산화가 대기압 하에서 진행되면 SO_2의 분압을 고정시킬 수 있다. 대부분의 황화물 산화에서는 소모되지 않는 산소 분압은 매우 낮아 p_{SO_2}와 p_{O_2}의 합은 반응 초기의 p_{O_2}의 값과 거의 동일하다. 그림 9.3은 온도의 함수로 된 상관계의 예를 보이는데 여기서 p_{SO_2}는 일정한 1 기압이고 횡축은 1000/T이며 종축은 log p_{O_2}다.

이 그림에 의하면 1100 K이하의 온도에서 p_{SO_2}가 1 기압에서 멀지 않으면 물에 쉽게 용해되는 $CuSO_4$를 형성할 수 있음을 알 수 있다.

C. 복합 안정구역도

배소 공정에 안정구역도가 유용함은 앞의 설명에 나타났지만 더우 유용한 경우이 예를 들면 복합광물의 선택적 배소의 경우다. 예를 들어 아연과 철의 복합광물에서 아연을 수용액으로 선택적으로 추출할 수 있는 성분으로 변화시키려면 그림 9.4에 보이는 복합 안정구역도를 작성하여 분석하면 편리하다.

이 그림에서 오른 쪽 중상부분을 보면 $p_{SO_2}+p_{O_2}\approx 1$ atm인 조건 하에서 아연은 $ZnSO_4$를 형성하고 철은 Fe_2O_3로 존재하는 p_{SO_2}와 p_{O_2}의 조합이 가능함을 알 수 있다. 조업의 편리성에 영향을 미치는 이 구역의 크기는 온도에 따라 변한다.

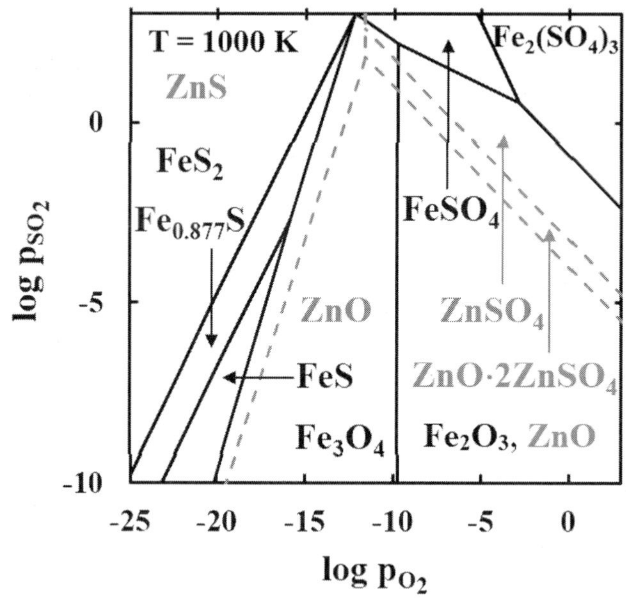

그림 9.4. Zn-S-O계와 Fe-S-O계의 1000 K에서의 복합 안정구역도 (p의 단위는 atm).

9.3 배소반응 속도

몇 명의 학자들이 zinc sulfide [Natesan and Philbrook, 1969; 1970], covellite [Shah and Khalafallah, 1971a; 1971b], molybdenite [Coudurier et al., 1970], 그리고 90% MoS_2를 함유한 molybdenite [Amman and Loose, 1971]와 같은 광물의 배소반응 속도에 대한 연구를 했다. Khalafallah [1979]는 690-800°C의 온도에서 PbS를 $PbSO_4$로 전환하는 반응을 연구했다.

여러 배소반응에서는 고체 반응물의 구조와 반응 중의 변화가 각각의 계에 따라 다르다. 이러한 사실에 따라 특정 배소반응의 올바른 속도론적 분석방법은 제 4 장에 서술한 여러 예로부터 선택할 수 있다.

9.4 평형성분의 계산

배소반응의 평형성분 계산은 2.5절에 있는 화학평형 성분계산의 예를 따르면 된다. 물론 그 전에 평형상태에서 존재하는 상을 상기한 절차에 의해 파악하고, 시작하는 반응물로부터 평형상태에 도달하는 전체 반응식을 먼저 올바르게 구해야 한다.

연습문제

황화아연광물이 900 K에서 ZnO or $ZnSO_4$로 배소된다. 배소가스가 평형상태에서 15% SO_2

and 5% O_2로 구성되었다면 어떤 상이 생성되나? 관련 안정구역도가 없다고 가정하고 필요한 생성자유에너지 값을 참고자료에서 찾으라.

위 문제에서 같이 안정구역도에 의존하지 않고 1000 K의 평형상태에서 Cu_2S를 형성하지 않고 Cu와 Cu_2O가 공존할 수 있는 가장 큰 SO_2 분압을 구하라.

참고문헌

Amman, P. R. and Loose, T. A., 1971, Metall. Trans., 2, 889.

Coudurier, L., Wilkomirski, I. and Morizot, G., 1970, Trans. Instn. Min. Met., 79, C34.

HSC Chemistry, 2002, Version 5.1, Outokumpu Research Oy, Finland.

Ingraham, T. R. and Kellogg, H. H., 1963, *Trans. Met. Soc. AIME,* **227**, 1419.

Khalafallah, S. E., 1979, Roasting as a unit process, In Rate Processes in Extractive Metallurgy, ed. H. Y. Sohn and M. E. Wadsworth, (New York, NY: Plenum Press) (Chapter 4, Section 4.1).

Natesan, K. and Philbrook, W. O., 1969, Trans. Met. Soc., AIME, 245, 2243.

Natesan, K. and Philbrook, W. O., 1970, Metall. Trans., 1, 1353.

Rosenqvist, T., 1974, *Principles of Extractive Metallurgy*, (New York, NY: McGraw-Hill Book Co.) (Chapter 8).

Shah, I. D. and Khalafallah, S. E., 1971a, Metall. Trans., 2, 605.

Shah, I. D. and Khalafallah, S. E., 1971b, Metall. Trans., 2, 2637.

Shamsuddin M. and Sohn, H. Y. 2019, JOM, 71(9), 3253.

Sohn, H. Y. and Goel, R. P., 1979, *Mineral Sci. Eng.*, 11(3), 137.

Yazawa, A., 1979, Metall. Trans. B, 10 B, 307.

제 10 장

희토류 금속과 활성 금속

10.1 서론

이 책은 근본적으로 비철금속의 각종 고온제련 공정의 원리를 분류하여 서술함이 주 목적이나 현대의 몇 가지 기간 산업에 관련되어 그 중요성이 급증하고 있는 희토류 금속과 활성금속의 제련에 관하여 별도로 서술하는 것이 의미있다고 사료된다. 이 장에서는 이 희토류 금속과 활성금속에 대해 간략하게 소개하며 더 자세한 설명은 이 내용을 작성하는데 있어 많은 참조가 된 참고 문헌에 실려있다 [Takeda et al., 2014].

대부분의 희토류 금속은 촉매(Ce과 La), 자석(Nd) 및 전자제품에 사용된다 [Zhou et al, 2017]. 점차 중요성이 증가하고 있는 용도로는 전기전자제품에 있는 바 하이브리드 차량이나 전기자동차의 전기모터, 풍력 발전용 발전기, 하드디스크 드라이브, 휴대용 가전제품, 마이크로폰, 및 확성기가 있다. 또한 도자기, 특수 유리, 그리고 연마재에도 쓰인다 [Mineral Commodity Summaries, 2019].

Ce, La 및 Nd는 합금 제조 및 연료 전지와 니켈수소전지의 생산에도 사용된다. Ce, Ga 및 Nd는 액정(LCD) 또는 플라즈마 화면, 그리고 광섬유, 레이저에 사용된다 [Duarte, 1995]. 희토류 금속의 또 다른 용도는 의료영상, 비료 및 물 처리등에 있다 [Working Group, 2011].

활성금속 중 그 중요성이 급속히 증가한 예는 lithium을 들 수 있는데 그 용도는 매우 다양하다. 제일 중요한 분야는 전지분야이며 그 외에 다른 전기와 전자, 도자기와 유리, 광학계기와 의료부문이다.

10.2 희토류 금속

10.2.1 서론

희토류 금속은 scandium과 yttrium 그리고 lanthanide [lanthanum (원자번호 57)으로 부터 lutetium (원자번호71)까지] 들의 17가지 금속을 포함한다. Sc와 Y는 lanthanide들과 화학적 성질이 비슷하여 여기 포함된다. 이들 금속의 추출에는 습식제련 공정이 많이 사용되는데 이 책에서는 고온공정을 위주로 서술한다.

희토류 금속중 yttrium과 lanthanide들은 주로 인산염 광물(예로 monazite)로 부터 추출한다 [Greenwood and Earnshaw, 1997]. 비중선별하여 얻은 인산염 정광을 고농도 황산이나 가성소다로 용해하고 그로부터 침전한 고체를 염산으로 용해한다. 얻은 미정제 희토류 염화물로 부터 몇 가지의 환원 방법을 거쳐 희토류 금속을 회수한다. Sc는 텅스텐 광물을 알카리로 처리 중 생성되는 잔사에 농축된다. 그것을 산성용액으로 침출한 후 Sc을 용매추출한다. 그로부터 Scandium hydroxide를 회수 및 하소하여 Sc_2O_3를 생산한다. 탄산염광물(예로 bastnasite)에 함유된 희토류는 부유선광으로 농축하여 하소한 후에 염산에 용해하여 용매추출을 거쳐 희토류 금속을 분류한 후 환원한다.

대부분의 희토류 금속, 희토류 산화물, 그리고 희토류 불화물(弗化物)은 융점이 높다 [Barin,

1993; Haire and Eyring, 1994; Boghosian and Papatheodorou, 1996]. 반면에 희토류 염화물은 대부분의 다른 염화물처럼 융점과 비등점이 낮다. 그러나 다른 화학적 성질이 비슷한 희토류금속들이라도 그 융점과 비등점에 큰 차이가 있어 추출과 조작하는 공정의 차이가 있다.

10.2.2 용융염 전해

대부분 희토류 불화물의 분해전압이 Ca, Li, 및 Na 불화물의 분해전압보다 낮으므로 후자의 용융염을 사용한 전해제련이 가능하다 [Barin, 1993; Hamer et al., 1956; 1965]. 다만 Sm과 Eu의 2가 염화물은 매우 안정하여 분해전압이 높아 이들의 전해제련은 어렵다.

이와 비슷하게 대부분의 염화물도 염화물 용융염을 사용하여 제련할 수 있는데 [Barin, 1993; Hamer et al., 1956] Sm의 2가 불화물은 매우 안정하여 분해전압이 높아 이의 전해제련은 어렵다.

염화물 용융염 전해제련에 쓰이는 전해용기는 다른 전해조와 비슷하게 음극과 양극 사이에 적당한 혼합 용융염을 전해액으로 사용하고 해당되는 전해반응에 필요한 전압을 유지한다. 전해조 벽은 열과 부식에 저항하는 내화물로 구성되고 보통 양극은 탄소(흑연)로 만들고 환원된 금속이 음극의 역할을 한다 [Yamamoto, 1985].

희토류금속은 자주 철이나 코발트같은 전이금속과의 합금으로 응용되므로 순수한 금속이 아니라 합금으로 추출함이 더 효과적인 점이 있다. 따라서 대부분의 Dy-Fe 합금은 용융염전해에서 직접 생산된다. 또한 순수 금속의 전해제련이 어려운 2가 금속염도 안정한 합금을 이루는 경우에 전해제련이 가능하게 된다. 그 한 예로는 소모용 Co 음극을 이용한 Sm-Co 합금의 생산을 들 수 있다 [Morrice and Wong, 1971]. 합금조성에 의해 Sm 의 활동도가 낮아져 반응의 Gibbs 자유에너지가 떨어지기 때문이다. 분해전압은 반응의 Gibbs 자유에너지와 다음과 같은 관계가 있다.

$$E = -\frac{\Delta G}{n\mathcal{F}} \tag{10.1}$$

여기에 E는 분해전압이고 $\mathcal{F}$는 Faraday [96494 J/(V·equivalent) = 23026 cal/(V·equivalent)] 상수며 n은 전하(charge)이다.

10.2.3 금속에 의한 환원

Ca은 대부분의 희토류 산화물보다 더 안정한 CaO를 형성하므로 [Barin, 1993] 희토류금속 La부터 Gd까지는 그 산화물로부터 Ca를 써서 환원할 수 있다. 다만 Tb부터 Lu까지의 산화물은 CaO과 비슷하거나 더 큰 안정도를 소유하므로 Ca로 환원하기 힘들다.

CaF_2는 모든 희토류불화물보다 더 안정하므로 Ca로 이들을 환원할 수 있다 [Barin, 1993]. 따라서 고순도 희토류의 생산은 이 방법을 이용한다.

Ca에 의한 염화물의 환원도 열역학적 가능성이 높다 [Carlson and Schmidt, 1961]. 그러나 염화물은 흡습성과 휘발성이 높기 때문에 공업적인 공정에서는 불화물의 환원이 더 적합하다 [Danne and Spedding, 1953].

10.2.4 환원-증류법

위에 언급한대로 순수한 Sm과 Eu은 그들의 2가 이온이 안정하기 때문에 용융염 전해로 생산할 수 없다. 그러나 이 원소들은 휘발성이 높아 환원-증류법으로 제련할 수 있다. 분리된 희토류 산화물을 La 또는 mischmetal의 분말과 혼합하고 펠렛화하여 retort에 장입한 후에 진공하에 1200-1300°C로 가열한다. 그리고 환원되어 증발된 금속은 장치내의 저온 구역에서 응축한다. 예를 들어 Sm의 환원반응은 다음과 같다.

$$Sm_2O_3(s) + 2La(l) = 2Sm(g) + La_2O_3(s) \qquad (10.2)$$

이 반응의 표준 Gibbs 자유에너지가 1200°C에서 +34 kJ이므로 모든 성분이 표준상태로 존재할 때는 이 반응은 일어나지 않는다. 그러나 생성된 Sm 기체를 제거하여 그의 자유도를 낮추어 반응을 진행시킬 수 있다. 이러한 반응을 통하여 Sm과 Eu은 진공증류로를 이용하여 생산한다 [Takeda et al., 2014].

10.2.5 환원-확산 공정

이 공정은 자석용 Sm-Co 합금을 생산하기 위해 개발되었다 [Cech, 1974]. Sm_2O_3 분말, Co 분말과 CaH_2 혼합물을 retort에 장입한 후 1150°C에서 수소를 흘리면서 반응시킨다. 그러면 다음 식에 보이는 바와 같이 환원된 Sm이 Co 안으로 확산하며 합금을 형성한다.

$$Sm_2O_3 + 3CaH_2 + 10Co = 2SmCo_5 + 3CaO + 3H_2 \qquad (10.3)$$

Ca 금속을 사용하기도 하며 그 반응은 다음과 같다.

$$Sm_2O_3 + 3Ca + 10Co = 2SmCo_5 + 3CaO \qquad (10.4)$$

반응후 CaO는 약산으로 용해하여 제거한다. 이 방법은 Nd-Fe-B 자석 합금의 생산에도 응용되었다 [Yamamoto et al., 1984].

10.3 활성금속

10.3.1 Lithium과 sodium

Li과 그 화합물은 lithium-ion 전지, lithium 전지, 고온 유리와 자기, 윤활제, 철강과 aluminum 생산에 쓰이는 flux 첨가제 등으로 사용되는데 근래에 그 용도가 급증하고 있다. 그 중 특히 lithium-ion 전지는 고성능 휴대용 전자 제품, 전기자동차, 고정형 에너지 저장 시스템 등에 이용되는 필수적인 에너지 저장 장치이다 [Kamienski et al., 1995].

Li의 원천은 염수나 spodumene ($Li_2O \cdot Al_2O_3 \cdot 4SiO_2$) 또는 lepidolite (고 lithium 함량의 mica 광물) 같은 광석인데 [Naumov and Naumova, 2010] 염수에서 더 많이 생산된다 [U.S. Geological Survey, 2012].

염수를 태양열로 증발농축하여 침전된 NaCl과 KCl을 제거하고 CaO나 $Ca(OH)_2$를 첨가하여 magnesium hydroxide ($Mg(OH)_2$)를 침전시켜 제거한다. 그렇게 농축된 용액에 Na_2CO_3를 첨가하여 고순도 Li_2CO_3를 침전회수하는데 이 물질이 대부분의 Li 함유 제품의 원료다.

Spodumene 같은 광석은 분쇄후 황산을 첨가하고 배소하면 [Hader et al., 1951] 함유된 lithium oxide (Li_2O)가 lithium sulfate (Li_2SO_4)로 전환되어 이를 침출 및 농축한 후 Na_2CO_3를 첨가하여 고순도 Li_2CO_3를 침전회수한다.

Li 금속은 Li_2CO_3와 염산의 반응으로 생성되는 LiCl을 원료로 사용하여 용융염 전해에 의해 생산된다. 건조한 LiCl을 환원하여 금속을 생산하기도 한다.

독일 회사 Degussa가 개발한 Degussa cell은 LiCl과 KCl의 용융 혼합물을 전해액으로 사용한다. LiCl-KCl 혼합물은 KCl의 함량이 54%일 때 공융온도가 355°C이다 [Sangster and Pelton, 1987]. 그 점에서 융점은 낮으나 KCl의 함량이 커서 동시에 석출되는 K의 양이 커지는 단점이 있어 공융함량보다 낮은 48% 정도의 KCl 함량을 사용한다. 전극반응은 다음과 같다.

$$\text{음극: } Li^+ + e^- = Li(l) \tag{10.5}$$

$$\text{양극: } Cl^- = 1/2Cl_2(g) + e^- \tag{10.6}$$

$$\text{전체 반응: } LiCl(l) = Li(l) + 1/2Cl_2(g) \tag{10.7}$$

조업조건은 용융염 온도 400-420°C, 전해조 전압 8-9 V, 전류 850-900 A 등이며 전류효율은 85-90%, 전력소모는 40 kWh/(kg-Li), 그리고 생산율은 4-5 kg-Li/(cell·day)다. 생산된 Li 금속의 순도는 약 97%며 주요 불순물은 Na (약 1.4%)와 K (약1.3%)이다. 미국의 Lithium Company of America는 더 큰 전해조를 사용하며, 온도 410°C, 전압 6-6.5 V, 전류 8600 A. 전력소모는 34 kWh/(kg-Li), 그리고 생산율은 41 kg-Li/(cell·day)다. 주요 불순물은 0.06% Na, 0.01% K, 0.02% Ca, 0.06% N, 그리고 0.001% Fe이다 [Mellor, 1961].

Sodium도 주로 용융염 전해에 의해 생산된다. Castner cell의 전해액의 주요 성분은 NaOH와 Na_2CO_3에 NaCl을 첨가한 것이며 [Lemke and Markant, 1997] 전극반응은 다음과 같다.

$$\text{음극: } Na^+ + e^- = Na(l) \tag{10.8}$$

$$\text{양극: } OH^- = 1/2H_2O(g) + 1/4O_2(g) + e^- \tag{10.9}$$

$$\text{전체 반응: } NaOH(l) = Na(l) + 1/2H_2O(g) + 1/4O_2(g) \tag{10.10}$$

Downs 공정에서는 NaCl과 $CaCl_2$의 혼합물을 전해염으로 사용한다[Hardie, 1954]. 이 혼합물은 64%의 $CaCl_2$ 함량에서 공융온도가 507°C이나 [Hattori et al., 1982] 실제 조업에서는 58%의 $CaCl_2$ 함량을 쓴다. 강철과 흑연을 음극(sodium 석출)과 양극(염소 생성)에 사용한다. 용융액 온도는 580-600°C, 전해조 전압 7 V, 전류 43,000-45,000 A이며 전기 효율은 85-90%이고 전력소모율은 9.1-9.6 kWh/(kg-Na). 전극 반응은 다음과 같다.

$$\text{음극: } Na^+ + e^- = Na(l) \quad (10.11)$$

$$\text{양극: } Cl^- = 1/2Cl_2(g) + e^- \quad (10.12)$$

$$\text{전체 반응: } NaCl(l) = Na(l) + 1/2Cl_2(g) \quad (10.13)$$

$CaCl_2$의 분해 전압이 NaCl와 가깝기 때문에 Ca 금속도 동시에 부반응으로 생성된다. 600°C에서 Na에 Ca의 용해도는 약 5%다. 냉각하면 Ca의 용해도가 저하하여 sodium의 융점보다 조금 높은 110°C에서 <0.04%로 떨어진다. 그리고 남은 Ca는 무수 NaOH로 산화하여 추가제거하면 그 함량이 수 ppm으로 낮아진다.

10.3.2 Magnesium과 calcium

Magnesium의 주원료는 바닷물($MgCl_2$, $MgSO_4$, and $MgBr_2$), 백운석(dolomite, $MgCO_3 \cdot CaCO_3$), 그리고 고토석(magnesite, $MgCO_3$)이다.

과거에 대부분의 magnesium은 용융염 전해로 생산되었지만 20 세기 후반부터 중국에서 Pidgeon 법을 이용하여 대량 생산하고 있다.

용융염 전해 Molten Salt Electrolysis

산업용으로 사용되는 용융염 전해법은 무수 $MgCl_2$를 사용하는 IG Farben [Ball, 1956] 공정과 수화 $MgCl_2$ ($MgCl_2$ hydrate)를 사용하는 Dow 공정으로 [Krenzke et al., 1958] 나눌 수 있다. 전자에서는 백운석과 바닷물에서 얻은 MgO를 탄소분말과 혼합하여 펠렛을 만들고 1000°C에서 다음과 같이 염화시킨다.

$$MgO(s) + C(s) + Cl_2(g) = MgCl_2(l) + CO(g) \quad (10.14)$$

생성된 무수 $MgCl_2$ (융점 714°C)을 전해조에 장입하여 다음과 같이 전해한다.

$$\text{음극: } Mg^{2+} \text{ (in molten salt)} + 2e^- = Mg(l) \quad (10.15)$$

$$\text{양극: } 2Cl^- \text{ (in molten salt)} = Cl_2(g) + 2e^- \quad (10.16)$$

$$\text{전체 반응: } MgCl_2(l) = Mg(l) + Cl_2(g) \quad (10.17)$$

이론적인 분해전압은 750°C에서 2.51 V이나 실제 전해조에서 필요한 전압은 전해조의 다른 저항 때문에 7-9 V 정도다.

Dow 공정에서는 해수에서 추출한 수산화 magnesium과 염산과의 반응에 의해 염화 magnesium의 용액을 만들어 농축 및 탈수한다. $MgCl_2$의 분해로 생성되는 MgO의 양을 최소화하기 위해 하나의 결정수가 남아 있을 때 탈수를 중지한다. 전해액의 성분은 54% NaCl, 23% $CaCl_2$, 그리고 22% $MgCl_2$이다. 음극에서 생성되는 magnesium은 전해조 표면에 축적되어 회수되며 양극에서 생성되는 기체는 염소, 수분과 염산가스다. 산업용 전해조의 전류는 100 kA를 능가한다.

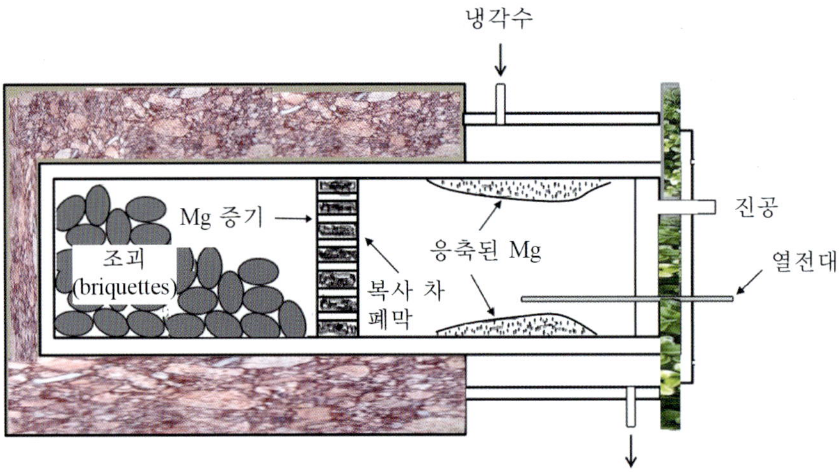

그림 10.1. Pidgeon 법에 사용되는 환원로.

Metallothermic Reduction-Pidgeon법

MgO의 직접 열환원에는 실리콘을 이용한 환원(Silicothermic reduction)이 가장 보편적으로 쓰인다. 그중 제일 성공적인 공정이 Pidgeon 법이다 [Pidgeon and King, 1948; Schneider et al., 1959; Rogers and Viens, 1950; Schneider and Hutt, 1948; Frank and Wollouch, 1948]. 이 공정에서는 우선 백운석을 하소하여 MgO·CaO를 만들고 거기에 ferrosilicon을 첨가하여 (통상 75-80% Si, 몰비율 MgO:Si = 1.25:1) 조괴(briquetting)한 후 그림 10.1에 보이는 retort에 장입하여 1150°C에서 8-10시간 동안 약 102 mmHg 기압 하에서 다음과 같은 반응을 계속한다.

$$2MgO(s) + 2CaO(s) + Si(s) = 2Mg(g) + 2CaO \cdot SiO_2(s) \qquad (10.18)$$

회수율은 약85%이며 회수된 magnesium의 순도는 99.95%다.

Magnetherm 공정은 Pidgeon 법보다 더 크고 생산성이 높은 환원-증류로(reduction–distillation furnace)를 사용한다 [Kawamoto, 2000]. 이 공정의 특성은 백운석과 ferrosilicon 외에 알루미나(Al_2O_3)를 첨가하여 생성물의 융점을 낮춤으로서 용융된 slag으로 제거할 수 있게 하는 것이다. 이 공정은 1500°C와 25 mmHg에서 조업하는데 온도가 높아 아연과 망간같은 불순물이 magnesium에 포함되어 그 순도가 약 99.8%로 낮다. 이 공정에서는 aluminum을 slag 생성물 겸 환원제로 쓰기도 한다.

Calcium의 주원료는 석회석($CaCO_3$), 백운석($CaCO_3 \cdot MgCO_3$), 석고($CaSO_4$), 규회석(wollastonite, $CaSiO_3$ 혹은 $Ca_3Si_3O_9$) 등이며 주요 생산공정은 aluminum을 이용한 직접환원과 용융염 전해로서 전자가 간단하고 제품의 순도가 높아 더 많이 쓰인다.

Aluminum을 이용한 직접환원(Aluminothermic Reduction)에서 일어나는 반응은 다음과 같다 [Komatsu, 1976].

$$(3x + y)CaO(s) + 2xAl(l) = 3xCa(g) + yCaO \cdot xAl_2O_3(s) \qquad (10.19)$$

이 반응은 1200°C와 103 mmHg에서 진행되는데 반응속도와 회수율은 낮은 편이며 고순도 calcium을 생산하려면 반복된 증류를 거쳐야한다 [McCreary, 1958].

용융염전해법에서는 [Morioka and Matoba, 1964] 무수 염화 calcium ($CaCl_2$, 융점 772°C)이나 15% KCl 혼합물(630°C melting point)을 사용하는데 전자는 흡습성이 높아 주의가 필요하다.

참고문헌

Ball, C. J. P., 1956, J. Inst. Metals 84, 399.

Barin, I., 1993, Thermochemical Data of Pure Substance, VCH Verlagsgesellschaft, Weinheim, Germany.

Boghosian, S. and Papatheodorou, G. N., 1996, in K. A. Gschneidner Jr., L. Eyring (Eds.), Handbook on the Physics and Chemistry of Rare Earths, vol. 23, North-Holland, Amsterdam, p. 435.

Carlson, O. N. and Schmidt, F. A., 1961, in F. H. Spedding, A. H. Danne (Eds.), The Rare Earths, John Wiley & Sons, Inc., New York, p. 113.

Cech, R., 1974, J. Metals 26(2), 32.

Danne, A. H. and Spedding, F. H., 1953, J. Electrochem. Soc. 100, 442.

Duarte (Ed.), F. J., 1995, *Tunable Lasers Handbook* (Academic, New York).

Frank, H. H. and Wollouch, R., 1948, Z. Anorg. Allg. Chem. 257, 316.

Greenwood, N. N. and Earnshaw, A. (eds.), 1997, Chemistry of the Elements (2nd Ed.), 30 - The Lanthanide Elements (Z = 58-71), Butterworth-Heinemann, pp. 1227-1249. https://doi.org/10.1016/B978-0-7506-3365-9.50036-5.

Hader, R. N., Nielsen, R. L. and Herre, M. G., 1951, Ind. Eng. Chem. 43, 2636.

Haire, R. G. and Eyring, L., 1994, in Handbook on the Physics and Chemistry of Rare Earths, vol. 18, K. A. Gschneidner Jr., L. Eyring, G. R. Choppin, G. H. Lander (Eds.), North-Holland, Amsterdam, p. 413.

Hamer, W. J., Malmberg, M. S. and Rubin, B., 1956, J. Electrochem. Soc. 103, 8.

Hamer, W. J., Malmberg, M. S. and Rubin, B., 1965, J. Electrochem. Soc. 112, 750.

Hardie, D. W. F., 1954, Ind. Chem. April, 161.

Hattori, T., Ikezawa, H., Hirano, R. and Mochinaga, J., 1982, Nippon Kagaku Kaishi 6, 925.

Kamienski, C. W., McDonald, D. P. and Stark, M. W., 1995, Encyclopedia of Chemical Technology, vol. 15, fourth ed., John Wiley & Sons, Inc., New York, pp. 434-463.

Kawamoto, F., 2000, Japan Magnesium Association (Eds.), Magnesium Technology Handbook, Kallos Publishing Co, Tokyo, p. 33.

Komatsu, R., 1976, New Experimental Chemistry Course 8: Synthesis I of Inorganic Compounds, Maruzen, Tokyo, p. 50.

Krenzke, F. J., Hays, J. W. and Spell, D. L., 1958, J. Metals, January, 28.

Lemke, C. H. and Markant, V. H., 1997, Encyclopedia of Chemical Technology, vol. 22, fourth ed., John Wiley & Sons, Inc., New York, pp. 327-354.

McCreary, W. J., 1958, J. Metals, 10(9), 615.

Mellor (Ed.), J. W., 1961, in Mellor's Comprehensive Treatise on Inorganic and Theoretical Chemistry, vol. II, Longmans, London, Suppl. II, pp. 14-21.
"Mineral Commodity Summaries 2019", 2019, p. 132. *doi:10.3133/70202434.*
Morioka, S.and Matoba, Y. (Eds.), 1964, Metal Smelting Handbook, Asakura Books, Tokyo, p. 386.
Morrice, E. and Wong, M. M., 1971, Reports of Investigation No. 7556, U.S. Bureau of Mines.
Naumov, A. V. and Naumova, M. A., 2010, Russ. J. Non-Ferr. Met. 51, 324.
Pidgeon, L. B. and King, J. A., 1948, Discuss. Faraday Soc. 4, 197.
Rogers, R. R. and Viens, G. E., 1950, J. Electrochem. Soc. 97, 419.
Sangster, J. M. and Pelton, A. D., 1987, J. Phys. Chem. Ref. Data 16, 509.
Schneider, A. and Hutt, G., 1948, Z. Anorg. Allg. Chem. 257, 289.
Schneider, A., Cordes, J. F., Kribbe, H. and Runge, H., 1959, Erzmetall, 12, 103, 224.
Takeda, O., Uda, T. and Okabe, T. H., 2014, in Treatise on Process Metallurgy, Volume 3 Industrial Processes Part A, Chapter 2.9. Rare Earth, Titanium Group Metals, and Reactive Metals Production, pp. 995-1069, Elsevier, Oxford, UK and Waltham, MA, USA.
U.S. Geological Survey, 2012, Mineral Commodity Summaries.
Working Group, 2011, *"Rare Earth Elements"* (PDF). Geological Society of London. Accessed Sept. 13, 2021.
Yamamoto, K., 1985, in J. Shiokawa (Ed.), Latest Applied Technology on Rare Earths, CMC Publishing Co., Ltd, Tokyo, p. 55.
Yamamoto, H., Sagawa, M. and Fujimura, S., 1984, Japanese Patent No. 59-219404.
Zhou, B., Li, Z. and Chen, C., 2017, *Minerals*, **7**(11), 203. *doi:10.3390/min7110203.*

비철금속 고온제련 원리
非鐵金屬 高溫製鍊 原理
High-Temperature Nonferrous Chemical Metallurgy

인　　쇄 2023년 12월 25일
발 행 일 2023년 12월 31일
저　　자 손 홍 용
발　　행 사단법인 대한금속 · 재료학회
(06633)서울시 서초구 서초대로 56길 38
전화 : 02-557-1071~3
http://www.kim.or.kr

한림원출판사
서울시 중구 퇴계로 51길 20 1302호(오장동, 넥서스타워)
전화 : 02-2273-4201
http://www.hanrimwon.co.kr

정가 20,000원

***이 책의 무단 전재 또는 복제를 금합니다.**